How Snakes Work
: Structure, Function and Behavior of the World's Snakes

ヘビという生き方

Harvey B. Lillywhite
ハーベイ・B・リリーホワイト 著
細 将貴 監訳
福山伊吹・福山亮部・児玉知理・児島庸介・義村弘仁 訳

東海大学出版部

How Snakes Work: Structure, Function and Behavior of the World's Snakes
by Harvey B. Lillywhite

発刊によせて

私たちは，この美しい地球を，驚嘆するべき多種多様な生物たちと共有している．しかしそのなかでも，ヘビは特別だ．ヘビを崇拝する人々もいれば，怖れる人々も，またペットとして飼育する人々もいる．たいへん多くの人々が関心をもっているにもかかわらず，私たちはヘビが日々どのように暮らしているのかをあまりに知らない．ヘビがどう動き回っているのか，どう獲物や配偶相手を探しているのか，生態系にどのような影響をおよぼしているのかといった，基本的なことですら，である．

献身的な野外生物学者であるハーベイ・リリーホワイト氏は，こうした問いに光を投げかけてきた．彼のキャリアの永きにわたり，ハーベイは数多くの新しい知見を世界に先駆けてヘビ学にもたらしてきた．それは実験室からだけではなく，野外からもだ．野外調査により，彼は，動物のもつ機能を実際に起こりうる状況において探究することができた．ハーベイは，世界の様々な地域に生息する多種多様なヘビを対象に研究し，そうして実に広い眺望をこの魅力的な本に詰め込むことに成功した．大事なことは，ハーベイが世界でも稀な，ヘビの生理学の専門家だということだ．つまり，獲物を発見し，捕獲して消化する，水分平衡を維持する，体温を調節する，といった基礎的な難題にこの不可思議な動物がどう対処しているのか，ということに関する専門家だ．ハーベイは，対象生物の野外生物学に没頭することで，真価をひどく捻じ曲げられてきたこの生き物たちのうっとりするような複雑さと精密さを暴いてきた．

本書は，ヘビが何をしているのか，それをどのように，そしてどうして行っているのかをわかりやすい用語で解説するべく，一生涯の経験をまとめたものである．この魅力的な本は，ヘビに関する正しい教育の糧となるだけでなく，読者らを刺激し，なぜ私たちがこの見事な生き物を将来世代のために保全しなくてはならないのかを理解する助けとなるであろう．私はそう確信している．

リック・シャイン（Richard Shine）
2013 年 1 月，シドニーにて

まえがき

そのつややかな姿，豊かな色合い，心をつかんで放さない仕草．子供の頃から私はヘビに首ったけだった．手足をもたぬ代わりに，この爬虫類は恐るべき隠密さ，優雅さ，そして美しさを備えていた．ヘビには，楽しませ，ぎょっとさせ，そして好奇心をそそってやまない，素晴らしい能力があった．ヘビは，海から岩山の斜面まで，半地下から開けた砂漠まで，ありとあらゆる場所に生息している．ヘビは色彩と模様を進化させ，芸術家らの目を見開かせた．また多くの文化において神話的な畏敬の念と敬意を集めてきた．一方でヘビは決して死なず，しかし，おそらくは最も邪悪な脊椎動物の一群であると，あまりにも多くの人間たちに誤解され，彼らから機会あるごとに死刑宣告を受けてきた．

永年にわたり，私はヘビに関する一冊の本を書く計画を立ててきた．一般読者と専門家の両方をおもしろがらせるような本だ．情報満載のものから素晴らしい写真集まで，世の中にはヘビについて書かれた本はごまんとある．ヘビに関する新著が出れば出るほど，「別なヘビの本」として意味のある貢献を著すことが果たしてできるだろうかと，私は思い悩んだ．私が専門的な訓練を受け，研究者としてのキャリアの大半を費やした分野は，生理学とその一区分，一般に「生理生態学」と呼ばれるものだ．私の眺望は非常に広いが，しかし同時に，研究者としての私をわくわくさせてきたものには，分野の枠を超えた研究や，構造・機能・行動を統合した研究も含まれる．それらが焦点を当てていたのは，私を魅了する動物の生き様とその世界に関する問いだった．

ヘビについて書かれた本のほとんどは，こうしたテーマを十分な深さで網羅できていない．また，取り扱う主要なテーマとして生理学あるいは構造と機能に焦点を当てたものは，私の知る限りにおいてひとつもない．そこで私は，この「すき間」に狙いを定め，本書を書く決意を固めたのだ．

生理学分野で厳格な訓練を受けた人のなかに，ヘビを研究対象にする者は比較的少ない．また一時的にヘビの研究をするとしても，自ら野外で培ってきた豊かな経験等の知識と，この生き物の自然史に対する情熱的な鑑賞眼の両方を背景にもつ者は，まずいない．それで私は，そうした主題に向けた，ほかにはない眺望をいくばくかもたらすことができれば，また，幅広い読者層の興味を引くであろう幅広いテーマをこの本のなかで網羅することができればと，そう思っている．ヘビは実に素晴らしい動物だ．そのため，ヘビはペット業界でとても人気になってきているし，動物園でも優先度の高いアトラクションになってきている．ヘビの体内で起こっている「働き」を理解し，その素晴しさがわかるようになるにつれて，ヘビはなおさら魅力的になり，感情にも知性にもより強烈に訴えかけるようになるだろう．私の偽りなき期待は，本書の読者が新しい知識に触れ，好奇心を高め，そして生命の進化ゲームにおいて収められた驚異的なほど多大な革新と成功を身に映した動物たちにますますの敬意をもつこと，そしてそうすることで楽しみを感じてくれることだ．私はヘビの魅力的な特徴を可能な限り多く解説しようと試みてきた．しかし，そこにはときに複雑な，あるいは理解の難しい概念が含まれる．そこで私は密度の高い，長ったらしい文章に頼る代わりに写真を多用した．

本書の随所に使われる専門用語を理解する一助になるよう，多くの有用で特殊な用語については用語集で定義しておいた．数式や複雑なグラフの使用は避け，代わりに，当該の課題についてさらに深く，ときにより専門的な説明へと導いてくれる追加文献の一覧をつけた．こうした文献は各章末にリストしており，またそれらには文中で特筆した研究者によって書かれたものが含まれている．

謝　辞

私は，この本を世に送り出すことを可能にしてくれた，多くの人々に感謝の念を負っている．まず，両親に感謝したい．両親は，私が幼い頃に家でヘビを飼うことを許可してくれた．初めは消極的だったが，ヘビに対する私の興味が科学と学習の世界におけるほかの多くの扉を開き始めたことが明らかになるにつれ，彼らは私をとても重要なかたちで励ましてくれた．妻，Jamie にも同じくらいお世話になった．彼女は，辛抱強さ，寛容さ，そして意味のあるプロジェクトへの勧励をもって私を手助けしてくれた．私の息子と娘，Steve と Shauna もまた，様々な重要な点で協力的だった．

写真や絵といった挿絵に貢献してくれた以下の多くの人たちに感謝したい．Dan Dourson，Coleman M. Sheehy III, Elliott Jacobson, Jason Bourque, Romulus Whitaker, Laurie J. Vitt, Gowri Shankar, Richard Shine, Indraneil Das, John C. Murphy, Sara Murphy, Joseph Pfaller, Xavier Bonnet, Irene Arpayoglou, David and Tracy Barker, John Randall, Phil Nicodemo, Blair Hedges, Tony Crocetta, Ray Carson，森 哲（Akira Mori），杜銘章（Ming-Chung Tu），Erik Frausing, Jesús Rivas, Dhiraj Bhaisare, Parag Dandge, Howie Choset, Thimappa, James Nifong, Lincoln Brower, Alejandro Solorzano, John Roberts, Lauren Dibben, Nicholas Millichamp, Arne Rasmussen, Amanda Ropp, Gavin Delacour, Nikolai L. Orlov, Steven J. Beaupre, Guido Westhoff, Richard Sajdak, Shauna Lillywhite, Steven Lillywhite, Jake Socha, Tracy Langkilde, Mac Stone, Glenn J. Tattersall, William B. Montgomery，そして Kanishka Ukuwela（敬称略）．

刺激的な議論，各章の見直し，科学的な明示，そしてプロジェクトのあらゆる支援に貢献してくれたほかの多くの人たちは，非常に貴重だった．全員ではないが，以下の方々である．Coleman M. Sheehy III, Richard Shine, Harold Heatwole, Harry Greene, Phil Nicodemo, David Barker, Roger Seymour, Bruce Jayne, Natalia Ananjeva, François Brischoux, John C. Murphy, Michael Thompson, Paul Maderson, Michael Douglas, Bruce Means, Carl Franklin, Bruce Young, Xavier Bonnet, Matthew Edwards, Elliott Jacobson, Stephen Secor, Brad Moon, Max Nickerson, Sergio Gonzalez, Jennifer Van Deven, Joe Pfaller, Li-Wen Chang，そして Lauren Dibben．このほかにも，友人，同僚，学生など，感謝に値する人が沢山いるが，1人や2人の抜けもなく言及するには多すぎる．最後に，私はオックスフォード大学出版局の編集者やほかの制作スタッフにも感謝の意を表したい．

目　次

第1章

世界のヘビ：その進化史と分類について

その形態，その生理，その発生，その生息場所．そのすべてを知るまでは，私たちはその種のことを知っているとは言えない．これは至言である．異なる科と科の間，属と属の間，ときには同属の種と種の間にさえ見られる形態の変異は，疑いなく，それらの間で異なっている生活様式を説明している．そしてそのふたつの間の相関を研究することは魅力的である．それは，かの野外博物学者に非常に軽んじられてきたもののひとつだ．ここに彼を待つ素晴らしい研究分野がある．機能と形態に関する私たちのすべての理論がついに検証されるに違いない生物が対象だからである．

— Malcolm A. Smith, Reptilia and Amphibia, vol. 3, Serpentes (1943), p. 2

ヘビとは何か？

私たちが見たことのあるヘビ，そしてまた表面的な類似性においてヘビによく似たほかの動物について考えると，実際にヘビを定義している特徴とは何かについて考えを巡らせ始めるだろう．より明瞭なヘビの特徴の一部に慎重に注目すれば，私たちはいくつかの重要かつ潜在的な識別形質を列挙できるだろう．識別形質（diagnostic character）とは，近縁な動物（私たちの場合はヘビだが）からなる特定の分類群や集団に特有の性質のことである．ヘビは体型が細長く，足や手をもたず，鱗に覆われ毛や羽毛はない（図 1.1）．すべてのヘビは先分かれした舌をもち，どのような型の外耳孔（図 1.2）ももたない．体内的には，私たちが調べるだろうどのヘビにも，肋骨の生えた，骨質で体節構造をもつ脊椎があることに注目することは重要である（図 1.3）．しかしながら，これらの特徴はほかの群の動物の一部でも見られるため，識別形質ではない．

図 1.1
2 匹のコブラと，齧歯類を食べている 1 匹のラットスネークを描いた，19 世紀後半（1890-1899）の古美術版画の複製品の写真．原典は Warne and Co. Ltd.（1895）と Richard Lydekker 氏による「Royal Natural History」（1896）を含む．

表面的にはヘビに似ているが，分類学者や系統学者はヘビと呼ばない，ほかの動物について考えてみよう．これらには，ウナギ，イモムシ，アシナシトカゲ，そして手足のないいくつかの細長い両生類が含まれるだろう．状況によっては，熟練した生物学者を含む，多くの人がこれらの動物をへ

図 1.2
ヘビとトカゲの頭部における外部形質の比較．上段の写真はアフリカのナミヘビ科であるヘラルドヘビ（*Crotaphopeltis hoamboeia*）のもので，下段の写真は脚のないトウブアシナシトカゲ（*Ophisaurus ventralis*）のもの．ヘビとは異なり，トカゲはまぶた（白い矢印）と外耳孔（黒い矢印）をもつが，ヘビの頭部における唯一の外への開口部は，吻の近くに見える鼻孔のみであることに注目．著者撮影．

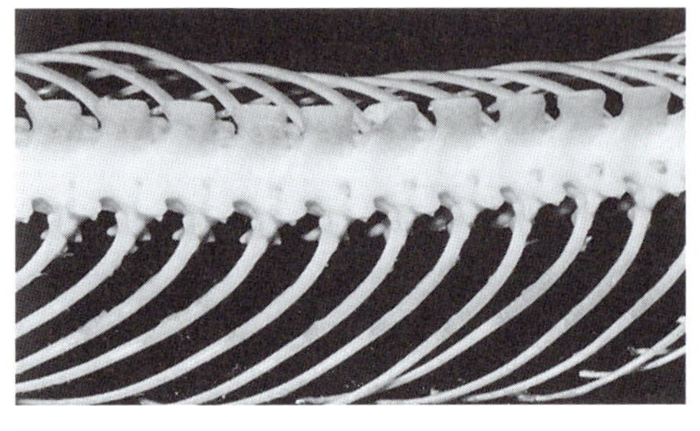

図 1.3
上段は，ミズベヘビの一種（*Nerodia* spp.）の完全に関節のつながった骨格の写真．Phil Nicodemo 氏撮影．下段は，フロリダヌママムシ（*Agkistrodon piscivorus conanti*）の脊柱の一部を写した写真．対になった肋骨がそれぞれ脊柱の突起と関節している．詳細は図 3.2 も参照のこと．骨格標本はフロリダ自然史博物館のもの．著者撮影．

ビと間違えうる（図 1.4）．たとえばウナギの一部の種は大きさや色がウミヘビに似ており，遠くで泳いでいるときに見ると区別がはっきりつかない．当然ながら，よく調べてみると，そのウナギはエラ，口，表皮ほか，ウナギが魚であってヘビでないと私たちが認識できる特徴をもっているようだと分かる．イモムシや手足のない両生類（アシナシイモリ）は，捕まえたときにちらっと見えただけで（それらを探しているときにひっくり返すだろう）丸太や岩の下の土や，湿った下草の中へとすばやくすり抜けて逃げてしまった場合，ヘビだったかのようにしか思えないかもしれない．しかし，これらの動物を手に取れば，たとえ細長くてほぼ足のないサンショウウオであっても，鱗がなく，舌が分かれていないことに気づく．同様に，イモムシは鱗も，顎のあるはっきりとした頭も，体内に脊柱ももたない．それでは，私たちがもっているのはヘビであってほかの動物でないとはっきり定められる特徴とは何なのであろうか？

さらに探索を進めると，ほかの脊椎動物と比べてヘビに特有の特徴がほかにもあることが分かる．ヘビの目は常に「開いている」ように見える．これはヘビが瞼をもたず，角膜がスペクタクルと（spectacle；ブリレ brille またはアイキャップ eyecap とも）呼ばれる透明な伸長した皮膚に覆われているからだ（図 1.5；図 1.2，7.3，7.4 とも比較のこと）．スペクタクルは隙間がなく，透明で，瞼のように保護の役割を果たす．この特徴は多くのトカゲからヘビを区別するが，一部の水棲の両生類，洞窟棲のサンショウウオ，および一部のトカゲもまた，スペクタクルやそれに類似した構造物を形成する，目と表皮の部分的な融合を示す．したがって，多くの場合で区別するのに有用であるものの，この特徴は単

図 1.4
人々がヘビと間違えるかもしれない脊椎動物たち．上段左：トウブアシナシトカゲ（*Ophisaurus ventails*）は，合衆国東部でよく見られる脚のないアシナシトカゲ科のトカゲ．著者撮影．上段右：フロリダミミズトカゲ（*Rhineura floridana*）は，ミミズトカゲ科の有鱗目で，真のトカゲではない．地中棲の種であり，退化した目，先の丸いミミズのような尾，そして土の中を掘り進むのに有用な硬直した頭部をもつことで特徴づけられる．著者撮影．下段左：バートンヒレアシトカゲ（*Lialis burtonis*）は，オーストラリアに生息する脚のないヤモリ科のトカゲである．著者撮影．下段右：同所的に生息する，バンドのあるウミヘビに非常によく似たウナギの一種（*Myrichthys colubrinus*：シマウミヘビ）．この個体は，インドネシアのバリにてビショップ・ミュージアムの John E. Randall 氏により撮影された．

図 1.5
ヘビの目はスペクタクル（ブリレとも言う）で覆われている．上段の写真が示しているのは，フロリダヌママムシ（*Agkistrodon piscivorus conanti*）の目の特徴である．赤外線熱画像受容器である頬ピットと鼻孔もよく見える．このヘビはおおむね夜行性で，縦長の楕円形の瞳孔をもつ．著者撮影．下段の写真が示しているのは，昼行性の探索型捕食者であるスペックルドレーサー（*Drymobius margaritiferus*）の比較的大きな目と丸い瞳である．まぶたや瞳孔の縁の覆いが完全に無いことに注目．この写真を図 1.2 に写っているトカゲのものと比較してほしい．レーサーはベリーズにて Dan Dourson 氏撮影．

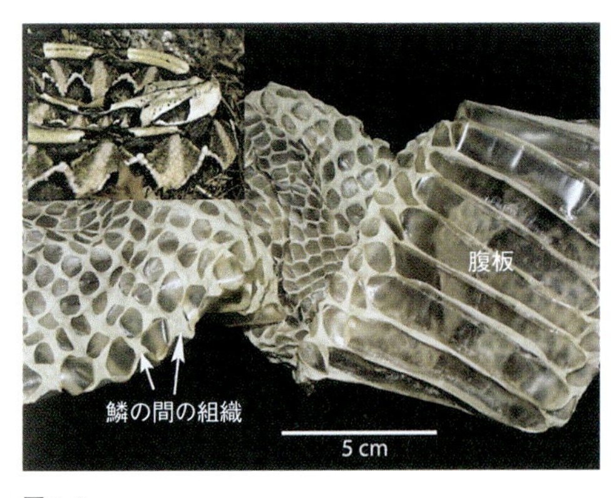

図 1.6
ガボンアダー（*Bitis gabonica*）の脱皮殻．鱗の間の組織で仕切られた背側の鱗と腹板が見える．脱皮殻は体表面全体の表皮であり，ひとつながりで，ヘビから「剥ける」ときに裏表逆になり，その後乾く．著者撮影．

独でヘビをほかと分かつものではない．

多くのヘビは，大きな獲物を飲み込み，飲み下せるよう調整された顎を備えた，軽くてとても可 動性の高い頭骨をもつが，メクラヘビのような一部のヘビは例外である．多くのヘビは有毒でもあるが，より多くの種は比較的無害である．さらに，アメリカドクトカゲは獲物に毒液を注入でき，オオトカゲ科のトカゲの唾液は有毒である．つまり，私たちはさらに多くの特徴を探す必要がある．

ほかの爬虫類とは異なり，ヘビは全身の表皮で同調する脱皮サイクルをもち，すべての外表皮を一度に脱ぎ捨てる．表皮更新の基本的なサイクルはほかの鱗竜類（lepidosaur；ヘビ，トカゲ，ミミズトカゲ，およびムカシトカゲ）にもあるが，古くなったヘビの表皮は，典型的には欠片ではなく１枚のシートとして一度に脱ぎ捨てられる．水分不足時や，ストレス環境下，あるいは老いた大きなヘビにおいてはときに例外が起こり，表皮は断片となって脱ぎ捨てられる（下記のメクラヘビについての説明参照）．しかし，通常の全身の脱皮（ecdysis）は，ヘビに関して最も初期に観察された現象のひとつであり，これらの爬虫類に独特でかつ遍在する特徴のひとつでもある（図 1.6）．一部の両生類も表皮をすべて一度に脱ぐかもしれないが，脱ぎさられた表皮はヘビのように鱗で構成されてはいない．またヘビにおいては，脱皮サイクルにおける表皮更新の間に，α と β として知られる合成されたケラチンタンパクの垂直的な交代が起こる（第５章参照）．ヘビと鱗竜類においてのみ，このケラチンタンパクの垂直的な交代が，全身で生涯を通じて見られる．ヘビの特徴を調べれば調べるほど，私たちは，多くの特徴がほかの脊椎動物と共通している一方，一部の特徴はヘビ固有の特徴であることをより深く理解することになる．共通する特徴は進化史上の関係を示唆するが，一方で固有の特徴はその集団内でのみ進化し，派生的（derived）であると言われる．これらの特徴のすべては，進化史を反映した方法に則って全生物の中でヘビを分類するのに役立っており，そのような分類は，系統樹（phylogenetic tree）と呼ばれる枝別れした構造に反映されている．系統の詳細を解き明かすために，ますます遺伝的構造や生化学的特徴に関わる分子情報が利用され，ときには外見的構造（つまり表現型 phenotype）と組み合わせて利用されている．このテーマは本章の次の部分でより詳しく述べる．

ヘビとは何か？という問いに戻ろう．総合して考えれば，特異性を与える特徴のリストを用いることでヘビを記述することができる．私たちはこれを，新しく見つかった動物を誰かが調べていて，ヘビなのかそうでないのかを決めたいときに有用な非公式な記述と呼べるかもしれない．問いに答えうるほかの方法は，私が公式な定義と呼ぶものによる．より公式なやり方を理解するために，私たちはまずヘビの進化史とほかの脊椎動物との関係を考える必要がある．

ヘビの進化史

ヘビの進化史（起源と現生種の分類を含む）を決定するのはとても困難である．これには多くの理由がある．ヘビの化石の記録は極めて断片的で乏しく，より完全な記録がない限りヘビの起源をつなぎ合わせるのは難しい．さらに，多くの標本は保存状態が悪いか不完全で，それらを研究している研究者も少ない．化石種と現生種の両方のヘビの特徴を考慮し，しっかりした結論を作るということになると，人の判断と性格によってしばしば不合意に至る．現生種の観点からみると，化石化した素材に比べて，内臓，色合い，DNA，タンパク質，およびほかの組織の特徴を含む，考慮すべき特徴がより多く存在する．しかし再び，異なる人が異なる特徴について調べ，系統樹を作ろうとすると，意見の相違が生じうる．実際，現生のヘビの分類は意見の相違と論争に満ちている．後述するのは，これらの議題に関する私たちの知識の現状に対するひとつの評価である．

化石と起源

ヘビは疑いなく四足動物，つまり両生類，爬虫類（鳥を含む），哺乳類を含む 4 本の脚をもつ脊椎動物である．したがって，ヘビは脚のある祖先の子孫である脊椎動物の特殊化した枝を代表している．現生のヘビにおいては，腰帯（pelvic girdle）は脊柱との直接的なつながりを失っているか，あるいはそのものが消失しているが，一部の科には腰帯の痕跡や退化した脚をもつ種もいる．現生のヘビがもつ痕跡器官は，大腿骨や骨盤（腰帯）にあたる非常に退行した骨だ．ボア類・ニシキヘビ類のオスでは，これらはケラチン質の突起物（いわゆる蹴爪 spur）と接続している（第 9 章の図 9.21 参照）．現生種化石種のどちらにおいても，前脚や肩帯の痕跡をもつヘビは知られていない．

大半の古生物学者は，爬虫類が，迷歯類（labyrinthodons）としてよく知られている絶滅両生類の一群と共通祖先をもつと信じている．迷歯類とは，複雑に折り畳まれたエナメルの層をもつその特徴的な歯から名付けられたものである．この古代の四足動物群は，3 億年以上前の古生代に生きていた多様な動物の集団から構成されている（図 1.7）．迷歯類のどのグループから爬虫類が進化したのかは明らかでなく，おそらく爬虫類のような特徴を発達させつつあるように見える古代の両生類から複数回の起源があったのだろう．確実に爬虫類であると認識されている既知の最も古い化石はトカゲに似た小さな生き物のもので，コティロサウルス（cotylosaurs）として分類され，「幹爬虫類（stem reptiles）」とも呼ばれる（図 1.8）．これらの古代の爬虫類は今日地球上に生きている爬虫類の分類群すべての祖先であると信じられている．コティロサウルスは 2 億 7500 万年前の石炭紀後期またはペルム紀初期に初めて現れた．その後これら初期の爬虫類は多様化し，カメ，恐竜，哺乳類，ワニ，鳥，ムカシトカゲ，そして現代のトカゲとヘビ（有鱗目）を生み出した系統の元となった．

最も古いヘビの化石はおよそ 7000 万から 9500 万年前の白亜紀中期のものだ．ヘビの化石は，ほかの多くの脊椎動物にもよくあることだが，全く豊富ではなく，歴史的記録も不完全だ．ときに化石は数本の肋骨や椎骨，あるいはほかの骨のみで構成されており，適切

累代	代	紀	世		何百万年
顕生代 Phanerozoic	新生代 Cenozoic	第四紀	完新世 (現世)		- 0.01
			更新世		- 1.8
		第三紀	新第三紀	鮮新世	- 5.2
				中新世	- 23.8
			古第三紀	漸新世	- 33.5
				始新世	- 55.6
				暁新世	- 65.0
	中生代 Mesozoic	白亜紀			- 144
		ジュラ紀			- 206
		三畳紀			- 251
	古生代 Paleozoic	ペルム紀			- 290
		石炭紀			- 354
		デボン紀			- 409
		シルル紀			- 439
		オルドビス紀			- 500
		カンブリア紀			- 543
原生代 Proterozoic					- 2500

図 1.7

現代から何百万年分を遡る，主要な年代名を付記した地質年代表．図は，地球史における決定的な出来事に関する地質年代の主要単位を描いている．右側にある動物のイラストが示しているのは，起源した時点ではなく，放散や優占のあったおおよその時代である．動物のイラストは Dan Dourson 氏による．

な解釈は極めて困難なことがある．たとえば，ヘビであると考えられていた最も初期の化石のひとつは，後に白亜紀のトカゲにもあるいくつかの特徴をもつことが判明し，もはやヘビとはみなされていない．明白な最古のヘビは脚の痕跡とともにヘビのもののような脊柱をもつ．最近アルゼンチンのリオネグロ州で発見され，*Najash rionegrina* と名付けられた，あるヘビの化石には，胸郭の外側に機能していたであろう原始的な骨盤と脚があった．そのヘビは，陸上の堆積物中で見つかった最も初期の脚のあるヘビだと言われている．このヘビの骨格の構造は，それ以前の化石よりも四足動物の祖先により近いように見えるが，最も近い祖先は未だ不明である．

Najash rionegrina は陸上の堆積物から見つかったので，ヘビが陸上で進化したという仮説を支持している．ヘビが陸上の祖先から進化し，土の中に潜る習性に適応した後，結果として脚を失ったという説は 20 世紀の大半を通して人気があり，現在もかなりの支持を集めている．ヘビの頭蓋骨はある特徴の点でトカゲに類似している．たとえば顎の後ろ

に可動性のある方形骨（quadrate bone）があることや頭蓋骨の後ろに方頬骨（quadratojugal）がないことである．ヘビはおそらくジュラ紀に（ひょっとすると1億5000万年前に）進化したが，そこまで昔に遡る化石は今のところ存在しない．これらの初期のヘビは，白亜紀初期（約1億2000万年前）に水棲や陸棲など様々な形態に放散した．陸棲のヘビと水棲のヘビはともに白亜紀中期（約9500万年前）には存在し，どちらが先に進化したのかについては未だに議論されている．

図1.8
上段の絵は，爬虫類の最も初期の科のひとつであるコティロサウルスを描いている．コティロサウルスは石炭紀からペルム紀（図1.7参照）に遡る小さなトカゲのような爬虫類であり，爬虫類の系統樹では根元に位置することから「幹爬虫類（stem reptiles あるいは root reptiles）」と呼ばれることがある．下段の絵は，モササウルスとして知られる絶滅した海棲トカゲを描いている．この爬虫類は力強い遊泳者で，白亜紀に広く存在した，暖かい浅海での生活によく適応していた．モササウルスは半水棲の有鱗目から進化したのかもしれず，泳ぐために伸びて流線型になっていることを除けば，現在の陸棲オオトカゲに似た体型をしている．顎と頭蓋骨の解剖学的解析により，モササウルスはヘビに非常に近縁だと考えられている．絵はDan Dourson氏による．

最も初期のヘビの化石には，北アフリカ，中東，およびヨーロッパ東部の9500万年前の海洋堆積物から掘り起こされた海棲の種類のものが含まれる．これらの中のひとつは，体外に突き出た完全な後脚をもっているものの，確かにヘビである．そのため，ヘビは陸ではなく海で脚を失い，その直近の祖先は今は絶滅したモササウルス（mosasaurs，図1.8）と呼ばれる海棲のトカゲであると主張する科学者もいる．海洋堆積物中から見つかった化石は，陸上堆積物中から見つかったものより少なくとも800万年古い．「誰が最初か？」の問いは，世界的合意として解決されることはないかもしれない．そしてもちろん，これらの代替可能な進化シナリオの両方が，ほぼ並行して古代に演じられた可能性もある．もしこれが真実なら，海棲のものはおそらく絶滅し，現生するヘビの系統は陸棲の祖先から進化したのだろう．DNA配列やほかのデータは，現生するヘビは単系統的な起源をもつということを示唆している．これはつまり，現生するヘビはすべて単一の共通祖先，単一の祖先系統から進化してきたという意味である．

ヘビの化石種の研究と，それらと現生する爬虫類との解剖学的特徴の比較から，多くの科学者は，恐竜が優占していた頃に，ヘビはトカゲのひとつの科から進化したと考えるようになった．オオトカゲ科のトカゲは，頭蓋骨の構造，感覚器，その他の特徴についても非常にヘビと類似している．インドネシアのボルネオ島に生息するミミナシオオトカゲ（*Lanthanotus borneensis*）は可動性の瞼をもつが，下側の瞼にはヘビのアイキャップに似た透明な「窓」がある．その名が示唆する通り，ミミナシオオトカゲはヘビと全く同様に外耳をもたず，頭蓋骨の構造においてヘビのものに似た特徴を多く示す．このような類似にもとづき，オオトカゲに類縁性のある古代のトカゲは，現代のトカゲの多くのようにゆるい土や砂を掘るように進む，穴掘り生活に適応していたのだという学説を唱える科学者もいる．こんな風にして，脚と外耳における退行と結果的な消失や，地中を進む際に眼を保護するためのスペクタクルの発達といった，数多くのヘビ特有の特徴が進化した．これらの穴掘り型の子孫は，様々な陸上のニッチを利用するべく地中生活からいでて，陸上の生息環境で多様化し放散した．地中生活でひとたび脚が失われてしまうと，それはほかの環境においても「逆行」して取り戻されることはなかった．それどころか，私たちがヘビと呼ぶ脚のない生き物は，多くの特殊性と手足なしに生きる驚くべき方法を進化させた．

トカゲなどヘビ以外の多くの爬虫類を含め，脊椎動物は進化の過程において，脚の消失や退行を何度も起こしてきたということに注目すると興味深い．ヘビの脚の消失と胴の伸長は Hox 遺伝子と呼ばれる遺伝子の発現の変化と関係している．これらの遺伝子は，胚における背腹軸に沿った細胞分裂を特異的に指示し，脚の発達とそれに関連する形態的変化の具体的な領域を決定することによって発生を制御していることが知られている．Martin Cohn 氏と Cheryll Tickle 氏は，発生中の胚における背腹軸に沿った Hox 遺伝子の発現パターンが前脚の欠失および胸部の軸骨格の伸長の原因となっていることをニシキヘビで示した．これらの著者はまた，脚の発生を活性化するシグナル伝達経路の失敗がヘビの初期進化における Hox 遺伝子の発現の変化に関係しているかもしれないことも示唆していた．

系統樹の概念

系統樹は，種もしくは種群の進化史を意味し，枝のある線図で表される．このような線図は，それを構築するのに用いる手法や伝えようとする情報の内容に応じて，樹状図（dendrogram），分岐図（cladgram），表現図（phenogram），樹形図（tree）等と呼ばれる．ここでは，そのような線図を単に系統樹（phylogeny）あるいは樹形図と呼ぶことにする．科学者らは，系統樹を構築するために（実に哲学全体さえ組み込んで）様々な手法を用いる．その過程には，進化上の出来事の再構築が含まれる．ここでの再構築は，異なる分類群や系統が示す，形質状態（同じ形質における異なる形状）の変化から推定されるものである．形質には様々なものが用いられ，それらは通常，解剖学的特徴のような表現型形質や，DNA やタンパク質の特性のような分子データを表徴する．表現型形質とは，生物の遺伝的な構成から表出される観察可能な特徴のことである．分子データは，進化史を再構成するためにますます頻繁に用いられつつある．また，遺伝学やゲノム学における最近の技術的進歩は，データベースを顕著に充実させ，多くの新しい，ときに急進的な変化を系統樹に引き起こす一助となっている．このことは，ヘビだけでなく多くの生物に当てはまる．

木の形をした枝のある線図は潜在的に 2 種類の情報を伝える．樹形（tree topology），すなわち分類群が互いに枝分かれしていくひと続きの順序と，個々の枝の長さである（図 1.9）．樹形図における枝長は，通常，遺伝子配列における変異の数として分子データを用いて表わされ，典型的には形質の変化量に比例する．そのため，異なる速度で進化した種は等しくない枝長をもつことになる．進化速度に関するそのような実証データが利用できない場合には，枝長は相対的な時間として表されるか，進化モデルから構築されたものとなる．枝分かれの順番は，現存する種で研究された形質から祖先形質を推定，もしくは推測することのできる系統樹推定法で決定される．この手法は，種分化を表すと仮定される結節点（分岐点）での形質状態を最適化するために用いられる．樹形図上で祖先の結節点と子孫の結節点における形質値を比較することにより，表現型の変化の歴史を追うことができる．

種は階層的に，すなわち枝状あるいは樹状の種分化過程により，互いに系統を分かつ．そのため，形質の進化は，原始的な状態から派生的な状態への歴史的な変遷過程であるとみなされている．原始的形質（primitive trait）あるいは祖先形質（ancestral trait）は，祖先状態や初期状態に似た特徴をもつ一方で，派生形質は比較的最近に祖先状態からの（表現型あるいは分子の）変化を経たもののことである．したがって，形質の進化は樹形図上における形質の変化として認識される．

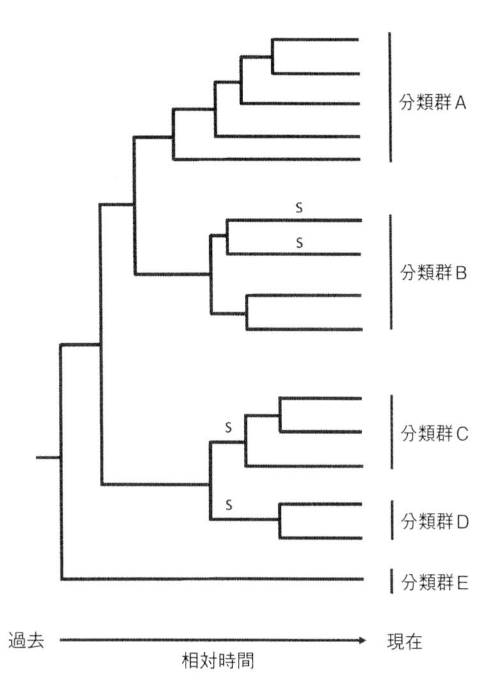

図 1.9
いくつかの分類群の仮想的な系統樹．樹形および異なる分類群への枝長が様々であることを示す．このタイムスケールは相対的で恣意的なものだ．分子データが利用可能な場合，遺伝子の塩基置換の観点から（枝の長さがより変化に富む）でこぼこのスケールが表現されうる．2つある姉妹群の例を，2本の異なる枝の上にある一組の「s」の文字で表している．Coleman M. Sheehy III 氏と著者作画．

種は共通祖先から階層的に由来するため，近縁な種は遠縁の種よりも互いに似る傾向がある．形質は，共通の由来（相同性 homology）を通じて，あるいは別々の起源（収斂 convergence あるいは成因的相同性 homoplasy）により，種間で共有されうる．相同形質は共通祖先から受け継がれる一方で，成因相同的形質は似たような機能上の要求と自然選択によって収斂する．そのため，単に似たような選択圧や環境にさらされたことにより，類縁性のない2つの種がお互いに類似した形質をもつことがある．たとえば，2つの独立したウミヘビの系統は，泳ぐために使われる櫂のような形の尾をともに進化させた．これらの構造物は，同じ形質が2回独立に起源したことを表している（図 3.8 参照）．しかし，それぞれの種群の中では，櫂のような形の尾はそれぞれの系統で受け継がれた．つまり，それぞれにおいては共通祖先まで辿ることができるため，相同なのである．この概念は，色や行動を含むほかの形質状態にも拡張される（下記参照）．

ヘビの進化史に関する理解の一端として，ヘビ類の類縁関係がどのように描かれるのか．系統樹の価値は，単にそのイメージを提供することにある．そのように多くの人は考えているだろう．確かにそれは，この概念的なあらましと，本章の次節以降に続くより詳しい説明に内在する意図ではある．しかしながら読者諸兄は，比較データを用いた進化的手法と協働して系統樹が用いられつつあることも正しく認識するべきだ．その進化的手法とは，分子的あるいは生化学的な特徴から形態，生理，そして行動の特性までを含む，幅広い様々な形質の進化を研究するためのものである．実際，系統学と比較解剖学または比較生理学の双方の手法を用いた，進化学上の問いに対する学際的なアプローチにより，ヘビやほかの生物の生き様に関する私たちの理解はますます豊かになりつつある．

世界のヘビの分類と系統

世界中のヘビの進化的類縁性を解きほぐすという課題は，科学者にとって常に非常に挑戦的であった．系統樹の構築には時間がかかり，費用が高くつき，さらには間違い，再解釈，論争がつきものである．種数の多いナミヘビ科（Colubridae）のような特定の分類群は特に厄介で，意見の相違や，類縁性の詳細についての多くの疑問が残されている．

古くからある従来の見解ではヘビは爬虫綱（爬虫類）に分類されるが，爬虫綱は，乾いた鱗に覆われた皮膚をもつ変温動物のすべてを含んでいる．この基準によれば，爬虫類はムカシトカゲ類，カメ類，ワニ類，ヘビ類，およびトカゲ類に分かれる伝統的な区分を含んでいる．しかし近年では，自然分類群（natural groups つまり taxa）は特定の祖先に由来するすべての子孫を含むよう単系統であるべきだということで，分類学者の多くは合意しつつある．この協定に従うなら，「爬虫類」（つまり爬虫綱）はすべての鳥を含むことになる．なぜなら，鳥類とワニ類は明らかに姉妹群だからだ（図 1.10）．そのため「爬虫綱」の伝統的な構成員は，今では鳥類とワニ類の近縁性を強調するべく「non-avian reptiles」と呼ばれることがある．しかしながら，明快さと理解の簡単のため，私たちはヘビ類を伝統的な爬虫綱の一部として考え，単に爬虫類と呼ぼう．

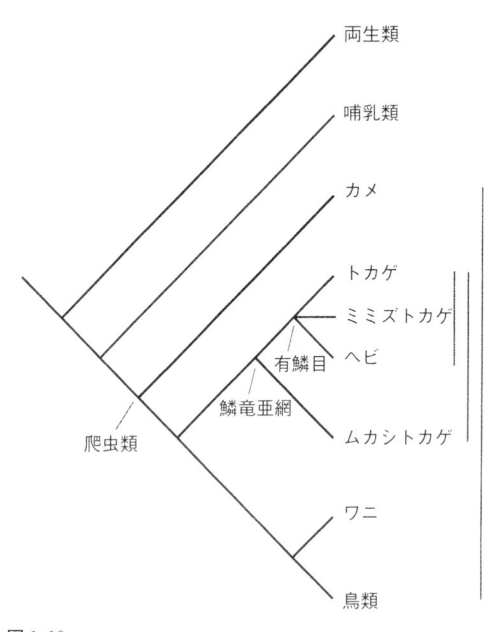

図 1.10
脊椎動物の進化の概略を表す系統樹．右側の縦棒は，左に示された各単系統群（有鱗目，鱗竜亜綱，爬虫綱）をそれぞれ含んでいる．描画は Coleman M. Sheehy III 氏と著者作画．

ヘビ類は爬虫類の一角として，トカゲ類とミミズトカゲ類も含む有鱗目（Squamata）の中で 1 つのクレード，つまり単系統群を構成している．ミミズトカゲ類は，本質的には高度に派生的なトカゲである．ミミズトカゲ類は，長く伸びた胴，一般的には失われた脚，そして地中を掘るために変形した非常に硬い頭蓋骨によって特徴づけられる（図 1.4）．すべての有鱗目は，たいてい顕著で明確な鱗相（scalation）によって特徴づけられ，そのほかのいくつかの形質も共有している．ニュージーランドのムカシトカゲ類は表面上はトカゲに似ているが，有鱗目の姉妹群で，別の進化史をもつ別の古代の目に属している．集合的には，すべてのヘビはヘビ亜目（Ophidia あるいはSerpentes）と呼ばれる有鱗目のひとつの亜目に分類される．そのため「ophidians」と書いたり話したりするとき（あるいはこの単語を記述語として用いるとき）には，ヘビについて述べていることになる．

以下に続く説明は，これらの類縁関係について現在知られていることを要約しようとする試みであり，そこでは詳細やほかの分類体系についての凝り固まった意見よりむしろ広範なパターンに重きが置かれている．そのため，紹介する体系は流動的なものと考えてかまわない．重要なのは，ヘビを現在地球上で繁栄している脊椎動物の一群たらしめている，その多様さと驚くべき適応の数々について，深い理解を得てもらうことである．わずか1種や数種しか含まない系統がある一方，非常に豊かで，何百もの種を含む系統もある．一部の分類群には過去にはより多様だったということを示唆する化石記録からの証拠があるため，現在の多様さは過去の絶滅に大きく左右されている．では，現存するヘビの多様さを探求しにいこう．

メクラヘビ下目：盲目のヘビ

専門的には下目あるいは上科に相当するメクラヘビ類（Scolecophidia）は，ヘビ類における最初の分岐の一方の枝を代表している．メクラヘビ類は単系統群（監訳注：諸説有り）で，ホソメクラヘビ科（Leptotyphlopidae），メクラヘビ科（Typhlopidae），アメリカメクラヘビ科（Anomalepididae）の3つの科から構成される（監訳者注：近年ではGerrhopilidaeとXenotyphlopidaeを加えて5科とする見解が有力である）．300種を若干上回る，これらの科に分類されるすべてのヘビは，単一の共通祖先から進化したと考えられている．根拠となっているのは，主に頭蓋骨，目，軟組織の解剖学的特徴に，ほかのヘビにはない共通性があることである．メクラヘビという全種に共通して含められた一般名は，たいがい頭部の鱗の下に埋もれた状態で退行しているか痕跡的になっている，その目に由来する．なかには目が完全に消失，または黒い色素の小さな斑点にまで退化している種もいる（図1.11）．

図1.11
ブラーミニメクラヘビ（*Indotyplops braminus*）．インドにてIndraneil Das氏が撮影．頭部は挿入図に示されている．大型の吻端板，丸まった吻，平滑鱗，退化した目，そして短く先の丸い尾に注目．

いずれの種でもメクラヘビ類は，ほかのヘビに見られるような大型の腹板をもたず，胴回りを一様に取り囲む平滑鱗をもつという点で互いに似通っている．なめらかで光沢のある表皮は円筒状の胴体をぐるりと取り囲んでおり，脱皮の際には複数の脱皮殻の輪にばらけることもある．この特徴は，古い表皮がひとかたまりになって脱ぎ捨てられるほかの一般的なヘビと異なっている．ヘビは概して表皮に腺をもたないが，メクラヘビ類には頭部を覆う表皮に多くの小さな腺をもつものもいる．

メクラヘビ類は一般的に，丸まった，あるいは先端の鈍った頭部とともに，同じく先端の鈍った尾をもつが，尾の先端にはしばしば無害な棘が付いている（図 1.11）．メクラヘビ科とホソメクラヘビ科の種には痕跡化した腰帯があるが，これはアメリカメクラヘビ科のものにはあったりなかったりする．アフリカにいるホソメクラヘビ科の種には蹴爪をもつものがいる．頭蓋骨は高度に変形しており，一部の種では非常に独特になっている．たいがい小さく，湾曲している口は，いくぶんかサメのそれのように吻の随分下に位置する．おそらくは穴掘りを容易にすると思われる，ショベルのように尖った大型の吻をもつ種もいる．吻端板（rostral scale）は大型化しており，頭部の前端側の大部分を覆うこともある（図 1.11）．左右 2 つの下顎は頭部の前方にあるが，これはほかの脊椎動物とは同じでもほかのヘビとは異なる特徴である．ホソメクラヘビ科の一部は上顎に歯をもたないが，下顎に比較的大きな歯をもつ．一方でメクラヘビ科のものは上顎のみに歯をもち，アメリカメクラヘビ科のものは上顎と下顎両方に歯をもつ．ホソメクラヘビ科の機能生物学についてはほとんどのことが分かっていないが，奇妙な採餌方法をもつことが最近のある研究により記載された（第 2 章参照）．

メクラヘビ類は無毒で無害である．ただし，怒らせると尾の付け根にある臭腺から分泌物を出し，強烈で不快な臭いを発することがある．これらの分泌物は防御機能に加えて集合行動の助けにもなっているかもしれない．視力は弱いかあるいは欠如しており，そもそも視力がたいして役に立たない世界で生きている彼らにとっては，反応するための感覚受容能力だけでなく化学刺激も非常に重要なのだろう．

図 1.12
上段の写真は，世界で最も小さいヘビの種であるバルバドスホソメクラヘビ（*Leptotyphlops carlae*）．体長が 10 cm（4 inch）を下回る本種は，2006 年にカリブ海のバルバドス島で発見された．写真提供は S. Blair Hedges 氏．下段の写真は，コスタリカのグアナカステ州で著者が撮影した若い black threadsnake（*L. ater*）．写っている 50 クローネ硬貨は直径 2.7 cm で，アメリカの 25 セント硬貨より 3 mm 大きい．

これらのヘビはたいてい小さく，それゆえに研究することが難しい．胴回りが 2 mm 以下で，重量が 1 g もない種もいる．カリブ諸島のバルバドスで 2006 年 6 月に Blair Hedges 氏によって発見された世界で最も小さなヘビ，バルバドスホソメクラヘビ（*Leptotyphlops carlae*）はそのひとつだ．本種は，育ちきった成体でも長さが 10 cm 以下で，アメリカの 25 セント硬貨と同じ大きさのコインの上にとぐろを巻くことができる（図 1.12）．メクラヘビ類は，大型の種でもたいてい約 40 cm から 41 cm 以下の長さに収まるが，いくつかの種では 60 cm を超え，80 cm 近い長さに達する奇妙なメクラヘビ類も 2 種知られている．大半の種では体色は概して茶色かピンク，あるいは黒だ．その体色とほっそりとした外見ゆえに，メクラヘビ類（blind snakes）の一部の種は worm snakes や thread snakes とも呼ばれる（監訳者注：日本にはメクラヘビ科のブラーミニメクラヘビのみが分布し，しばしばミミズヘビの異名で呼ばれることがあるものの，他種のメクラヘビに対応した和名はなく，したがって異名のバリエーションも存在しない）．

体が小さいことと，穴を掘る習性から，メクラヘビ類を見つけるのは難しい．メクラヘビ類は，様々な成長段階の社会性昆虫を食べる．多くの種はアリやシロアリの蛹や幼虫を獲物とするため，アリやシロアリの巣の中からはメクラヘビ類を比較的高い確率で見つけることができる．すべての種が穴を掘り，大半の種はほとんどの時間を深く柔らかい土の中で過ごすため，私たちの目に触れるのは丸太や岩がひっくり返されたときか，夜，特に雨の後に地面の上を這っているときに限られる．地下にある彼らの居住空間を水浸しにするような土砂降りの後にも，メクラヘビ類は現れる．ブラーミニメクラヘビ（*Indotyphlops braminus*，図 1.11）は英名で flowerpot blind snake と呼ばれるが，その名は，庭土や植物の残骸に紛れてあちらこちらにしばしば運ばれることに由来する．メクラヘビ類は地中棲であることが特徴だが，木生シダの根の間に生息する種もいれば，夜に草むらの上を這い，しばしば地上数メートルに登るものもいる．おもしろいことに，メクラヘビ類は稀に大型の鳥の巣の中で見つかることがある．たまたまか，あるいは意図して雛に餌として与えるために親鳥が運んできたものであることは間違いない．メクラヘビ類は，合衆国の南東部からウルグアイ，アルゼンチンにわたって南北アメリカ大陸で見られる．また，カリブ諸島，ヨーロッパ，アフリカ，西南アジア，オーストラリアの一部にも生息している．

メクラヘビ類は卵を産んで繁殖する．メスのテキサスメクラヘビ（*Leptotyphlops dulcis*）は卵の周りにとぐろを巻き，抱卵の間一部のニシキヘビ類のように震えて温度を上げる．これは，これらのヘビの小ささを考慮すると尋常ではない離れ業だ！　同じくらい魅力的なことに，ブラーミニメクラヘビは単為生殖をすると知られている唯一のヘビである．受精することなしに卵の発生が進む単性の種だ．おそらく多くのメクラヘビ類は卵生で卵を産んで繁殖するが，アジアの一部地域に生息するディアードメクラヘビ（*Typhlops diardii*）は胎生（子ヘビを出産する）かもしれない．またしてもその隠れたがりの習性のせいで，この原始的なヘビのグループの繁殖，行動，そして生態については，解明されるべきことがまだまだ多く残されている．

メクラヘビ類の体系学と生態学は，ほかの陸棲脊椎動物のそれらに比べて非常に遅れている．メクラヘビ類は，ほかのすべてのヘビ類（真蛇下目 Alethinophidia）の最も近縁な系統群（姉妹群）である（監訳者注：諸説有り）．最近の分子系統学的研究が示唆するところによると，ホソメクラヘビ科の現生する系統は大陸の分裂から影響を受けており，早くも白亜紀中期（およそ 1 億年前）から多様化してきたとされる．種の多様性は，現在認識されているよりはるかに大きいとみられており，世界中で新たな種が次々と発見され続けている．

真蛇下目：「現代的な系統」

真蛇下目（Alethinophidia）の系統群は，ヘビの全系統の基部における二分岐の第二の枝である．これらは真蛇類（true snakes）あるいは進歩的ヘビ類（advanced snakes）とも呼ばれ，メクラヘビ類を除く現代のすべての系統を含んでいる．この巨大な系統群の内部にある最初の分岐は，ムカシヘビ下目（Henophidia；かつてのボア上科 Booidea）とヘビ下目（Xenophidia あるいは Caenophidia；かつてはナミヘビ上科 Colubroidea と呼ばれていた）との間のものである．前者のグループには，ミミズサンゴヘビ類，パイプヘビ類，ミジカオヘビ類，サンビームヘビ類，ボア類，そしてニシキヘビ類が含まれる．これらはすべて，真蛇下目の中で比較的早くに分岐した系統である．残りの，より進歩的なヘビ類であるヘビ下目には，よく知られているナミヘビ類，コブラ類，そしてクサリヘビ類のほか，あまり知られていないミズヘビ類，イエヘビ類，セダカヘビ類，タカチホヘビ類，そしてこれらほかのすべてのメンバーにとって姉妹群にあたるヤスリヘビ類を含む．ヤスリヘビ科（Acrochordidae）の系統的位置は今やかなり受け入れられており，その姉妹群であるほかのヘビ下目のヘビは，すべて合わせて現在の専門用語で言うところのナミヘビ上科（Colubroidea）を構成している．より古くに分岐した系統群の説明から始めよう．

ムカシヘビ下目：古き系統

古くに分岐したいくつかの系統は，多くの爬虫類学者にまとめて「パイプヘビ類（pipe snakes）」と呼ばれている（監訳者注：ただし，次に述べる dwarf pipe snakes にはミミズサンゴヘビ類という通称があり，「パイプヘビ類」の一員であることが分かりづらくなっている）．かつてミミズサンゴヘビ科（Anomochilidae）はメクラヘビ下目とほかの真蛇下目をつなぐ存在であると考えられていたが，分子系統学的研究により，この考えは今や支持されていない（下記参照）．「stump heads（首なし）」とも呼ばれるミミズサンゴヘビ類は，インドネシアから3種が知られており，それらはすべてミミズサンゴヘビ属（*Anomochilus*）に属している（図 1.13）．これらのヘビの自然史や機能生態学については，ほとんど何もわかっていない．歴史的には，これらのヘビは長い間ほかのパイプヘビ類と一緒にされてきたが，ほかの真蛇下目のものと姉妹群をなすことがわかってきたため，独自の科に位置すると考えられ始めている．

図 1.13
最近記載されたミミズサンゴヘビの *Anomochilus monticola*．ボルネオにて Indraneil Das 氏撮影．

残るパイプヘビ類は，サンゴパイプヘビ科（Aniliidae）に1属1種として属する新熱帯の種（図 1.14）とパイプヘビ科（Cylindrophiidae）に属する9種のアジアパイプヘビ類（図 1.15）である．小型から中型のヘビで，体長はおおよそ 0.5 m から 1 m である．メクラヘビよりいくぶん太く，平滑鱗，丸い頭，短くて先の丸い尾をもっている．頭部が首より狭く，目は退化し非常に小さい．体色はたいてい濃い茶色から茶色だが，カラフルな黄色や赤っぽいバンドを伴うこともある．このようなバンドは薄く見えにくいこともある．

図 1.14
上段の写真は，ブラジルのマットグロッソ州で撮影された美しいサンゴパイプヘビ（*Anilius scytale*，ニセサンゴヘビとも呼ばれる）．本種はサンゴパイプヘビ科として現在認められている唯一の種である．総排出腔にある一対のケヅメは，退化した腰帯にあたると考えられている．下段の写真はサンゴパイプヘビの頭部．頭部はいくぶん平らで，目は小さいことが分かる．この個体はブラジルのパラー州から．写真はすべて Laurie J. Vitt 氏撮影．

新熱帯に生息するサンゴパイプヘビ（*Anilius scytale*）は色鮮やかで，相手によっては（最も重要なのは捕食者になりうる相手にとってだが）サンゴヘビ類そっくりに見える（図 1.14；第 5 章参照）．

パイプヘビ類は，柔らかい土や草むらに穴を掘る点でメクラヘビ類のようだが，強力な掘削者だ．水場に近い低地の森林に生息しているが，水田など，人間による撹乱を受けている場所でもよく見られる．獲物となる動物は，ミミズやトカゲ，ほかのヘビといった細長いものに限られている．飼育下では小さなネズミや魚も食べることが知られている．身を護る際には，胴体を平らにしたり，頭を体の下に隠しつつカラフルな腹面が見えるように曲げた尻尾を振ったりする．触られたり攻撃されたりすると，総排出腔の後ろの臭腺から不快な臭いのする分泌物を排出する．胎生で子ヘビを産む．

ミジカオヘビ科（Uropeltidae）は，スリランカとインド南部に生息し，「shield-tail snakes（盾になる尾をもつヘビ）」と呼ばれる 50 種近い小さなヘビ（15 cm から 40 cm）

図 1.15
上段の写真は，タイで著者が撮影したアカオパイプヘビ（*Cylindrophis ruffus*）の腹側．本種は東南アジアの各地に生息する穴を掘るヘビである．鱗はなめらかで光沢がある．尾は先が丸く，可変性の赤い体色で点があり，捕食者をためらわせるため防御的に使われる．下段の写真は，ブライスハナナガミジカオヘビ（*Rhinophis blythii*）の頭部．本種はほかのミジカオヘビ科ヘビ類と同じく穴を掘るヘビで，地中生活への特殊化を示す．原始的で可動性に欠ける頭部と頭蓋骨は，硬直した顎，尖った吻，そして鱗（head shield）の裏にスペクタクルをもたない退化した目を備えている．これは John C. Murphy 氏によって撮影されたスリランカ産の液浸標本である．

図 1.16
コスタリカのグアナカステ州にあるパロ・ベルデ生物研究所にて著者が撮影したメキシコパイソン（*Loxocemus bicolor*）．なめらかな鱗，太い体，大型化した吻鱗に注目．

から構成される．これらのヘビは高度に特殊化した穴掘り屋である．パイプヘビ類とは非常に近縁であり，パイプヘビ類の一部に数えられることさえある．頭部は円錐形で，胴体よりも細く，しばしば明瞭なキールをもつ（図 1.15）．尾の先は丸く，多くの種では尾の末端にザラザラした大きな一枚の鱗がある．その尾は，トンネルにいるときに泥を集めて栓にすることで身を守るのに用いられる．体躯の前方の筋肉組織は，穴掘りを続けるために構造的，生化学的に特殊化している．これらの筋肉は，脊柱と内臓と共に体表に連動して動くことにより，トンネル内で頭部と体の前半部を前に進める際に，体の一部を取っ掛かりにすることを可能にしている．そして頭部を左右に振り動かすことでトンネルの幅を大きくしたり小さくしたりする．その後，摩擦によって取っ掛かることのできる新しい場所を探し出すべく体の後半部を前方に押し出す際には，頭部を取っ掛かりにする．一部の種はありふれているのに対し，ほとんどの種は無名で，研究もされていない．これらの興味深いヘビ類はミミズを食べると考えられており，ほとんどの種あるいは全種が子ヘビを産むことで繁殖する．

残る2つの科は，著しく虹色にきらめく鱗からサンビームヘビ類（sunbeam snakes）として知られる，メキシコパイソン科（Loxocemidae）とサンビームヘビ科（Xenopeltidae）だ．メキシコパイソン科はメキシコパイソン（*Loxocemus bicolor*，図 1.16）1種のみからなる．このヘビは約1mに成長し，森で穴を掘り隠れ住んでいるが夜になると（しばしば大雨の中）小さな哺乳類やほかの爬虫類を求めて姿を現す．メキシコの太平洋沿岸から中央アメリカにかけて分布する．本種は卵生で，比較的大きな卵を一度に少数産む．サンビームヘビ科はアジアサンビームヘビ属

(*Xenopeltis*) の2種からなり，1mを若干超えるほどの大きさに育つ．彼らは地中に掘った穴や倒木の下や草むらに生息し，ほかのヘビを含む様々な小動物を餌にしている．メキシコパイソンと同じくこれらのヘビも卵を産む．メキシコパイソン科とサンビームヘビ科を姉妹群とし，これらを合わせた分類群をニシキヘビ類の姉妹群とする見解が，いくつかの研究で示されている．

ボアとニシキヘビ：大は美なり

ボア類・ニシキヘビ類は，映画やおとぎ話，ペットとしての流通で人口に膾炙しているため，よく知られているヘビだ．大きくなるために嫌われると同時に愛されもする．明らかに，特定のボア類・ニシキヘビ類は世界で最も大きなヘビである．南アジアのアミメニシキヘビ（*Malayopython reticulatus*；以前は *Python reticulatus*）は，現生するヘビでおそらく最も長く，最長で約10m（多くの個体は6mもないが）に達する（図1.17）．南米に生息するアナコンダ類は，体長に比した重量を基準とするならおそらく世界で最も重いヘビである．アナコンダ（*Eunectes murinus*）は体長で約5m，重量は45kgに達する（図1.18）．もっと長く重いアナコンダの報告もあるが，それらの確かさは疑問である．1900年代の始め以降，野生生物保護学会（Wildlife Conservation Society）は体長9.1m（30 feet）以上のすべてのヘビに対して報奨金（現在では約50,000 USドル）を提示している．これまでのところ，この賞金を勝ち取ることのできた者はいない．化石種で最大のヘビである *Titanoboa cerrejonensis* はボアの仲間で，コロンビアの露天掘炭鉱の地下で最近発見された（図1.19）．このヘビは13m近い長さがあり，1tを超える重量（1,135kg）があった！ 5800万年から6000万年前の熱帯雨林に生息していたこのヘビは，恐竜の大量絶滅から地球が回復しつつあった当時で最大の非海洋性の脊椎動物であったかもしれない．

図1.17
フローレス海のジャンペア島から最近記載されたアミメニシキヘビの亜種（*Malayopython reticulatus jampeanus*）．これは野外で初めて捕獲された成体を飼育中のもので，体長1.5m．David Barker 氏撮影．

ボア類・ニシキヘビ類は，分類学上の見解次第で3科か4科に分けられる．これらのヘビ類は以前は1つの科に分類されていたが，ヘビ下目に至る古代のヘビから多様化した2つから4つの独立した系統にあたるのは明らかである．現生する最大のヘビは，南米と東南アジアの熱帯にそれぞれ生息するボア類・ニシキヘビ類だ．しかし，これらのすべての種が大きいというわけではない．

ドワーフボア科（Tropidophiidae）はおよそ21種の比較的小型のヘビで構成され，中央アメリカ州（メキシコの熱帯地域を含む中米と南米北部），カリブ諸島，マレーシアに分布している．最長で1mまで成長するが，多くの種は30cmから50cmである．いくぶん大きな頭をもつことが普通で，ほどほどに細長い．

図 1.18
ベネズエラのアプレ州，エル・フリオで Ed George 氏と Jesús A. Rivas 氏により捕獲されたアナコンダ（*Eunectes murinus*）．Tony Crocetta 氏撮影．

図 1.19
アナコンダ（左：*Eunectes murinus*）の椎骨と隣りあって撮影された，ヘビ類で世界最大の化石種（右：*Titanoboa cerrejonensis*）の椎骨．このティタノボアの体長は 13 m，体重は 1.3 t もあったと推定されている（アナコンダの体重の 30 倍だ！）．学名は「セルホン（Cerrejon）の巨大なヘビ」を意味しているが，セルホンは化石が見つかった地域のことである．フロリダ大学の Ray Carson 氏撮影．挿入図はこのヘビの外見の予想を描いている（フロリダ自然史博物館の Jason Bourque 氏による作品）．

ツメナシボア科（Bolyeriidae）に属する別のボアの一種（*Casarea dussumieri*）は，モーリシャスに近いインド洋のラウンド島にのみ生息し，「Round Island boa」や「split-jawed boa（顎の裂けたボア）」と呼ばれる．本種は四足動物では唯一，前部と後部で分かれた可動性の上顎骨（maxillary bone）をもつ．もう一種のツメナシボア類である *Bolyeria multocari* は，過去30年以内のごく最近に絶滅してしまったと考えられている．ラウンドアイランドボアは卵生で，主にトカゲやヤモリを食べている．

図1.20
ケニアスナボア（*Eryx colubrinus*）は，半地中棲のボアの顕著な特徴のいくつかを示す．筋肉質の胴体，背側に位置する上を向いた目，円錐形の下顎を下側にもつ，突き出た顕著な吻鱗，そして短くて先の丸い，あるいは棘のような尾がそれである．これは Phil Nicodemo 氏が所有する飼育個体であり，著者が撮影した．

ボア科（Boidae）には，ボア類（boas）またはスナボア類（sand boas）がおおよそ28種含まれる．スナボア類と総称される15種は，ほかのボア類から分かれて少なくとも5000万年はたっており，これらを別の科（Erycidae）や亜科（Erycinae）に位置付ける科学者もいる．スナボア類は中央および北部アフリカ，中東，ユーラシアの一部にかけて分布する中型から小型の半地中棲のヘビで，北米西部のラバーボア類（*Charina* spp.）やロージーボア（*Lichanura trivirgata*）も含んでいる．旧世界のスナボア類（*Eryx* spp.）は，背側に位置する目と鼻孔や円錐形に広がる下顎（図1.20）を始めとする，砂地で生きるための驚くべき適応を見せてくれる．残りのボアは主として新熱帯の森に生息し，多くは上唇か下唇の鱗上か鱗の間に赤外線を感知するピットをもつ．ポピュラーでよく知られているボアコンストリクター（*Boa constrictor*）（図1.21）や水中生活に特殊化したアナコンダ類（*Eunectes* spp.）（図1.18）はその一部である．すべてのボア類は胎生で，総じて様々な脊椎動物を獲物としている．

図1.21
潅木にいるときと手のうちにいるとき．上段の写真は，ブラジル，リオデジャネイロの険しい岩肌の向かいの木の枝で休んでいる野生のボアコンストリクター（*Boa constricter*）．Steven Lilywhite 氏撮影．下段の写真は，ベリーズで捕獲直後のボアコンストリクターを持つ William Garcia 氏．Dan Dourson 氏撮影．

ボア科には，おおよそ27種のニシキヘビ類（pythons）が含まれる．独立の科（Pythonidae）として扱われることもあるニシキヘビ類は，中央アフリカから東南アジア，

図 1.22
樹上での進化的収斂．上段の写真は新世界のエメラルドツリーボア（*Corallus caninus*）で，下段の写真は旧世界のミドリニシキヘビ（*Morelia viridis*）．両者とも高度に樹上棲で，体型，行動，体色において顕著な収斂を表している．上の挿入図は成体としばしば体色が異なる若いエメラルドツリーボアを示す．若い個体は概して黄色からオレンジ色をしている．いずれも Laurie J. Vitt 氏撮影．

中国南部，およびインド東部からオーストラリアやパプアニューギニアにかけて分布する．多くのニシキヘビ類は前上顎骨の歯（premaxillary teeth）が吻のすぐ下に直接生えている．またボア類もニシキヘビ類も，大型哺乳類や鳥を含むであろう獲物を捕獲するための湾曲した長い歯をもつ．すべてのニシキヘビ類が卵生で，卵の周りにとぐろを巻き，体の筋肉を震わせて熱を発生させて卵を孵すものもいる．ニシキヘビ類の大きさ，配色，生息環境は種によって様々である．一部の種は樹上棲あるいは木登りが得意で，これらはたいてい陸棲の種より細身である（ボア類にも当てはまる）．ニシキヘビ属（*Python*）のヘビは，オーストラリアにおける放散の1つとして進化し，ボールニシキヘビ（*P. regius*）のような太った種やビルマニシキヘビ（*P. molurus*），アフリカニシキヘビ（*P. sebae*），10 m にも達するアミメニシキヘビ（監訳者注：現在では *Malayopython* 属に含めることもある）といった，とても長い種を含む．オーストラリアのニシキヘビにも，体長 8.5 m 前後まで達するアメジストニシキヘビ（*Morelia amethystina*）のようにとても長くなるものがいる．オーストラリアのオオウロコニシキヘビ属（*Aspidites*）は，現生するほかのすべてのニシキヘビ類の姉妹群を構成している．ニューギニアで普通に見られるミドリニシキヘビ（*Morelia viridis*）は，新熱帯のエメラルドツリーボア（*Corallus caninus*）（図 1.22）と同様に，樹上生活に高度に特殊化している．

ヘビ下目：進歩的なヘビ

ヘビ下目は単系統群であり，一般にヘビの中でより進歩的な系統と考えられているもの（ナミヘビ上科 Colubroidea）と，奇妙なヘビであるヤスリヘビ科（Acrochordidae）のみからなるヤスリヘビ上科（Acrochordoidea）を含んでいる．ナミヘビ上科もまた単系統であり，ナミヘビ科（Colubridae），コブラ科（Elapidae），ミズヘビ科（Homalopsidae），イエヘビ科（Lamprophiidae），セダカヘビ科（Pareidae），クサリヘビ科（Viperidae），タカチホヘビ科（Xenodermatidae）を含む．この中ではナミヘビ科が最も多くの種を含む．ナミヘビ上科はいくつかの骨学的および解剖学的特徴によって特徴づけられ，含まれる系統群同士の近縁性は今では分子データによって強く支持されている．

ヤスリヘビ：醜怪なるもの

図 1.23
ヤスリヘビ科（Acrochordidae）．上段の写真はフィリピンで著者が撮影した小型の海棲種，ヒメヤスリヘビ（*Acrochrdus granulatus*）．挿入図は，ビーズのような鱗と背側に位置する目と鼻孔を示している．下段の写真は，オーストラリアの種であるアラフラヤスリヘビ（*A. arafurae*）を狩るアボリジニの女性たち．彼女たちは食料として集めている．下段の写真は Richard Shine 氏撮影．

どう見ても，ヤスリヘビ類（file snakes）はひときわ非凡なヘビのひとつである．実際それらは奇妙で，見かける幸運に恵まれた者ほぼすべてを魅了する．1属3種がまとめられてヤスリヘビ科（Acrochordidae）を構成している．大型の2種，ジャワヤスリヘビ（*Acrochordus javanicus*）とアラフラヤスリヘビ（*A. arafurae*）は「elephant trunk snakes（象鼻のヘビ）」とも呼ばれ，それぞれアジアとオーストラリア北部の熱帯地域の河川や河口域に生息している（図 1.23）．この科の第3の種，ヒメヤスリヘビ（*A. granulatus*）はほかの2種より小さく，おおむね海棲だ（図 1.23）．本種が生息するのはたいていマングローブや浅い沿岸の海域だが，河川，池，湖といった淡水域にいる個体群も知られている．3種すべてが完全に水棲であり，干潮時に稀に干潟に打ち上げられるときを除けば，水中から出ることは滅多にない．

すべてのヤスリヘビ類は，末端が外に突出した小さな棘になっている，結節で覆われた細かな鱗をもつ．一般名の由来となったザラザラした体表を作り出しているのが，この鱗である（第5章参照）．この細かい粒状の鱗が体を包み込み，腹側の正中線上にはほんの少し大きい鱗が並ぶ．尾はわずかにしか側扁していないが，その腹側の体表は盛り上がって小さな畝を形成しており，泳ぐ時は体自体が側扁する．泳ぐこともできるわけだが，たいていは川，池，マングローブの泥底を這っている．水生植物の根元や，ほかの水棲動物によって作られた巣穴や穴に潜むため人目に付きにくい．皮膚はだぶついていて非常にたるんでおり，水から揚げられると水面から下向きにたゆみがちだ．水の外では見るからに苦労してゆっくりと這い，動くたびにあちらこちらへと皮膚がたゆむ．目は小さくビーズのようだが，水中への適応として鼻孔は内部に弁をもち上に向いている（図 1.23）．魚と，ときどき甲殻類を食べるが，その際，罠として機能する巻いた体に獲物を誘い込み，すばやく捕獲することができる．獲物を締めつけることはないが，頭を獲物の位置まで動かし，獲物をすばやく飲み込むまでの間，ザラザラした鱗で巻きついて獲物を保持する．

全種が胎生で，現地の水中では高密度で生息している．

モールバイパー：危険で変わった咬みつきの詰め合わせ

サブサハラ・アフリカ（サハラ砂漠より南のアフリカ）やアラビア半島に生息する60種ほどのヘビは，穴を掘るその習性から「mole vipers（モグラのクサリヘビ）」と呼ばれる．典型的な毒ヘビのようには見えないが，多くはヴェノム（攻撃用の毒液）器官をもっている．モールバイパー類は，以前はモールバイパー科（Atractaspididae）に分類されていたが，モールバイパー科の構成種は今ではイエヘビ科（Lamprophiidae）の中の2つの亜科に分けられて分類されている．モールバイパー亜科（Atractaspidinae）は約23種のヘビを含み，その多くはモールバイパー属（*Atractaspis*）で「stiletto snakes（目打ちヘビ）」として知られている．ムカデクイヘビ亜科（Aparallactinae）はその姉妹群であり，小型（1 m以下）で，夜行性で，普段人目につくことがないか，あるいは穴を掘るヘビ約50種で構成されている．分布域は，サブサハラ・アフリカから中東にかけてである．多くの種はヘビ，トカゲ，アシナシイモリといった細長い脊椎動物を食べるが，ムカデクイヘビ属（*Aparallactus*）の種はほとんどムカデ類のみを食べる．これらのヘビには，モールバイパー属のヘビと類似点をもつものもいる．姉妹関係にあるこれら2つの分類群には，かつてナミヘビ上科のほかの科（ナミヘビ科，コブラ科，クサリヘビ科）に分類されていたいくつかの系統が含まれている．内部の系統関係はいくぶんまだ不明瞭なままであるものの，今ではこれら2亜科は互いに近縁であることが示されており，独立の分類群とするだけの十分な理由があると言える．以降の説明ではこれらの亜科を区別しない．

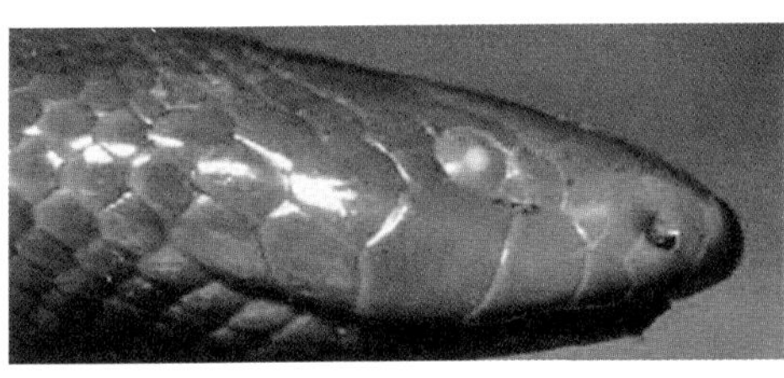

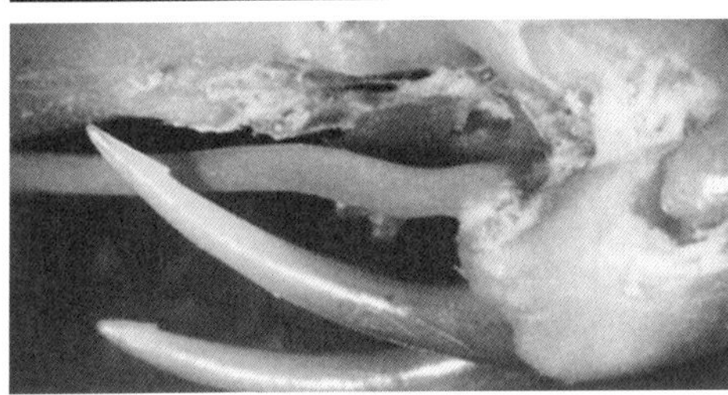

図1.24
アフリカ中部に生息する「モールバイパー」の一種である small-scaled burrowing asp（*Atractaspis microlepidota*）の頭部の写真．上段の写真は，土を掘るための適応である先の丸い吻を備えた平らな頭部を示す．本種は体長45 cmから75 cmまで成長する．下段の写真はこのヘビの牙を示している．牙は比較的長く空洞である．つまり，クサリヘビ科のヘビの牙に似ているが異なる，独自のものである．牙は，ヘビが穴の中で獲物（たとえば齧歯類）に接近し，完全には口を開かないまま一本の牙を深く相手に突き立てられるよう位置している．一度に1本の牙しか使えないということを除き，この行動についてはほとんど分かっていない．John C. Murphy氏撮影．

モールバイパー類は小型から中型（せいぜい1 m）のヘビで，通常は黒か茶色だが，縦縞模様や明るい色のバンドをもつ種もいる．頭蓋骨と目は小さく，その頭部は，短く先の尖った尾のある円筒状の体につながっている．鱗はなめらかか，あるいはキールをもち，頭部のものは比較的大型化している（図1.24）．多くの種は卵生であるが，1種（*Aparallactus jacksoni*）は胎生であり，繁殖習性のわかっていない種もいくつかある．

モールバイパー類の多くは溝のある後牙をもつ．上顎骨の前方部分には溝も管もない小さな歯が一様に生えているが，後牙はその列に続けて生えている．これは一部のナミヘビ科のものに似ている．溝のある歯をもたない種（*Aparallactus modestus*）については無毒である可能性がある．さらには，コブラ類やほかのコブラ科ヘビ類のものに似た，固定された前牙をもつ種もいる．モールバイパー属のヘビはクサリヘビ類のものに似た可動性の前牙をもつが，獲物を捕獲するときの使用法が異なる．巨大な管牙か溝牙を備えた，縮退した上顎骨が，これらのヘビの顕著な特徴である（図 1.24）．モールバイパー類は真のバイパー類（監訳者注：vipers，クサリヘビ類のこと）ではないが，クサリヘビ類のように，上顎骨が複雑に接合し，牙を直立させられるよう動かすことができる．顎の動きからの自然な帰結と牙の巨大さにより，「直立した」牙は顎の縁からほんのわずかに突き出し，後ろを向く．獲物への咬みつき行動と毒液の注入は，左右や後方に頭を突き刺す動きによってなされ，この裁縫での目打ちのような動きが stiletto snake という英名の由縁である．牙をもちながら口を大きく開けずに済むことは，小型の哺乳類（多くは齧歯類とトガリネズミ類），鳥の雛，ほかの爬虫類といった獲物を地下のトンネルの中で狩るときに間違いなく有利である．

この分類群における毒液および毒液の運搬機構の多様性は，おそらく，様々な獲物に対する特殊化への適応を反映している．多くは細長い爬虫類やほかの小さな脊椎動物を食べるが，ミミズを食べるものもいれば，ムカデを好むものもいる．モールバイパー類の多くの種は，小さすぎて人間に効果的に毒液を注入することができそうになく，危険性はほとんどない．しかしながら，モールバイパー属のヘビがもつ毒腺は，コブラ科やクサリヘビ科のヘビのものとは異なり，獲物を制圧し，人にも危険となりうる変わった毒素を含んでいる．アフリカの地方では，これらのヘビはよく知られており，恐れられている．というのも，これらのヘビを捕獲するのに手を使う方法では安全を確保できないため，そうした地域では，好奇心の強い子供やヘビの捕獲者らがしばしば噛まれているのだ．モールバイパー属のヘビは，ほかの無害なヘビに似て，不動の姿勢をとりつつも大胆な後方への動きを伴って突然攻撃することにより，身を守ろうとすることが多い．これらのヘビは，森林から砂地の半砂漠まで様々な環境に生息している．これらのヘビはすべて穴を掘り，日中はたいてい土の中に引きこもっているか，何かの下に隠れている．穴を掘るほかのヘビと同様に，地上での活動は夜，特に暴風雨の後に行うことが多い．

その他のアフリカ産イエヘビ科

モールバイパー類（モールバイパー亜科とムカデクイヘビ亜科）を一員とするイエヘビ科には，ほかにも，始新世後期に起こったアフリカ大陸固有の夜行性ヘビ類の放散を代表する多くの種が含まれる．そのひとつは広域に分布するイエヘビ属（*Lamprophis*）のもので，その多くの種はイエヘビ（house snakes）として知られている．ほかにはミズギワヘビ属（*Lycodonomorphus*）などや，より無名のものたちがいる．モールバイパー類のほかにも，本科にはより特徴的で広くアフリカに分布する無毒なヘビ類が多数含まれるわけで，総種数は 290 種以上にもなる．

クサリヘビとマムシ

クサリヘビ亜科（Viperinae）のヘビ（クサリヘビ類）とマムシ亜科（Crotalinae）のヘビ（マムシ類）は，ひときわ壮観で，興味深く，誤解され，中傷されるヘビだ．映画やテレビでよく取り上げられるように，これらはすべて顕著な毒牙をもち，脅威となる人や動物に向かって攻撃する防御行動をとる．しかしこれらは何かに対する反応的な行動で，ほかのすべてのヘビと同様，有毒なヘビも人に対して攻撃的な性質をもっているわけではない．有毒なヘビは攻撃的だと多くの人は思っているが，そのような話の原因となる印象は（例外もあるかもしれないが）間違った誇張である．私たちが先に攻撃を仕掛けたかあるいは攻撃的な扱いをした後にだけ，ヘビは攻撃的で臨戦態勢にあると私たちには思えるようになる．毒ヘビがもつ毒液は，主に獲物を捕獲することとの関わりのなかで進化してきたものであり，いくつかの例外（たとえばドクフキコブラ類 spitting cobras；第 2 章参照）を除き，防御としての機能はたいてい副次的なものだ．

クサリヘビ類とマムシ類は，約 230 種を含むクサリヘビ科（Viperidae）の一員である．典型的な旧世界のクサリヘビ類やアダー類は，クサリヘビ科における主要な系統のひとつであり，これらはクサリヘビ亜科（Viperinae）の中に位置付けられる．この科の構成種は，比較的短くがっしりした胴体と，独特で僅かに三角形の頭部（毒腺を収納するため，しばしば頬が大型化する），頭部を飾るもののみ小さい，はっきりしたキール鱗，そしてときに目を見張るような防御行動をとることといった，「いかにも」毒ヘビのような見た目をしている．ほとんどの種は哺乳類や鳥類の（内温性の）獲物を食べ，ヘビにとって危険となりうるような比較的大きな獲物さえ飲み込むこともある．しかしながら，昆虫（たとえばノハラクサリヘビ *Vipera ursinii*），ほかの爬虫類，死肉（特にヌママムシ *Agkistrodon piscivorus*）といった，様々な獲物を食べるものもそれぞれいる．クサリヘビ亜科のものなど，多くのクサリヘビ科のヘビは，卵生のナイトアダー属（*Causus*）を除き，胎生である．

図 1.25
ヨーロッパ産クサリヘビ類の 2 種．上段の写真はスウェーデンの沖合の島で著者が撮影した，ありふれたヨーロッパクサリヘビ（*Vipera berus*）．この光景は，生息地の岩を背景にして見たときのヘビの体色のカモフラージュ効果を表している．下段はハナダカクサリヘビ（*V. ammodytes*）の生態写真．マケドニアのゴーレム・グラッド島（監訳者注：プレスパ湖に浮かぶ島で，Snake Island ともいう）にて Xavier Bonnet 氏撮影．

クサリヘビ属に含まれる種群は一般にクサリヘビ類ともアダー類とも呼ばれ，様々

図 1.26
ブチナイトアダー（*Causus maculatus*）．象牙海岸にて Xavier Bonnet 氏撮影．

図 1.27
西部・中央アフリカで見られるトゲブッシュバイパー（*Atheris squamigera*）のメス．通常は低い潅木の中いる．体色には個体差があり，メスは通常オスより大きい．これは Elliott Jacobson 氏により撮影された飼育個体．

な生息環境を利用する小型のものから構成されており，全体として多様な集団である．北方の地域においては，冷涼な天候の際にもかなり低い体温のまま活動できる（図 1.25）．ユーラシアにはクサリヘビ属のヘビが約 20 種いるが，そのうちの一種は，多くの中央・北部のヨーロッパ人にとって馴染みのある唯一のクサリヘビである．そのヨーロッパクサリヘビ（*Vipera berus*）は，北極圏にまで分布するわずか 2 種のヘビのうちの 1 種である（もう 1 種はコモンガーターヘビ *Thamnophis sirtalis*）．

クサリヘビ類のほかの分類群や近縁な系統は，様々な興味深い点で独特だ．一般にナイトアダー（night adders）と呼ばれる，ナイトアダー属（*Causus*）に属する 6 種のアフリカ産クサリヘビ類は，平滑鱗，大きな頭板（監訳者注：頭蓋を覆う板状の鱗のことで，複数枚ある），丸い瞳，無尾類（カエル）への食性の特殊化を備えていることで独特である．一部の種では吻が上を向いているが，そのことには，ヒキガエルを探す際に柔らかい地面や瓦礫を掘るのにおそらく利点がある．とある 2 種では，とても長い毒腺が皮下を胴まで伸びている．アフリカ産クサリヘビの別の種群には，ブッシュバイパー類（*Atheris* spp.）として知られる樹上棲のものがいる．樹上棲の強いものは主に中央アフリカの赤道下の森に生息しているが，ほかはずっと南ま

図 1.28
南はサハラまでの西および中央アフリカ，特に森林地域に生息する 2 種の大きく体の重いクサリヘビ科のヘビ．上段の写真はガボンアダー（*Bitis gabonica*），世界で最も重いクサリヘビ科のヘビを示している．本種は，毒ヘビの中で最も長い牙と最も多量の毒をもつ．下段の写真はライノセラスアダー（*B. nasicornis*）を示す．本種は，どっしりとしていて，吻にいくつかの目立つケラチンでできた角をもつ．両種ともに，たいてい待ち伏せて獲物を捕り，まだらになった光と落ち葉の背景に非常にうまくカモフラージュする．これらは飼育個体で，著者が撮影した．

図 1.29
北米のガラガラヘビ類の一部．上段左：バージニアのローン山で見られたシンリンガラガラヘビ（*Crotalus horridus*）．上段右：クロオガラガラヘビ（*C. molossus*）．中段左：イワガラガラヘビ（*C. lepidus*）の異常に色が薄い個体．中段右：セイブガラガラヘビの亜種であるホピガラガラヘビ（*C. viridis nuntius*）．下段左：若いヒガシダイヤガラガラヘビ（*C. adamanteus*）．下段右：アルーバガラガラヘビ（*C. durissus unicolor*）．シンリンガラガラヘビとヒガシダイヤガラガラヘビは Dan Dourson 氏撮影．ほかは著者撮影．

で分布している（図 1.27）．

アフリカアダー属（*Bitis*）に属し，その多くが並外れて大きく，どっしりした胴体をもつ 13 種のアフリカ産クサリヘビ類は，本当に壮観である（図 1.28）．よく知られている種としては，ガボンアダー（*Bitis gabonica*），ライノセラスアダー（*B. nasicornis*），パフアダー（*B. arietans*）がある．これらのヘビは動くときには緩慢だが，極めてすばやく，そして強い力で咬みつくことができる．非常に長い牙（ガボンアダーで最大 4 cm）を備え，たいてい自らの体より大きな内温性の獲物を食べる（第 2 章参照）．模様は美しく，効果的なカモフラージュになる．驚かされたり脅されたりすると，これらのヘビはときど

図 1.30
よく恐れられるハブ（*Protobothrops flavoviridis*）は，日本の琉球諸島で見られるマムシ類である（上段の写真）．ハブは本属内で最大の種で，体長 230 cm 近くまで成長する．体は比較的細く，頭部は非常に長い．本種は強い毒をもち，一部の島々に住む人々に多くの咬傷をもたらしている．多くのハブは集められ，泡盛とよばれる強い酒を作るのに使われるが，泡盛は薬としての特性をもつといわれている．写真提供は森哲氏．下段の写真はナノハナハブ（*P. jerdonii*）で，ベトナム原産の飼育繁殖個体．著者撮影．

図 1.31
台湾で見られたタイワンアオハブ（*Trimeresurus stejnegeri*）のメス．本種は高度に樹上棲で，地を這う典型的なクサリヘビ科のヘビよりほっそりとした体型をしている．たいてい緑色をした熱帯の植生の中にいるので，この緑の体色は隠蔽的である．杜銘章氏撮影．

図 1.32
上段の写真は草むらで休んでいるフロリダヌマママムシ（*Agkistrodon piscivorus conanti*）の成体．フロリダ沿岸の島にて著者撮影．下段の写真はノーザンカッパーヘッド（*A. contortrix mokasen*）の成体．ケンタッキー州にて Dan Dourson 氏撮影．

き，一定あるいは不定の間隔で繰り返される，鋭く，長く，恐ろしいシューという音（噴気音 hissing sound）を出す．パフアダーはこの行動から名付けられた（監訳者注：英単語の puff には「プッと吹くこと」といった意味がある）．

マムシ亜科（Crotalinae）は広く東アジアと西半球に分布し，多種多様な種を含んでいる．その英名（pit viper）は，鼻孔と目の間にある左右一対の凹み（pit）に由来している．凹みの奥底には，薄く，血管性で神経支配された膜があり，そこでヘビは熱と赤外線の放射を感知する．これらの凹みは，その場に存在する温かい獲物や物体を検出するのに機能する（第 7 章参照）．

ガラガラヘビ類はよく知られたマムシ亜科のヘビで，ガラガラヘビ属（*Crotalus*）の

30種ほどとヒメガラガラヘビ属（*Sistrurus*）3種からなる．両属合わせて北米から南米に分布するも，合衆国南部とメキシコで最も多様性が高くなる（図1.29）．尾の先端には特徴的な付属物（ラトルrattle）があるが，これは，脱皮のたびに生じる硬い死んだ組織（ケラチン）が互いにはめ込まれて連結された節からできている．個々の節は，脱皮するごとにラトルの根元に追加されてきたものだ（第5章）．驚かされたり防御行動をとったりする際には，尾をすばやく振り，蒸気の漏れるような大きな音を出す（音の大きさはヘビのサイズに比例する）．尾にある特殊な筋肉が連結したラトルの節を震わせ，節同士を互いにぶつけ合うことでガラガラという（rattling sound）を生み出す．ラトルは，二次的にそれを失った，島嶼に生息する2種，カタリナガラガラヘビ（*Crotalus catalinensis*）とアカダイヤガラガラヘビの一亜種（*C. ruber lorenzoensis*）を除く全種に共通の特徴である．とても小さい種がいる一方で（たとえばヒメガラガラヘビ類*Sistrurus* spp.），大型の種では体長が2mを超えることもある（たとえばヒガシダイヤガラガラヘビ*C. adamanteus*やニシダイヤガラガラヘビ*C. atrox*といったダイヤガラガラヘビ類）．

旧世界のマムシ亜科は約50種からなり，日本のマムシ（*Gloydius blomhoffii*）やハブ（*Protobothrops flavoviridis*）（図1.30），マレーマムシ（*Calloselasma rhodostoma*），セイロンマムシ類（*Hypnale* spp.）の3種，そしてあの美しいヒャッポダ（*Deinagkistrodon acutus*）（第7章参照）を含む．アジアと西太平洋の多くの島々にのみ生息するアジアハブ属（*Trimeresurus*）は31種を含み，これらの一部は樹上棲である（図1.31；図5.6）．新世界のマムシ亜科は，ガラガラヘビ類のほかにアメリカマムシ属（*Agkistrodon*）のヘビ（カッパーヘッドとヌママムシ，図1.32）と種数の多い中南米のいくつかの属を含んでいる．後者には，30種以上のヤジリハブ類（*Bothrops* spp.），恐れられているブッシュマスター類(*Lachesis* spp.)（図1.33），ヤシハブ類（*Bothriechis* spp.）の7種（図1.34），シンリンハブ類（*Bothriopsis* spp.）の7種，そしてソリハナハブ類（*Porthidium* spp.）の9種が含まれる．フトリハブ類（*Atropoides* spp.，図1.36）の3種は極端に体がどっしりとしており，胴回りのプロポーションはアフリカアダーのそれに匹敵している．

機能面でのクサリヘビ類の特徴については

図1.34
樹上棲でコスタリカ固有のマダラマツゲハブ（*Bothriechis supraciliaris*）．本種はかつて，見た目上似ているマツゲハブ（*B. schlegelii*）の亜種だと考えられていた．体色模様には変異があり，コスタリカのほとんどの地域では，背側の体色に様々な斑点のある個体が見られる．この個体はCarl Franklin氏が所有する飼育個体で，著者により撮影された．

図1.33
ブッシュマスター（*Lachesis muta*）は西半球最長のマムシ類である．最長記録の標本は体長3.5m強と測定された．ブラジルのマットグロッソ州にてLaurie J. Vitt氏撮影．

図 1.35
ソリハナハブ（*Porthidium nasutum*）の成体．本種は中間の低地の広葉樹林や雨林で見つかる．コスタリカ大学サンホセ校のクロドミロ・ピカド研究所にて著者撮影．

図 1.36
フトリハブ属の一種（*Atropoides mexicanus*）．本種はメキシコから南はパナマまで分布し，この個体が見つかったコスタリカの太平洋側にも生息する．地を這い，上手にカモフラージュし，どっしりとした胴体をもつ．同属種に共通の英名である jumping pit viper は，ときに「ジャンプしている」かのように地から浮く精力的な防御攻撃によるものと考えられる．コスタリカにて著者撮影．

本書のほかの章で説明するが，このグループのヘビのおおまかな紹介を終える前に言及すべきクサリヘビ科の種がもうひとつある．コブラバイパー（*Azemiops feae*）は，東南アジアの山岳地域に生息する興味深い種だ．本種は，カラフルなバンド，平滑鱗，比較的大きな頭頂部の鱗，そしていくぶん丸い頭（図 1.37）という，まるでクサリヘビに見えない外見をしている．本種はマムシに近縁なようだが，かつては現生する最も「原始的」（基部で分岐した）クサリヘビだと考えられていた．最近の分子データにより，このヘビはマムシ亜科の姉妹群にあたる別の亜科（コブラバイパー亜科 Azemiopinae）に位置付けられている．

図 1.37
ベトナムのカオバン省で見られたコブラバイパー（*Azemiops feae*）の成体．ロシア科学アカデミーの Nikolai L. Orlov 氏撮影．

コブラ科：コブラ，サンゴヘビ，マンバ，およびウミヘビ

コブラ科（Elapidae）には，コブラ類，マンバ類，サンゴヘビ類，アマガサヘビ類，オーストラリアとパプアで爆発的に放散したヘビ類といった有名な陸棲種群と，私たちがウミヘビと呼ぶ海棲種群が含まれる．コブラ科のヘビは，口の先端にある，固定された中空の牙によって特徴づけられるが，これらは大多数の種では比較的短い（第 2 章）．全種が有毒だが，一部の種は飛び抜けて危険である．極めて毒性の強い毒は，マンバ類，コブラ類のいくつか，ウミヘビ類の特徴であり，オーストラリアに生息するある大型の陸棲種にの特徴である．世界に 270 種以上おり，暖かい熱帯の海から世界で最も乾燥した砂漠のいくつかを含む多様な環境に生息している．陸棲種の多くは卵生だが，胎生は一部のアフリ

図 1.38
ジェイムソンマンバ（*Dendroaspis jamesoni*）の頭部. 本種は中央アフリカでよく見られる，高度に樹上棲のコブラ科のヘビである. John C. Murphy 氏撮影.

カ産および多くのオーストラリア産の種の特徴となっている．それら以外の種（たとえばアカハラクロヘビ，*Pseudechis porphyriacus*）は，透明な卵膜に包まれた子ヘビを産む．その子ヘビは数日のうちに卵膜から出てくる（第 9 章参照）.

南北アメリカ大陸のコブラ科ヘビ類は，サンゴヘビ類に代表される．サンゴヘビ類は鮮やかな色をしており，生息範囲の重なる無害な種によく擬態されるバンドとリングの模様をもつ（図 1.51，1.52；図 5.19）．約 65 種おり，主に新熱帯に分布している．多くはヘビを含むほかの爬虫類を食べるが，そのような

図 1.39
フード用いた防御行動を示しているコブラたち．上段左はタイドクフキコブラ（*Naja siamensis*）の背側の写真．タイにて著者撮影．上段右の写真は伸び上がったタイワンコブラ（*N. atra*）の腹側．台湾にて Coleman M. Sheehy III 氏撮影．下段の写真はキングコブラ（*Ophiophagus hannah*）のフード．インドにて Gowri Shankar 氏撮影.

図 1.40
アマガサヘビ（*Bungarus multicinctus*）．台湾にて杜銘章氏撮影．

図 1.41
タイワンハイ（*Calliophis sauteri*）．台湾にて杜銘章氏撮影．

食性の特殊化は旧世界に住む様々なほかのコブラ科の特徴でもある．

コブラ類と，それに近縁なアマガサヘビ類やマンバ類は，アフリカとアジアの広大な地域に生息している．サブサハラ・アフリカに生息するマンバ類（*Dendroaspis* spp.）は，その樹上生活，すばい動き，攻撃的な防御行動ゆえに，現地では人間に対して特に大惨事をもたらす存在となっている．地上 1 m より高い程度の潅木や低木の上で休んでいるとき，マンバは巧みに姿を隠しているので，偶然の遭遇によって攻撃的な一噛みを頭や胸の高さに受けることがある（図 1.38）．コブラ類はアフリカとアジアの大部分で普通に見られ，人間にとって危険となりうるが，直立して首の部分を広げ，不意にシューという大きな音をたてる劇的な行動ゆえに，その危険性の認識は誇張されている（図 1.39）．コブラ類のフードには目によく似た模様があり，びっくりさせる効果をもつ．しばしば目を狙って，邪魔者に毒液を吐きかけるという習性を進化させてきたものたちもいる（図 2.29 参照）．オーストラリアに生息する数多くのコブラ科ヘビ類もフードを広げる行動を見せるが，コブラ類ほど広く，持続して首を平らにすることは滅多にない．ひときわ壮観なコブラ類のひとつは，南アジアと東南アジアのキングコブラ（*Ophiophagus hannah*）である（図 1.39）．体長が 5 m に達する個体もおり，すべてがほかのヘビを食べる．このことが属名の由来となっている（監訳者注：Ophio-phagus で「ヘビ食い」の意）．キングコブラは現生種で最大の毒ヘビである．

アジア地域の残りのコブラ科ヘビ類には，陸棲のアマガサヘビ類（*Bungarus* spp.）13 種が含まれる．鮮やかな色をした，夜行性のヘビ食のヘビで，野外や小屋で寝ている人を噛むことがしばしばある（図 1.40）．アマガサヘビ類に擬態している無害か弱毒のナミヘビ科のヘビが，アマガサヘビ類と同所的に生息している．先述のサンゴヘビ類と同様である．湖の岩がちな岸によく現れるミズコブラ類（*Boulengerina* spp.）の 2 種は，主に魚を食べている．あとのコブラ科の多くは樹上棲で，そうでないものたちは新世界のサンゴヘビ類に見た目が似ている．後者には，アフリカガーターヘビ類（*Elapsoidea* spp.）の 7 種，いわゆるアジアサンゴヘビ類（*Calliophis* spp.，図 1.41），そして体長の三分の一（！）にもなる非常に長い毒腺をもつシマサンゴヘビ属（*Maticora*）の独特な 2 種がある．これらもまたサンゴヘビと呼ばれる．旧世界のものもすべて含む，多くのサンゴヘビは，驚かされると尾を掲げ，体の下側の鮮やかな色を見せつける．

世界のコブラ科ヘビ類の四分の一以上は，オーストラリア，ニューギニア，そしてその

図 1.42
コモンデスアダー（*Acanthophis antarcticus*）．オーストラリアのビクトリア州にて著者撮影．どっしりとした体と三角形の頭というクサリヘビ類との見た目の類似に注目．ほかのコブラ科のヘビに比べて長くなった牙をもち，行動の一部（たとえば待ち伏せ型捕食）はクサリヘビ類に似る．本種のクサリヘビ類への類似は収斂進化の素晴らしい一例だ．

図 1.43
上段の写真：アオマダラウミヘビ（*Laticauda colubrina*）．中段の写真：ヒロオウミヘビ（*L. laticaudata*）．下段の写真：エラブウミヘビ（*L. semifasciata*）．いずれも台湾で撮影された．遊泳を助ける櫂のような形の尾に注目．3 種とも海棲だが，陸上で時間を過ごす傾向は下段から上段にかけて順に強くなる．上段と下段の写真は杜銘章氏撮影で，中段の写真は Coleman M. Sheehy III 氏撮影．

周辺の島々で多様に放散した種群に該当する．これらのヘビについて深く知ることはおもしろい．収斂進化と呼ばれる過程により，多くの種において，ほかの科に属する相方との類似性が進化しているからだ．行動や動きがナミヘビ科のアメリカムチヘビ類（whipsnakes）やムチヘビ類（racers）によく似た，大型ですばやい陸棲のコブラ科の種がいくつもいるし，クビワヘビ，グランドスネーク，アジアサンゴヘビのような隠れたがりだったり穴を掘ったりする種に似ているものがいれば，ナミヘビ科の樹上棲の種に似ているものもいる，といった具合だ．体型と行動の非常に印象的な収斂は 3 種のオーストラリアのデスアダー類（*Acanthophis* spp.）で見られ，これらは一部の陸棲のクサリヘビ類に似ている（図 1.42）．類似するのは，隠蔽的な色合い，三角形の頭部をもつどっしりした胴体，待ち伏せ型の捕食方法，そして掲げた尾を小刻みに動かして獲物を誘い込む行動などである．デスアダー類はまた，口腔底にある肉質の受け口にはまる，比較的長い牙も進化させてきた．受け口を収納場所とする牙は，ほかのコブラ科ヘビ類のように固定されているもののクサリヘビ類のようにある程度の運動性をもち，哺乳類や鳥類を捕らえて毒液を注入するために比較的長くなっている．マンバ類，コブラ類，そして大型で昼行性のナミヘビ科ヘビ類に対応した役割を演じている，大型ですばやく危険なものには，タイパン類（*Oxyuranus* spp.）の 2 種，ブラウンスネーク類

図 1.44
ひときわ色鮮やかなセグロウミヘビ（*Pelamis platurus*）．コスタリカの太平洋沖合の海面下で撮影されたもの．セグロウミヘビは海面近くで比較的小さな沖合性の魚を食べているが，そこいるときにとる典型的な「浮いて待つ」姿勢をこの個体は示している．Joseph Pfaller 氏撮影．

（*Pseudonaja nuchalis* と *P. textilis*），タイガースネーク類（*Notechis* spp.），およびアカハラクロヘビ（*Pseudechis porphyriacus*）がある．

コブラ科では 2 回，海棲への放散が起こっており，それらの系統は合わせて「ウミヘビ」と呼ばれる．以前にはこれらを異なる 2 つの科に分類することもあったが，ここではコブラ科の中の 2 つの系統群として扱う．後者の枠組みは，現在最も広く受け入れられているように思われる．一般に sea kraits として知られるエラブウミヘビ族（Laticaudini）のウミヘビ類は，水陸両棲のコブラ科ヘビ類 8 種を含む．それらは卵生で，礫海岸や石灰岩の割れ目のような，西太平洋の島々の蒸し暑い海岸環境において種により様々な長さの時間を過ごす（図 1.43）．しかし，大半の時間を過ごすのは海であり，魚（主にあるいは専らウナギ類）を食べている．

残りのウミヘビは，およそ 60 種からなるウミヘビ族（Hydrophiini）のヘビである．彼らは完全に海棲で，子ヘビを海で産む．沖合にのみ生息するセグロウミヘビ（*Pelamis platura*）は，海棲のコブラ科で唯一南北アメリカ大陸に到達した種であり，バハカリフォルニアからエクアドルの太平洋沿岸ではとても普通に見られる（図 1.44）．本種は世界で最も広範囲に生息するヘビであり，分布はアフリカの南東部沿岸からインド太平洋，南北アメリカ大陸におよぶ．最近，Kate Sanders 氏らは，ウミヘビ族ウミヘビ類のより優れた系統解析により分岐関係と年代の推定を行い，セグロウミヘビとほかのほぼ単系統な属のいくつかをウミヘビ属（*Hydrophis*）ひとつに統合できるとする結果を発表した．この提案は適切に立証され，正当化されていると私は思うが，単純にその長い歴史的親近感から *Pelamis platura* という名を使い続けようと思う．

多数あるウミヘビ族のほかの種は，たいていサンゴ礁に生息し，魚や魚卵を食べている．

図 1.45
ウミヘビには大きくがっしりと育つ種もいる．Arne Rasmussen 氏が持っている，左側に写っているウミヘビはクロボシウミヘビ（*Hydrophis ornatus*）の大きな成体（Erik Frausing 氏撮影）．スラウェシ島の近くの海で捕獲されたもの．挿入図にあるのはウミヘビの種で最大になるハラナシウミヘビ（*Astrotia stokesii*）．オーストラリアのグレートバリアリーフで Robb Dockerill 氏が捕獲し，著者が撮影したもの．

広汎な食性をもち，様々な魚を食べるものもいるが，しばしばウナギ類やハゼ類に獲物を限る，専食性の強いものもいる．頭で割れ目や穴を探って餌を探す，魚卵専食性のものが3種知られている．これらの卵専食者は退化した牙と比較的先の丸い顔をもつ．多くのウミヘビ族のヘビは中くらいの大きさで，通常 0.5 から 1 m の間だが，最大の種であるハラナシウミヘビ（*Astrotia stokesii*）は 2 m 近くにまで達する．ハラナシウミヘビは巨大な筋肉質の胴体と広い吻をもち，牙はウェットスーツを貫けるほど長い（図 1.45）．これらのヘビは，ときに数千匹も集まって一緒にマラッカ海峡を漂うことが報告されている．

ウミヘビ類（両方の系統群，つまり両亜科合わせて）は熱帯の海域，通常は沿岸域に広く分布するが，その種多様性は生物地理区でいうところのオーストラリア区で最も高い．オーストラリアは特にウミヘビ相が豊かで，全種の半分以上が生息している．ウミヘビ属は圧倒的に多くの種を含む属で，全種の 50% 前後を占める．平らで櫂のような形の尾（図 1.43-1.45；電子版の第 3 章も参照のこと）と外側の開口部を閉じることができる弁のような構造をもつ鼻孔（電子版の図 6.10 および図 7.14 参照）をもつことが，すべてのウミヘビ類（エラブウミヘビ族とウミヘビ族の両方）の特徴である．泳ぐ際には，より効率的に移動できるよう胴体も背腹面で平らになる（電子版の第 3 章参照）．ウミヘビ属には 100 m もの深さに潜るものもいるが，多くはたいてい水深 20 m から 50 m の比較的浅い海に生息している．注意深く調べられてわかったことだが，ウミヘビ類の皮膚は呼吸した空気のかなりの部分を交換し，またケーソン病（Caisson disease；減圧症として知られる）を防ぐために窒素を放出するために特殊化している．これらの注目すべきヘビ類の潜水適応については，電子版の第 6 章でさらなる情報が得られる．

ナミヘビ科：ありふれていて，多様で，なじみのあるヘビ

ありふれていてなじみがあり，「無害」あるいは後牙をもつヘビの多くは，ナミヘビ科（Colubridae）に属している．この科には，新旧世界の陸域に分布するおよそ 320 属，種数で 1,800 種以上のヘビが含まれる．少なくとも 7 つの亜科が認められている．これらのヘビを一般的な言葉で説明するのは困難で，亜科には単一の通称を付与し難い．より大き

図 1.46
アオスジガーターヘビ（*Thamnophis sirtails similis*）.
フロリダ州レビー郡にて Dan Dourson 氏撮影.

図 1.47
フロリダでよく見られるミズベヘビの 2 種．上段の写真はナンブミズベヘビ（*Nerodia fasciata pictiventris*），下段の写真はフロリダアオミズベヘビ（*Nerodia floridana*）．挿入図は膨らんだ頭部を示す．両者ともフロリダ州レビー郡にて Dan Dourson 氏撮影.

く，より包括的な分類群であるナミヘビ上科とナミヘビ科は同じものではない，ということは指摘しておくべきである．

ユウダ亜科（Natricinae）に属する 200 種以上のヘビは，北米のヘビ相においてなじみのある構成種群で，ミズベヘビ類（water snakes, *Nerodia* spp.；ただし旧世界で water snakes と言えばユウダ属 *Natrix* のヘビのことである），ガーターヘビ類（*Thamnophis* spp.），そしてそれらの近縁種（たとえばザリガニクイ類 *Regina* spp. やスワンプスネーク *Seminatrix pygea*）（図 1.46，1.47；図 4.2，4.8 も参照のこと）．ヨーロッパ，アジア，アフリカには，北米の種に対応するほかの属のものが広く分布している．ユウダ科のヘビは半水棲あるいは水陸両棲だが，コブラ科のウミヘビ類のような，完全な水棲のものはいない．食性は多様だが，多くは魚と両生類を食べる．このグループの繁殖方法は様々で，北米の種は子ヘビを産む傾向があるが，旧世界の種の大多数は卵を産む．

「典型的な」ナミヘビ科とみなされる 650 種以上のヘビが世界中に分布しており，それらはナミヘビ亜科（Colubrinae）に分類されている（図 1，48）．よりなじみのある種には，キングヘビやミルクヘビの仲間（キングヘビ属 *Lampropeltis*），ラットスネーク類（ナメラ属 *Elaphe* とクマネズミヘビ属 *Pantherophis*），ムチヘビ類およびアメリカムチヘビ類（ムチヘビ属 *Coluber*，モリレーサー属 *Drymobius*，およびアメリカムチヘビ属 *Masticophis*），隠れたがりで地上棲の小型ヘビのあれこれ（たとえばボウシヘビ類 *Tantilla* spp.），インディゴヘビ類（*Drymarchon* spp.），後牙をもつオオガシラ類（*Boiga* 属；ミナミオオガシラ *B. irregularis* はグアムに侵入し，固有の鳥類相の一部を滅ぼしたことで知られている），タマゴヘビ類（*Dasypeltis* spp.；第 2 章参照）のように餌に特殊化したもの，非凡なトビヘビ類（*Chrysopelea* spp.；電子版の第 3 章参照）ほか，すばやく移動する樹上棲のもの（バードスネーク類 *Thelotornis* spp.，ブロンズヘビ類 *Dendrelaphis* spp.，

図 1.48
ナミヘビ亜科の個性的な種の例．上段左：オグロクリボー（*Drymarchon melanurus*），ベリーズにて Dan Dourson 氏撮影．上段右：フロリダアカハラブラウンヘビ（*Storeria occipitomaculata obscura*），フロリダ州ゲインズビル市にて著者撮影．中段左：新熱帯のムチヘビ類としても知られるヘビの系統群に属するスペックルドレーサー（*Drymobius margaritiferus*），ベリーズにて Dan Dourson 氏撮影．中段右：セイブネズミヘビ（*Pantherophis obsoletus*），フロリダにて Dan Dourson 氏撮影．下段左：チャイロツルヘビ（*Oxybelis aeneus*），ベリーズにて Dan Dourson 氏撮影．下段右：水平に首を縮める防御ディスプレイから名付けられたチャイロフクラミヘビ（*Pseustes poecilonotus*），ベリーズにて Dan Dourson 氏撮影．

アメリカアオヘビ類 *Opheodrys* spp.など）が含まれている．トビヘビ類は，滑空するための形態的および行動的な特殊化を果たしている．ナミヘビ亜科のヘビの多くは，北米の脊椎動物相で目につくありふれた構成種であり，北米大陸の住民らにはよく知られている．興味深いことに，それと同じくらいにオーストラリアの住民にとってなじみ深い，数多のコブラ科ヘビ類もまた，ナミヘビ科の陸棲ヘビ類がほぼいないそのオーストラリアにおい

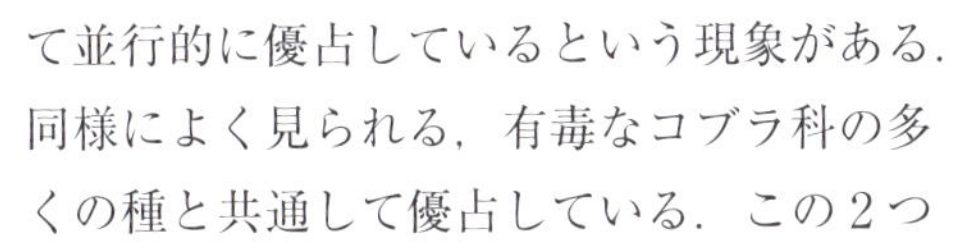

図 1.49
セイブシシバナヘビ（*Heterodon nasicus*）．穴を掘る際に補助として用いられる，重度に角質化した上向きの吻がよく分かる．本種のほかの特徴は，クサリヘビ類に見た目上似ている．著者撮影．

図 1.50
北米のハスカイヘビ亜科のヘビ 2 種．いずれも，尾を掲げて色鮮やかな下側を見せる防御姿勢をとっている．挿入図のある上段の写真はクビワヘビ（*Diadophis punctatus*）．カンザスにて著者撮影．下段の写真はドロヘビ（*Farancia abacura*）．フロリダにて Dan Dourson 氏撮影．どちらの種も隠れたがりで，驚かされると尾の赤からオレンジの下側を見せる．

て並行的に優占しているという現象がある．同様によく見られる，有毒なコブラ科の多くの種と共通して優占している．この 2 つの動物相（オーストラリアのコブラ科と北米のナミヘビ亜科）には，構造的にも気候的にも類似する生息環境で生じた収斂が数多く見られる．様々なナミヘビ亜科の種の食性は著しく多様である．また，大多数の種は卵生で，多くの卵（40 以上）を産むものもいる．

ハスカイヘビ亜科（Xenodontinae）は，北米，中米，南米の多様な環境に生息する中型から大型（1.3m）の陸棲ヘビおよそ 300 種を含む単系統の分類群である．このグループは西インド諸島とガラパゴス諸島に固有のナミヘビ科をすべて含む．ヒキガエルを食べるのに特殊化したなじみのあるシシバナヘビ類（*Heterodon* spp., 図 1.49）に加えて，ニセサンゴヘビ類の一部の種もこのグループに属する．クビワヘビ類（*Diadophis* spp.）とドロヘビ（*Farancia abacura*）もまたハスカイヘビ亜科である（図 1.50）．シシバナヘビ，クビワヘビ，ドロヘビの 3 つはミミズヘビ亜科（Carphophiinae）に属し，この亜科はさらにミミズヘビ属（*Carphophis*）とシャープテールスネーク属（*Contia*）を含む．多くの熱帯の種が，俊敏な樹上棲あるいは半樹上棲で，見た目はムチヘビ類に似ている．ほかの種は地中棲あるいは水棲である．ハスカイヘビ亜科は多種多様な動物，主に脊椎動物を獲物にしている．一部は後牙をもつが，毒は比較的強くない．多くのハスカイヘビ亜科が卵を産むが，胎生のものもいる．

かつて中央アメリカのハスカイヘビ亜科として定義されていたヘビの系統群は，今では

図 1.51
雨林で見つかったマルガシラツルヘビ（*Imantodes cenchoa*）の生態写真．ベリーズにて Dan Dourson 氏撮影．

図 1.52
フトオビシボンヘビ（*Tropidodipsas sartorii*）の生態写真．ベリーズにて Dan Dourson 氏撮影．

別亜科のマイマイヘビ亜科（Dipsadinae）と，ハスカイヘビ亜科の姉妹群であるとみなされている．マイマイヘビ亜科は，主に中央アメリカと南米に分布し，多様な習性と食性をもつ小型から中型の種およそ 350 種を含む．マルガシラツルヘビ類（*Imantodes* spp.）は非常に細く，樹上棲で，トカゲを食べる（図 1.51）．しかし，マイマイヘビ亜科の多くはミミズや腹足類のような無脊椎動物食に特化しており，興味深いカタツムリ食ヘビ類を含む（たとえばマイマイヘビ類 *Dipsas* spp.やシボンヘビ類 *Sibon* spp.，図 1.52）．ほぼすべてのマイマイヘビ亜科が卵生である．

腹足類を食べる旧世界のヘビ

新熱帯のマイマイヘビ類やシボンヘビ類と生態的に同等な，旧世界においてカタツムリやナメクジを食べる約 20 種のヘビは，異なる科であるセダカヘビ科（Pareidae）に属する．かつて新旧世界の腹足類を食べるヘビ類は互いに近縁であると思われていたが，類似性は収斂によるものであることが今では知られている．セダカヘビ科は，東南アジアからスンダ大陸棚にかけて分布し，エダセダカヘビ属（*Aplopeltura*），スベセダカヘビ属（*Asthenodipsas*），およびセダカヘビ属（*Pareas*）から構成される．多くの種は樹上棲で，相当するいくつかのほかの亜科の樹上棲のもののように，極端に細長い体つきをしており，幅広で丸い頭と大きな目をもつ（図 1.53）．これらのヘビは主に夜行性で，すべて卵生である．

ミズヘビ科：泥と水のヘビ

部分的なものから強いものまで，水棲の傾向を漸進的にもつほかのナミヘビ上科の系統はミズヘビ科（Homalopsidae）を構成している．この科は，主に東南アジアとオースト

図 1.53
全く異なる目の色を示す2種の近縁な台湾のセダカヘビ（上段：タイヤルセダカヘビ *Pareas atayal*，下段：タイワンセダカヘビ *P. formosensis*）．台湾のセダカヘビは1種だと考えられてきたが，近年の研究により3種に分けられた（監訳者註：原著の出版時点ではこの知見は公式には未発表であったため，記述を修正している）．セダカヘビ科のヘビは，生態的，行動的に，新世界の様々なマイマイヘビ亜科のナミヘビ科ヘビ類と収斂している．台北にて著者撮影．

図 1.54
浅瀬で呼吸しているところを下から見たヒロクチミズヘビ（*Homalopsis buccata*）．マレーシアのサラワク州コタサムラハンにて Indraneil Das 氏撮影．

ラリア区に分布する約40種を含む，明瞭にまとまった系統群である（図1.54）．多くは浅い水辺に生息し，弁のある鼻孔と頭頂部に背中側を向いた目をもつ（図7.6）．ニセウミヘビ（*Bitia hydroides*）では，縮退した腹側の鱗，比較的大型な胴体の後半部，かすかに側扁した尾などといった体型の特徴が，真のウミヘビに見た目上そっくりである．

すべてのミズヘビ科は口の奥に大型の牙をもち，両生類や魚といった獲物に毒液を注入するために使用する．なかにはカニやほかの甲殻類といった硬い殻をもつものを含む無脊椎動物を食べるものもいるが，彼らは驚くべきことに，飲み込むために獲物を小さな欠片にバラバラにしてしまう（たとえばカニクイミズヘビ類 *Fordonia* spp.やツツミズヘビ類 *Gerarda* spp.）．湖，沼地，川といった淡水環境に生息するもの（たとえばミズヘビ属 *Enhydris* の多く）もいれば，河口で見られ，浅い沿岸部の海水環境に生息するものもいる（たとえばキールウミワタリ *Cerberus rynchops*）．東南アジアのヒゲミズヘビ（*Erpeton tentaculatum*）は，爬虫両生類の飼育愛好家の一部で人気の，とても変わった種だ（図7.14）．このヘビは鼻孔に2つの肉質の「触手」をもつが，これらは感覚に関わっており，魚が近くを泳いでいるときの水の乱流のような力学的な刺激を感知するだけでなく，濁った水の中でのナビゲーションの手段にもなっているようだ（図2.10）．すべてのミズヘビ科が子ヘビを産むようだ．また，信じられないほど高い個体密度に達しうるものがいる．生息地によっては，キールウミワタリの密度は1 m^3 あたり3個体にまで達することがある！

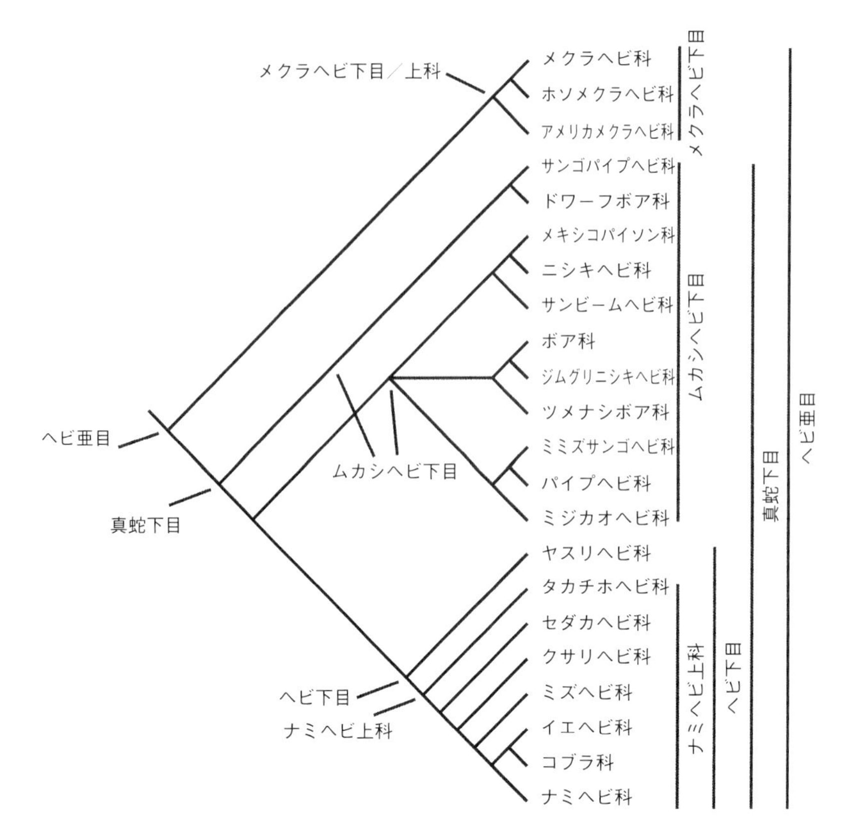

図 1.55
ヘビの系統樹．現時点において，爬虫両生類の分類学者間で合意されている（ただし全員が詳細について合意しているわけではない）ものを著者が解釈して描いた．このような系統樹は「流動的」（あるいは仮説）とみなされ，分子やほかの方法に基づく新しい研究が進展するにつれ変化していくことが期待される．この系統樹は，図の右の枝の端に列挙されているヘビの主要な科と科の関係を描いている．より上位の分類群，つまり科の集合は右のバーで関連づけられており，それぞれが系統樹の中で区分けされている主要な分岐に対応している．作画は Coleman M. Sheehy III 氏と著者による．

ヘビ類の系統樹に向けて

ヘビ類の進化史と階級分類を覆ってきた混乱は，何十年もの間，科学者らの議論と論争を促してきた．Bogert 氏，Cope 氏，Dowling 氏，Duméril 氏，Dunn 氏，Hoffstetter 氏，Jan 氏，Underwood 氏らの取り組みは，ヘビ類の系統樹における古典的な基礎を提供したが，達成された進展についてのより最近の歴史的再検討は，Burbrink 氏，Cadle 氏，Crother 氏，Greene 氏，Rieppel 氏，Pyron 氏，Vidal 氏，Wiens 氏，Wilcox 氏，Zahe 氏らによって提供されている．形態学の知見は系統樹を評価するために有用であり続けているし，分子研究はヘビ類の進化についての理解を急速に進める膨大なデータを提供している．今では数多くの科学者が分子研究に貢献し，高次の分類群だけでなく具体的で限定された集団を含むあらゆる分類階級において，系統関係に関わる新たな見識を加えている．究極的には，ヘビ類の包括的な系統樹についての合意は，形態学的データと分子データの両方の理解を深めることを通して達成されるのだろう．しかし本著の時点では，分子研究の進展が速すぎるため，分類学的再検討がより幅広い分類学者コミュニティによって必ずしも適切には評価されないままに，次々と新しい研究結果が発表されてしまう状況になっている．何が何だか常に明らかなわけではない初心者にとって，この状況はときに紛らわしい．

詳細については論争があるものの，一般的なヘビ類の系統樹はよく知られ，それほど多くの議論なしに認められているようである．そのため，ここでは私は単に，可能な限り合意にもとづくヘビ類の系統的関係の全体像を示そう．後述の議論は，図 1.55 に描かれている合意された系統樹にもとづいて進める．

鱗竜類と呼ばれるものには，古代から現代まで存続しているニュージーランドのムカシトカゲ目と有鱗目が含まれる．これらは姉妹群である（図 1.10）．姉妹群は，ほかのどの分類群とも共有されることのない 1 つの祖先種に由来し，分岐図においては，単一の分岐点から伸びる枝の集まりとして現れる．図 1.10 に描かれているように，鱗竜類は，鳥類とワニ類を生み出した爬虫類の一系統と姉妹関係にある．有鱗目はさらに，トカゲ類，ミミズトカゲ類，ヘビ類に細分される．ヘビ類はすべて合わせてヘビ亜目（Serpentes；Ophidia とも言う）を構成する．ヘビ類は単系統と考えられるが，祖先状態からは大きく変容してきている．ヘビは多様化し，有鱗目の中で豊かな種の集まりを形成している．

図 1.55 は，形態データと分子データの両方を含む数多くの研究の合意にもとづいた，単純化されたヘビ類の系統樹を示す．初期の分岐は，メクラヘビ下目と，真蛇下目を構成するほかのすべてのヘビとの間に起こった．ムカシヘビ下目のヘビは多系統で，ボア類・ニシキヘビ類など多くの分類群へと比較的早くに多様化した．ヤスリヘビ類（ヤスリヘビ科またはヤスリヘビ上科）の位置付けは長らく厄介者だったが，最近の分類学的な整理では，ヤスリヘビ類の 3 種だけがナミヘビ上科の姉妹系統であるとみなされている．ナミヘビ上科の内部では，クサリヘビ科が，コブラ科，イエヘビ科，ミズヘビ科，ナミヘビ科を合わせた分類群の姉妹群である．派生的なヘビ類の分類に関する詳細を求め，分類や系統に関する最近の記載的な文献を参照する読者もいるかもしれないが，その多くは未だ未解決か論争の最中である．ある最近の分子系統解析が示唆するところによると，ヤスリヘビ科，セダカヘビ科，タカチホヘビ科はほかのヘビ下目のものからの古くに分岐し，クサリヘビ科は，残りのヘビ下目のすべてと連続的な姉妹群を構成する．私に言える最も公平なことは，すべての現在の系統樹は，完全にではないもののますます理解されつつある進化上の出来事についての「流動的な」仮説だとみなされうるということだ．

ヘビとは何か？　という私たちの最初の問いに戻ろう．要約した定義は次のように与えられうるだろう．ヘビとは，融合したまぶたをもち，外耳がなく，円筒形で脚のない，鱗に覆われた体を備えていることよって特徴づけられる，ヘビ亜目の有鱗目爬虫類である．顎は相対的に大きな獲物を捕らえ飲み込むために特殊化している．様々な分類群の多くの種が有毒だ．ほかの特徴は，読者がこの本の残りの章を検討していくにつれて，よりよく，より深く理解されていくだろう．

Additional Reading　より深く学ぶために

Adalsteinsson, S. A., W. R. Branch, S. Trape, L. J. Vitt, and S. B. Hedges. 2009. Molecular phylogeny, classification, and biogeography of snakes of the family Leptotyphlopidae (Reptilia, Squamata). *Zootaxa* 2244:1- 50.

Alfaro, M. E., D. R. Karns, H. K. Voris, C. D. Brock, and B. L. Stuart. 2008. Phylogeny, evolutionary history, and biogeography of Oriental- Australian rear- fanged water snakes (Colubroidea: Homalopsidae) inferred from mitochondrial and nuclear DNA sequences. *Molecular Phylogenetics and Evolution* 46:576- 593.

Cadle, J. E. 1987. Geographic distribution: Problems in phylogeny and zoogeography. In R. A. Seigel, J. T. Collins, and S. S. Novak (eds.), *Snakes: Ecology and Evolutionary Biology*. New York: Macmillan, pp. 77- 105.

Cadle, J. E. 1994. The colubrid radiation in Africa (Serpentes: Colubridae): phylogenetic relationships and evolutionary patterns based on immunological data. *Zoological Journal of the Linnean Society* 110:103- 140.

Caprette, C. L., M. S. Y.Lee, R. Shine, A. Mokany, and J. P.Downhower. 2004. The origin of snakes (Serpentes) as seen through eye anatomy. *Biological Journal of the Linnean Society* 81:469- 482.

Cohn, M. J., and C. Tickle. 1999. Developmental basis of limblessness and axial patterning in snakes. *Nature* 399:474- 479.

Greene, H. W. 1997. *Snakes: The Evolution of Mystery in Nature*. Berkeley: University of California Press. 351pp.

Gutberlet Jr., R. L., and M. B. Harvey. 2004. The Evolution of New World Venomous Snakes. In J. A. Campbell and W. W. Lamar (eds.). *Venomous Reptiles of the Western Hemisphere*, vol. 2. Ithaca, NY: Comstock (Cornell University Press), pp. 634- 682.

Head, J. J., J. I. Bloch, A. K. Hastings, J. R. Bourque, E. A. Cadena, F. A. Herrera, P. D. Polly and C. A. Jaramillo. 2009. Giant boid snake from the Palaeocene neotropics reveals hotter past equatorial temperatures. *Nature* 457:715- 718.

Heatwole, H. 1999. *Sea Snakes*. Malabar, PL: Krieger Publishing.

Hedges, S. B. 2008. At the lower size limit in snakes: Two new species of threadsnakes (Squamata: Leptotyphlopidae: *Leptotyphlops*) from the Lesser Antilles. *Zootaxa* 1841:1- 30.

Heise, P. J., L. R. Maxson, H. G. Dowling, and S. B. Hedges. 1995. Higher- level snake phylogeny inferred from mitochondrial DNA sequences of 12S rRNA and 16S rRNA genes. *Molecular Biology and Evolution* 12:259- 265.

Highton, R., S. B. Hedges, C. A. Hass, and H. G. Dowling. 2002. Snake relationships revealed by slowly- evolving proteins: Further analysis and a reply. *Herpetologica* 58:270- 275.

Hoso, M., T. Asami, and M. Hori. 2007. Right- handed snakes: Convergent evolution of asymmetry for functional specialization. *Biology Letters* 3:169- 172.

Keogh, J. S. 1998. Molecular phylogeny of elapid snakes and a consideration of their biogeographic history. *Biological Journal of the Linnaean Society* 63:177- 203.

Knight, A., and D. P. Mindell. 1994. On the phylogenetic relationships of Colubrinae, Elapidae and Viperidae and the evolution of front fanged venom systems in snakes. *Copeia* 1994:1- 9.

Kraus, F., and W. M. Brown. 1998. Phylogenetic relationships of colubroid snakes based on mitochondrial DNA sequences. *Zoological Journal of the Linnean Society* 122:455- 487.

Lee, M. S. Y. 2005. Molecular evidence and marine snake origins. *Biology Letters* 1:227- 230.

Lee, M. S. Y., A. F. Hugall, R. Lawson, and J. D. Scanlon. 2007. Phylogeny of snakes (Serpentes): Combining morphological and molecular data in likelihood, Bayesian and parsimony analysis. *Systematics and Biodiversity* 5:371- 389.

McDowell, S. B. 1987. Systematics. In R. A. Siegel, J. T. Collins, and S. S. Novak (eds.), *Snakes: Ecology and Evolutionary Biology*. New York: Macmillan, pp. 3- 50.

Pough, F. H., R. M. Andrews, J. E. Cadle, M. L. Crump, A. H. Savitzky, and K. D. Wells. 2004. *Herpetology*. 3rd edition. Upper Saddle River, NJ: Pearson Prentice- Hall. 544 pp.

Pyron, R. A., and F. T. Burbrink. 2011. Extinction, ecological opportunity, and the origins of global snake diversity. *Evolution* 66:163- 178.

Pyron, R. A., F.T. Burbrink, and J. J. Wiens. 2013. A phylogeny and revised classification of Squamata, including 4161 species of lizards and snakes. BMC *Evolutionary Biology* 13:93.

Pyron, R. A., F. T. Burbrink, G. R. Colli, A. N. Montes de Oca, L. J. Vitt, C. A. Kuczynski, and J. J. Wiens. 2011. The phylogeny of advanced snakes (Colubroidea), with discovery of a new subfamily and comparison of support methods for likelihood trees. *Molecular Phylogenetics and Evolution* 58: 329- 342.

Sanders, K. L., M. S. Y. Lee, Mumpuni, T. Bertozzi, and A. R. Rasmussen. 2012. Multilocus phylogeny and recent rapid radiation of the viviparous sea snakes (Elapidae: Hydrophiinae). *Molecular Phylogenetics and Evolution* 66:575- 591.

Scanlon, J. D.,and M. S.Y. Lee.2011.The major clades of snakes: Morphological evolution, molecular phylogeny, and divergence dates. In R. D. Aldridge and D. M. Sever (eds.).*Reproductive Biology and Phylogeny of Snakes*. Vol. 9 of *Reproductive Biology and Phylogeny*, B. G. M. Jamieson, series editor. Enfield, NH: Science Publishers, pp. 55- 95.

Shine, R. 2009. *Australian Snakes: A Natural History*. Frenchs Forest, New South Wales, Australia: Reed New Holland.

Slowinski, J. B., and J. S. Keogh. 2000. Phylogenetic relationships of elapid snakes based on Cytochrome b mtDNA sequences. *Molecular Phylogenetics and Evolution* 15:157- 164.

Townsend, T. M., A. Larson, E. Louis, and J. R. Macey. 2004. Molecular phylogenetics of squamata: The position of snakes, amphisbaenians, and dibamids, and the root of the squamate tree. *Systematic Biology* 53:735- 757.

Vidal, N. 2002. Colubroid systematics: Evidence for an early appearance of the venom apparatus followed by extensive evolutionary tinkering. *Journal of Toxicology: Toxin Reviews* 21:21- 41.

Vidal, N., and S. B. Hedges. 2002. Higher- level relationships of snakes inferred from four nuclear and mitochondrial genes. *Comptes Rendus Biologies* 325:977- 985.

Vidal, N., and S. B.Hedges. 2002. Higher- level relationships of caenophidian snakes inferred from four nuclear and mitochondrial genes. *Comptes Rendus Biologies* 325:987- 995.

Vidal, N., and S. B. Hedges. 2004. Molecular evidence for a terrestrial origin of snakes. *Proceedings of the Royal Society of London B (Suppi)* 271:S226- 3229.

Vidal, N., S. G. Kind, A. Wong, and S. B. Hedges. 2000. Phylogenetic relationships of Xenodontine snakes inferred from 12S and 16S ribosomal RNA sequences. *Molecular Phylogenetics and Evolution* 14:389- 402.

Wiens, J., and J. L. Slingluff. 2001. How lizards turn into snakes: A phylogenetic analysis of body- form evolution in anguid lizards. *Evolution* 55:2303- 2318.

Wiens, J., C. A. Kuczynski, S. A. Smitb, D. G. Mulcahy, J. W. Sites Jr., T. M. Townsend, and T. W. Reeder. 2008. Branch lengths, support, and congruence: Testing the phylogenomic approach with 20 nuclear loci in snakes. *Systematic Biology* 57:420- 431.

Zaher, H., F. G. Grazziotin, J. E. Cadle, R. W. Murphy, J. C. de Moura- Leite, and S. L. Bonatto. 2009. Molecular phylogeny of advanced snakes (Serpentes, Caenophidia) with an emphasis on South American Xenodontines: A revised classification and description of new taxa. *Papéis Avulsos de Zoologia* (Museu de Zoologia da Universidade de São Paulo) 49:115- 153.

Zug, G. R., L. J. Vitt, and J. P. Caldwell. 2001. *Herpetology*. 2nd edition. San Diego: Academic Press. 630 pp.

第2章

摂餌，消化，そして水分平衡

大蛇の飲み込みについての多くの馬鹿げた話がある．雄牛ほどの大きさの動物を襲う巨大なニシキヘビに関連する話はかなり間違ったものであり，決して大蛇が無差別に大きな哺乳類に攻撃を仕掛けるわけでもない．それらのヘビの飲み込む能力の限界は普通の大きさのアンテロープ（アメリカのオジロジカくらいの大きさの動物）だろう．そして異常に大きな個体がそのような獲物を襲えるにすぎない．著者は 6 m のニシキヘビが 18 kg の豚を呑み込んでいるのを観察したが，その呑み込む過程は決して容易なものではなかった．

— *Raymond L. Ditmars,* Reptiles of the World（*1943*）*, p. 140*

摂餌は，人々を広く魅了するヘビの行動の側面のひとつである．ヘビの摂餌が興味と畏怖を引き起こすのには，根本的な理由が2つあるかもしれない．第一に，この動物は脚がなく，締めつけや毒液の注入といった，変わった手段を使って獲物をねじ伏せなければならない．第二に，ヘビは断続的に摂餌し，さらに，人々に馴染み深くてありふれた普通のヘビの多くは，その口よりも胴回りが大きい獲物を捕食する．多くの人は，ヘビが，おそらくは顎の驚くべき柔軟さにより，相対的に大きな獲物をどうにか飲み込むという事実に魅了される（図 2.1，図 2.7）．獲物が顎を通過して飲み込まれていくにつれ，皮膚も驚くほど伸びる．

図 2.1
比較的大きなものを飲み込む際の，ヘビの顎と皮膚の伸展性を示す写真．上段の写真では，インドタマゴヌスミ（*Elachistodon westermanni*）が鳥の卵を飲み込んでいる．粘膜組織と下顎の鱗が驚くほど伸びている．下段の写真ではアナコンダ（*Eunectes murinus*）がシカを飲み込んでいる．上段の写真は Parag Dandge 氏，下段の写真は Jesús A. Rivas 氏提供．

ヘビは基本的に長い筒であり，細長い消化系をもっている（図 2.2）．そのためヘビは，昆虫や小さな卵といった小ぶりな食べ物を多少なりとも連続的に沢山処理するか，あるいは内臓，体壁，表皮の伸張によって飲み込むことができる，より大きな食べ物を断続的に食べるかのどちらかである．多くのヘビは後者を選択しており，獲物全体を飲み込む．というのも，食べ物を細かく裂いたり，切り刻んだり，割ったり，押しつぶしたりするのに特殊化した歯を進化させてこなかったからだ．現在採用されている摂餌習性をヘビが進化させてきたのはなぜかという進化的な理由を考え，さらには「獲物の種類や摂餌の方法を制約したり制限したりしている，ヘビに独特のこととは何なのか？」と問うことは興味深い．そ

図 2.2
若いフロリダヌママムシ（*Agkistrodon piscivorus conanti*）の体内構造．著者撮影．

図 2.3
大型哺乳類を抑え込む大蛇の歴史的な描画．これは，大きな獲物を飲み込むヘビの能力を誇張した想像上のものである．この古い絵画は Oliver Goldsmith（1774）による History of the Earth and Animated Nature が元々の出典であり，A. Fullarton（1850）と Blackie and Son（1862）によるそれぞれの後の版でも使われている．

の一方で，「獲物を捕えて利用するときに使われる非常に効果的な手段をヘビがその進化の過程で獲得する機会を得たのは，ヘビのどんな特性のおかげなのか？」と問うことも可能だろう．これらの問いに係る局面の数々は，何世紀も人々を魅了してきた（図 2.3）．

足がなく細長い体型に係る制約

ここからの説明は，どうしても推論になってしまうものの，ヘビの摂餌や消化についての理解を始めるための概念的な基礎を提供するものだ．根本的なこととして，ヘビには手足がないので，ほかの多くの動物がしているのと同じ方法で獲物を捕獲したり，取り扱ったり，操作したりすることができない．さらには，効果的な「突っ張り（anchor）」（つまり，しっかりと体を支える手段）がないと，動物には植物を齧ることが困難だ．それならば，ヘビに利用できる，最もらしい食べ物は何だろうか？

ヘビが手足のない細長い生物である限り，私たちはヘビのことを頭が前端にあり尾が後部にある長い管であるとみなしてよい．このような動物が獲物を捕獲するには，3つの方法がある．(1) 口でくわえる．(2) 体で巻きつく．(3) 尾で巻きつく．さらに，次の2つの視点が重要である．第一に，この動物の頭部は環境に対して最初に触れる体の端にあることである．第二に，捕獲方法によらず，獲物は飲み込まれる前に口でくわえられるということである．これらの理由により，獲物を切ったり噛み砕いたりするのではなく，くわえるのに適応した顎と歯を備えた口を，ヘビは頭部の端に進化させるだろうと考えると，理にかなうように思われる．さらに，ヘビがトカゲのような先祖から進化し，したがって歯と顎の両方にトカゲに似た特質を受け継いでいるということを，私たちは思い出さなくてはならない．

すべてのヘビには，口を使って獲物をつかむという性質がある．その口には，適切な咬みつき行動と，後ろに反った一揃いの歯が伴う．獲物をつかんだり，保持したり，操作したりするための付属肢をもたないため，この歯で獲物をしっかりと保持するか，あるいは獲物を動かなくするための代替手段がなくてはならない．獲物の不動化を達成する手段には，毒液を獲物に注入すること，とぐろを巻いて獲物を包み込むこと，口でしっかりと獲物を保持することといったものがある．理由はなんであれ，ヘビの進化的放散には，獲物を捕えるための特殊化とその多様化を伴った．獲物となる動物の大きさは，小型の生物では昆虫，魚，カエル，トカゲから，そしてより大型で，その中でも大きさに幅がある鳥類や哺乳類まで，実に幅広い．獲物の捕獲において中心的な役割を果たすのは頭部である．そのためヘビは，獲物をすばやく制圧するための毒液や，締めつける仕組みを進化させてきた．獲物の抵抗で受傷するリスクを避けるためである．このことは，ヘビに甚大な被害を与える可能性がある大型の種を捕獲するに際して特に重要である．

ヘビは，比較的大きな獲物を小さく分割することなく丸飲みするのによく適応している．しかしながら少なくとも1つ，このことへの例外が記録されている．ミズヘビ科のツツミズヘビ（*Gerarda prevostiana*）は，カニをバラバラに裂き，個々のかけらを摂餌する．獲物を小さく分割するため，このヘビはまずカニを口で保持し，巻きつけたとぐろの中をくぐらせるようにそれを引っ張り上げる．このことにより，カニの関節を引きちぎってバラバラにすることができる．この行動はBruce Jayne氏，Harold Voris氏，Peter Ng氏によって報告された．しかしながら私たちが知る限り，この行動は稀にしか起こらない．

ヘビの大多数は，顎の比較的高い可動性と，開けた口の大きさによって特徴づけられる．

初期に分岐した系統のヘビは，ミミズやトカゲやほかの無脊椎動物などの細長い獲物を主に餌にしている．しかし，摂餌装置の革新により，特に哺乳類のような重くて大きな獲物を食べることが可能になった．さらに，特定の獲物を食べるのに特殊化したヘビやほかの動物は，採餌の成功率を上げるための行動的，形態的形質をもっていることが普通だ．そうした形質は，比較的広い食性幅をもっているヘビ，特に，生きている獲物に限らず死体も食べるヘビにとっては，一般的にはあまり重要ではない．

動かせる頭骨と嚥下

ヘビが自らの頭部よりも大きな動物を飲み込んでいく劇的な場面は，多くの人々に目撃されてきた．そして獲物は丸飲みされたあと，蠕動（peristalsis）と呼ばれる筋肉の運動によって胃まで運ばれることがよく知られている．獲物の飲み込みは，機能形態学者からは prey transport（日本語では広い意味で「嚥下」）と呼ばれ，ヘビでは頭骨と顎の様々な部分の際立った可動性のみによって実現している．この用語は，獲物が能動的に移動していくことを暗に意味するとともに，獲物が食道を通って胃に「輸送される」という意味を含む．

ヘビの頭骨はトカゲのものから派生し，キネシス（kinesis；骨の可動性）と，脳室の隙間を埋めることへの機能的な要求のため，さらに改変されてきたものである．ヘビがネズミのような獲物を飲み込んでいるのを見たことがある人なら誰でも，この動物が腕や手を使わずに獲物を操作し，胴回りに比して大きなものを飲み込むにあたって必要とされる，顎と頭骨の可動性のことをよく分かっていることだろう．カメを除く現生爬虫類の頭蓋骨には，左右それぞれの後眼窩骨（postorbital）に２つ，もしくは側頭骨（temporal）に１つ，窓（fenestrae）と呼ばれる開口部がある（双弓類 diapsid の条件として知られている）．そのため頭蓋骨の骨要素は，２つの側頭弓（temporal arch）を形成することになる．すな

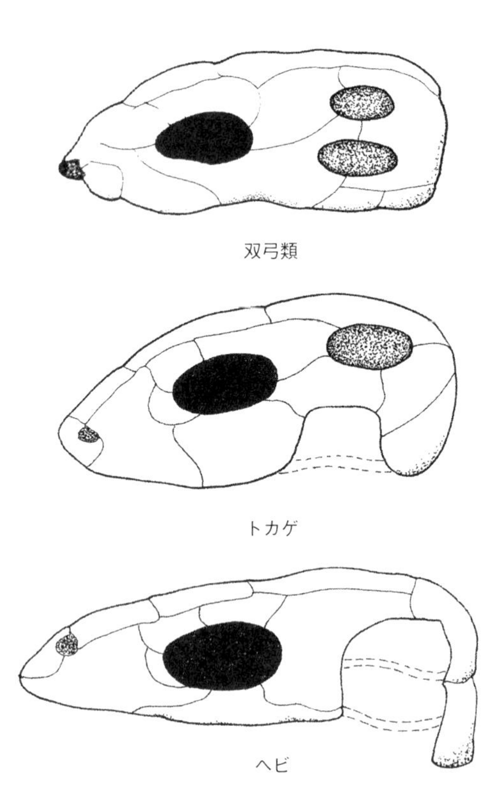

図 2.4
典型的な双弓類の爬虫類の頭蓋骨に見られる窓（開口部）．上段の図は，２つの完全な側頭窓がある原始的な双弓類の形状を表している．それぞれの窓は骨質の側頭弓と接している．これは，いくつかの原始的な爬虫類（たとえば恐竜）や現生のムカシトカゲの特徴である．中段の図はトカゲの頭蓋骨で，下の側頭窓が二次的に消失していることがわかる．下段の図はヘビの頭蓋骨で，側頭窓が上下ともに二次的に消失している．ここで表した進化的変化は最終的に，骨量を極端に減少させ，さらにはヘビが獲物を飲み込む際に使う頭蓋骨の柔軟性を高めている．Dan Dourson 氏作図．

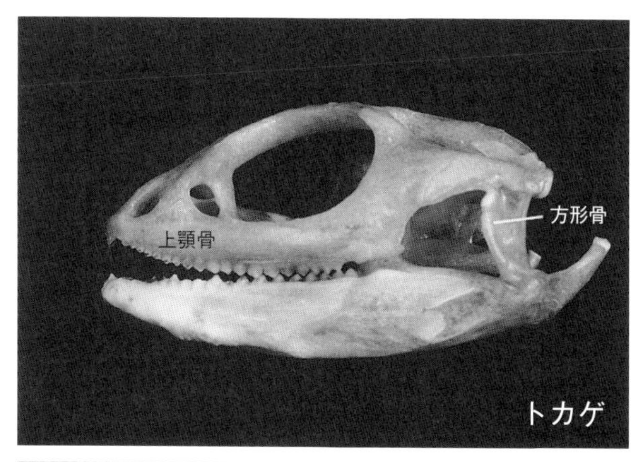

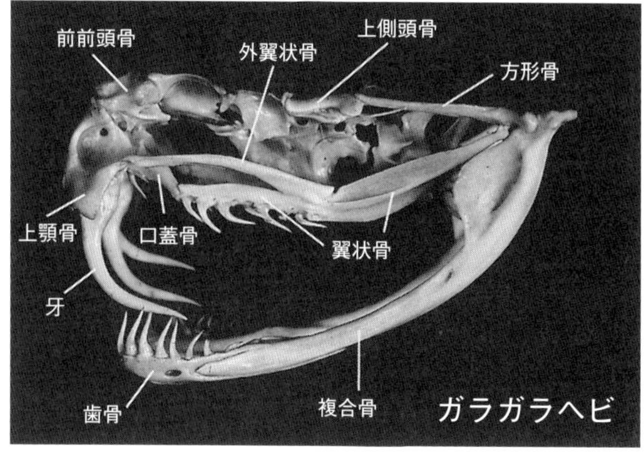

図 2.5
フトアゴヒゲトカゲ（*Pogona vitticeps*：上段）とヒガシダイヤガラガラヘビ（*Crotalus adamanteus*：下段）の頭骨の比較．いずれの方形骨も可動だが，ヘビの方が可動性が高い．トカゲのものと比べ，ヘビの頭蓋骨では多くの骨要素が長くなっていること，重量が軽くなっていることに注目．ガラガラヘビは両上顎にそれぞれ 1 本の長い牙を生やしているが，交換用の牙が追加されているのも見える．翼状骨（pterygoid）の吻側末端は，牙を立てる際にテコとして機能する．写真は Elliott Jacobson 氏の厚意による．トカゲとヘビの頭骨標本は，それぞれ Jeanette Wyneken 氏と Michael Sapper 氏の提供．

わち，1 つは下の開口部の下側で，もう 1 つは上下の開口部の間である．ほとんどのトカゲが下側の側頭弓を失っている一方で，ヘビは両方の側頭弓を失っている（図 2.4）．この特徴により，頭骨は軽量化され，潜在的な可動性が高められている（図 2.5）．

頭骨を構成する骨のいくつかは，それ自体が可動する関節となって骨同士をつなげている．典型的なのは，下顎とその上にある頭骨をつなぐためにゆるく接合している方形骨である．方形骨のこの可動性の高い状態のことは，「streptostyly」と呼ばれる．この状態であることにより，方形骨には，脳函から見て前後に，また範囲はより限られるものの内外方向にも，動くことが可能になっている．streptostyly は側頭弓の喪失と関連しており，その喪失のおかげで方形骨には，その上端部と頭骨の側面との間にある複雑な結合部位にくっついた状態で運動することが可能になっている．トカゲと比べて，ヘビには圧倒的に方形骨をよく動かすことができるわけである（図 2.5）．

方形骨と上側頭骨（supratemporal）の間と，上側頭骨と脳函の間にも，ある程度の可動性がある．これらは，下顎を引き下げて口を大きく広げるのを容易にする三関節系を生

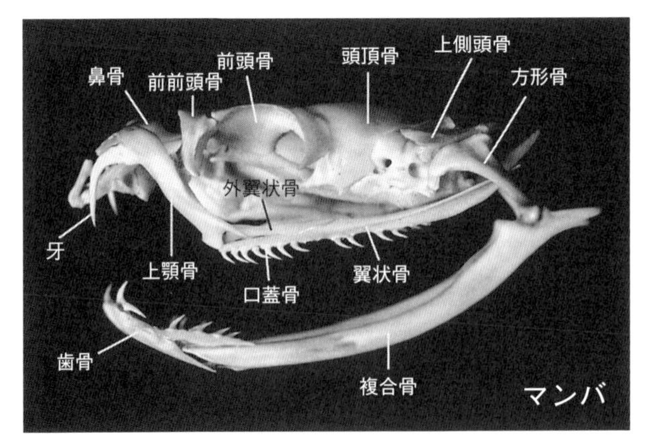

図 2.6
ブラックマンバ（*Dendroaspis polylepis*）の頭骨．牙を支えている上顎骨（maxilla）は，クサリヘビ類やマムシ類のものと比べて長い．見て分かるように，牙を立てることができるのは上顎骨と口蓋骨（palatine bone）である．前頭骨（frontal bone）と頭頂骨（parietal bone）が下方向に延長されることで隙間のない脳函が形成されていることに注目．Elliott Jacobson 氏撮影．頭骨標本は Michael Sapper 氏提供．

み出す．動かせる骨には，ほかに外翼状骨（ectopterygoid），上顎骨（maxilla），前前頭骨（prefrontal）がある（図 2.5，2.6）．これらの骨は，ほかの爬虫類では脳函に固定されているか，もしくは動きが制限されているが，ヘビでは脳函に対して広範囲に動くことのできる骨のつながりを形成している．これらの部品は靭帯と筋肉によって接合されており，トカゲで見られるものよりも可動性が高いことを特徴とする．この機械的なつながりには多くのユニットが含まれており，多様な動きを可能にしている．これらが合同して働くことにより，丸飲みしなければならない相対的に大きな獲物を捕え，飲み込むのが可能になっている．各構成要素は互いにゆるく結合されており，頭部の両側面で独立に機能する．

あらゆる運動や，潜在的に獲物から加えられる危害から，脳は守られなければならない．ヘビの脳は硬直した構造物に包まれており，その構造物は，脳の底にある骨としばしば大規模に融合したり連結したりする，前頭骨（frontal）要素および頭頂骨（parietal）要素が下方に延長することによって形成されている（図 2.6）．これらの構造物は，脳を守っている脳函をかなり隙間のないものとして形成し，また，摂餌に伴うほとんどの運動に動力を与えている筋肉に対して，その接着するための表面積の大半を提供している．

頭蓋骨の大部分を硬直した箱に改変するにあたり，トカゲでは頭蓋冠にある蝶番構造のいくつかが，ヘビでは失われなくてはならなかった．ヘビの頭蓋骨頂部で唯一動かせる部品は顔面部にあり，そこでは鼻骨が前頭骨要素と蝶番構造を形成している（図 2.6）．多くの現生のヘビは，この継ぎ目を支点にして吻を動かすことができる．このような，目よりも前方に運動性のある関節をもっている状態のことはプロキネシス（prokinesis）と呼ばれている．口蓋上顎（palatomaxillary）要素は，互いにあるいは吻や前前頭骨と可動性を保って接着している．そのため，吻や前前頭骨は脳函に対して動くことができる．しかしながら，ユウダ亜科のヘビ（ミズベヘビ属とガーターヘビ属）では，吻にさらに 4 つの動かせる構成要素があり，それらのせいで特別な可動性をもった状態を生じている．この状態のことはライノキネシス（rhinokinesis）と呼ばれている．これらのヘビでは，吻の骨それ自体の動きだけで，左側の歯と右側の歯が距離をとることが可能になっている．それにより，獲物を飲み込む際に反復する1回1回の運動の範囲を広げている（下記参照）．鼻の構成要素が備えている可動性は，獲物を飲み込む際にガーターヘビがときどき見せる，尋常ではない吻端の転回運動をうまく説明することができる．

ヘビのキネシスで最も特有の重要性をもつ特徴は，左右の顎を片方ずつ動かせることとの連携である．左右の下顎を独立に動かすと，それらをつなぐ皮膚やほかの組織が伸張するという事実と相まって，ヘビの頭の平常時の大きさよりもはるかに大きな獲物を飲み込むことが可能になる（図2.1および下記）．ほとんどのヘビは，上顎のラチェット運動（左右の上顎が交互に獲物の上を動くこと）によって獲物を口から嚥下する．特徴的なのは，それぞれの顎を交互に進めたり引っ込めたりすることによって，（丸のままの）獲物を口の中へと送り込んでいくことである．片方の顎が1回運動する間には，獲物が口の中に「引き込まれる」というよりは，ヘビの脳函が獲物の上を前進することになる．上顎の，歯が生えている部位は，位置を交互にずらすことで獲物の上を「歩く」．そして獲物は，飲み込まれている間，握り込まれたままで解放されることが決してない．ほとんどのヘビでは，下顎は獲物を嚥下するにあたって直接的な役割をもたないが，口の中で獲物の位置をコントロールし，獲物に覆いかぶさる口蓋骨と翼状骨（図2.6）に生えている歯を獲物に押し当てるのに役立っている．ヘビが獲物を飲み込む様子の詳細な例を図2.7に示す．

初期に分岐した系統のヘビでは，一般に，顎の片側ずつの伸展がより制限されており，獲物の嚥下は上顎骨だけでなく口蓋翼状骨（palatopterygoid bar）の役割でもあるようだ．しかしながら，ホソメクラヘビ科に属する原始的なメクラヘビ類では，下顎前方の歯が生えている部位を左右で同調的に口の内外へと転回させ，それにより獲物を口と食道に引き込むという独特の摂餌機構が採用されている．獲物は下顎の運動のみによって嚥下されるが，そのような嚥下の仕組みは脊椎動物の中ではほかに例を見ないものである．この仕組みを報告した論文の著者ら（Nathan Kley氏とElizabeth Brainerd氏）は，これらの摂餌の運動を下顎掻爬（mandibular raking）と名付けた（監訳者注：下顎を熊手のように用いて対象物を掻き寄せる動きという意味）．それぞれの下顎にある2つの関節は際立った可動性をもち，下顎の遠位側の部品（板状骨 splenial）が回転扉か何かのように口の内側へと転回していくのを可能にしている．ほかのほとんどのヘビでは，これらの関節は飲み込まれる獲物の形状に受動的に適合し，獲物へのほおばりの「ぴったりさ」を最大化する．それとは対照的に，ホソメクラヘビ属のヘビの下顎掻爬は，これらの関節の能動的な屈曲を伴う．さらに，板状骨の前方と角骨（angular bone）の後方の間には，背側にやや広い隙間があり，これらの構成要素間の関節を非常に動きやすくしている．

メクラヘビ類は，社会性昆虫の幼虫や蛹を主な餌としており，採餌の際にしばしば危険に直面する．なぜなら，粘り強く巣を守ろうとする大きくて攻撃的なアリには，小さなヘビを容易に殺すことができるからである．メクラヘビ類は，下顎掻爬のおかげですばやく摂餌を行い，攻撃の危険にさらされる時間を最小限に抑えることができる．研究によると，下顎の前後運動は3 Hz（1秒あたりの反復数）を超える頻度で繰り返されている．これはヘビの中では例外的に速い摂餌運動に相当し，それによって，獲物を飲み込むのにかかる「処理時間」を減じることができている．

獲物の嚥下に下顎が主要な役割を果たす摂餌行動のもう1つの例は，初期に分岐したヘビ類ではなく，より進歩的なヘビ類の進化的改変に含まれる．熱帯に分布するナミヘビ科

図 2.7
締めつけによって動けなくしたネズミを飲み込んでいるカリフォルニアキングヘビ（*Lampropeltis californiae*）による，一連の顎の運動．顎の運動は左から右へと順に進行し（A から E），1 回 1 回の施行によって上顎と頭蓋骨がネズミの上を前方へと進む．ネズミはゆるく巻かれたとぐろの中に置かれており，それによって顎の前進中に押されて離れていかないよう固定されていることにも注目されたい．F では，尾と後肢を除くネズミの全身がヘビの首の中に収まっている．どの段階においても，皮膚が伸びているのが鱗の列の間から見える．著者撮影．

のいくつかの種は，カタツムリを捕食するのに特化している．これらのカタツムリ食者は殻を砕くことができないので，殻からカタツムリの軟体部を引き出さなければならない．そこでこのヘビは，注意深くカタツムリの軟体部に狙いを定め，そこに咬みつき，そして下顎を使って硬い殻から肉質の体を引き出す（図 2.8）．下顎はカタツムリの殻の内部に差し込まれ，下顎掻爬に伴うものに少なくとも表面的には似た運動により，獲物を口の中に引き込む．

カタツムリ食のヘビは獲物を殻から引き出す効率を最大化するための特殊化を進化させ

てきた，ということ示した研究がある．カタツムリの体は左右非対称で，カタツムリの殻は右側か左側に開口している．殻が「右巻き」か「左巻き」のどちらであるかは，単純な遺伝的基盤によって決定されている．ヘビの下顎を調べると，左右で歯の本数が異なるということが明らかになった．この非対称性はセダカヘビ科の12種のカタツムリ食のスペシャリストすべてで確認されているが，同じ科の非カタツムリ食の2種では顎は左右対称である．セダカヘビの非対称性は，生息地において優占するカタツムリの「巻き方向」に適合している．そして「右利き」のヘビにとって「右巻き」のカタツムリを殻から引き出すのは容易であり，もしカタツムリが「左巻き」なら，そのヘビはより大きな困難を経験することになる．

図2.8
カタツムリを殻から引っ張り出そうとしているシボンヘビ属の一種（*Sibon nebulatus*）．両の下顎を殻の奥深くに挿し込み，上顎で殻を掴んでいる間に，後方に反った歯を使ってカタツムリを引き出す．ベリーズにてDan Dourson氏撮影．

腹足類食は，ナミヘビ上科の中で何度も独立に進化している．これらの種には，その土地々々でslugsnakes，slug-eating snakes，snail-eaters，snail-eating snakesなどと呼ばれている．これらの名前は特に，新熱帯に分布するマイマイヘビ科のマイマイヘビ属（*Dipsas*），シボンヘビ属（*Sibon*），ヤリガタヘビ属（*Sibynomorphus*）（これらはtree snakesとも呼ばれる），アジアに分布するセダカヘビ科のセダカヘビ属（*Pareas*），エダセダカヘビ属（*Aplopeltura*），スベセダカヘビ属（*Asthenodipsas*），そしてアフリカのナメクジクイ属（*Duberria*）に適用されている．これらに加えて，ユウダ科の多くの種がナメクジと同所的に生息し，それらの餌の内容にカタツムリを含む．

ヘビは，舌が使えない中で顎を使うことによって獲物を捕獲している．頭蓋骨と顎のキネシスは，それをより効果的にしてると思われる．ヘビでは，舌は主に感覚機能を担っていると考えられており，獲物を制圧したり処理したりするためには使用されない．顎の高い可動性は，もうひとつの重要な結果をもたらす．より特殊化した（あまり「原始的」ではない）ナミヘビ上科のヘビにおける食べ物の嚥下は，上顎骨から，より内側に位置する翼状骨まで，様々な程度で変更されてきた（図2.5）．構造と機能のこの分離により，獲物を捕獲する際の上顎骨の使用や，毒液の注入に関する特殊化の平行進化を含む，進化的な「革新」の準備がなされたのだ．獲物の捕獲に対するこれらの影響については，次の節で説明する．

獲物を捕獲し，制圧する方法

ヘビが獲物を捕獲して制圧するのには，いくつかの方法がある．ほとんどすべての場合において，不可欠で，最初に獲物に触れるのは，頭部である．しかし，ひとつの例外がヤスリヘビ類，特にヒメヤスリヘビ（*Acrochordus granulatus*）で知られている．ヤスリヘビ類は，体幹または尾で輪をつくる運動によって魚を捕える．私はこの行動を飼育下で何度も観察した．通常，このヘビは動作の多くがかなり緩慢で，中層をすばやく泳ぐというよりむしろ泥質の水底を這い回る傾向がある．本種が生息するのは主にマングローブなどの浅い沿岸水域なので，このことは適切である．魚がこのヘビの近くを泳ぎ，そうと察することのできる方法で水をかき乱すと，ヘビはすばやく体の一部を魚の周りに投げつけ，棘状のキール鱗によってそれを捕縛する（第５章参照）．このヘビはしばしば干潮時の浅瀬をゆっくり泳ぎつつ，浅瀬に閉じ込められているために密集していてかつ捕獲が容易になっている魚を探す．私が観察した一例では，そのヘビは魚を飲み込みながら，既に捕獲した２匹目を胴体の中央付近にこしらえた輪の中で保持していた．そして１匹目の魚を飲み込み，２匹目の魚を保持している間に，３番目の魚を尾のすばやい巻き取り運動によって捕獲した．うわー！　一度に３匹の魚！

図 2.9
セグロウミヘビ（*Pelamis platuius*）が，近くを泳ぐ小魚を捕獲するべく「float and wait（浮動式の待ち伏せ）」の姿勢をとって海面近くに横たわっている（上段の写真）．挿入図は，本種の特徴である比較的長い顎を示している．下段の写真は，長い顎を用いたひと噛みが水中で小魚を捕獲するのに効果的だということのよく分かる，ヘビの大きく口を開けた様子を示す．コスタリカのグアナカステ州太平洋沿岸にて，Joseph Pfaller 氏と Coleman M. Sheehy III 氏（挿入図）撮影．

自らの頭部を噛みつきへの照準に合わせる際，獲物を押さえ込む（あるいは少なくとも脱出を遅らせる）ために，輪をつくったり巻きついたりするのと類似した戦略を採用している可能性のあるヘビは，ほかにもいる．たとえば，マングローブミズベヘビ（*Nerodia clarkii*）はヤスリヘビ類と同様に浅瀬で魚を採餌するが，このヘビによる餌の捕獲を私が観察した限りでは，魚は，開けた口の横方向への敏捷な動きによって捕まえられていた．沖合性のセグロウミヘビ（*Pelamis platura*）もいくぶん類似した方法で小魚を捕獲する．このヘビは海の表層に浮かび，小魚を誘い込むために「float and wait（浮動式の待ち伏せのこと）」と呼ばれる戦略を用いる．魚が近くを泳ぐと，このヘビは開いたままの口を横から強く打つようにすばやく動かし，魚を顎に捕える

（図 2.9）.

Kenneth C. Catania 氏が最近の研究で実証したところによると，水棲のミズヘビ類であるヒゲミズヘビ（*Erpeton tentaculatum*）は，襲いかかる前に体で獲物の魚を驚かせることにより，その逃避反応を悪用することができる．浮動式待ち伏せ捕食の際，ヘビは頭側の端がＪの字を形作るような，そして頭がＪの根元にくるような体勢をとる．ヘビは魚が近づいてくるのを待ち，魚が近づくと（通常，頭と胴体の間の凹んだ部分の中に入ると），体をブルブル震わせ，魚に逃避反応を誘発する（図 2.10）．刹那，ヘビは魚を捕えるべく咬みつくが，その咬みつき行動は，魚がすばやく逃走経路に入らんとする瞬間にその魚がいるであろう未来の場所に照準を合わせる．魚の逃走経路は，ヘビの感覚器によってかなり正確に見抜かれているのだ．このヘビの触角は，水中で生じる近くの動きに反応する敏感な機械受容器である（第 7 章参照）．視覚情報も重要だが，触角が追加的に提供する感覚情報もまた重要である．この感覚情報は，夕暮れや水の濁りによって視界が妨げられるときにますます重要になる．

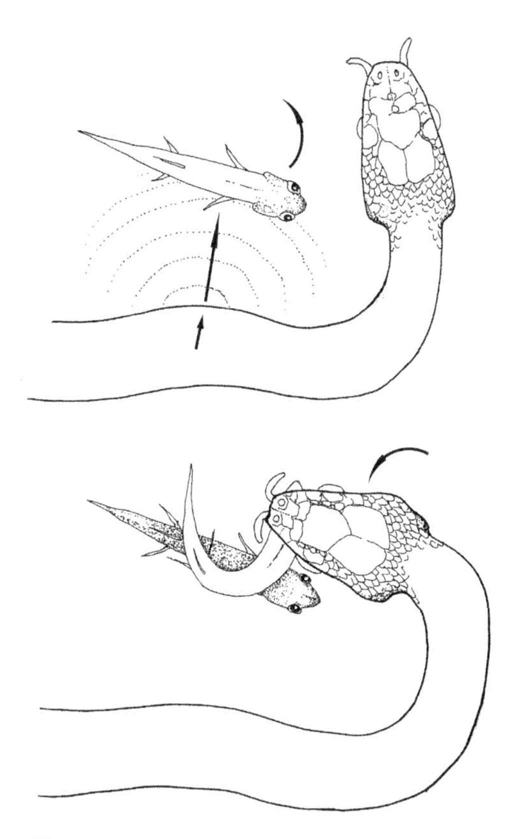

図 2.10
水中で魚を捕獲するヒゲミズヘビ（*Erpeton tentaculatum*）の概略図．魚がヘビに近づくと（上図），ヘビは体の一部が水を乱し，魚に向かって圧縮波（矢印）を送るよう，首の一部（矢印）を急に動かす．この動作は魚を攪乱し，魚は今度は頭を動かしてヘビから離れる向きへと泳ぎ始める（曲がった矢印）．ヘビは魚の動きを予測し，その顎に魚をすばやく捕らえる（下図）．ヘビの咬みつき行動（矢印）は，視覚と水の動き（特に夜間）によって狙いが定められる．鱗に覆われた触角は，水の動きに反応する敏感な機械受容器である．下段の図にある点描された魚は，魚が脱出動作に入る前の元の位置を示している．イラストは Dan Doursen 氏による（PLoS ONE 5：1-10 に掲載された，K. C. Catania（2010）による「Born knowing：Tentacled snakes innately predict future prey behavior」の図 2 から引用）.

獲物の捕獲と制圧に最もひろく採用されている方法には，一般に以下のものが含まれる．(1) 噛みついて飲み込む．(2) 締めつける．そして (3) 毒液を注入する．当然ながら，最初の方法は，どこかで必ず捕獲行動の一部に含まれる．多くのヘビは，単純に獲物をくわえて飲み込むだけである．この行動の例は言及するにはあまりに多すぎるが，主なものは，小型の外温動物（昆虫やほかの無脊椎動物，卵，死肉，カエルやトカゲなどの小型の脊椎動物など）を獲物としている．ムチヘビ，インディゴヘビ，さらにはガーターヘビのような大型ですばやく動くヘビは，ネズミや小さな鳥といった内温動物を，直接口でくわえて飲み込むことによって捕獲することがある．私は，オグロクリボー（*Drymarchon melanurus*）の飼育個体が何匹かのネズミの成体をケージの中で追いまわしているのを見たことがある．そのヘビは単純に一匹ずつ口でくわえ，くわえられたネズミがヘビを蹴飛ばし噛みつこうとしている間に，すばやく飲み込んでしまった．ひとたび口を通過すると，首の筋肉の運動により，まだ生

図 2.11
ラットスネークを食べているキングコブラ（*Ophiophagus hannah*）．キングコブラはラットスネークを捕獲し，飲み込みに先立って強い噛みつきによって制圧した．写真はインドにて Dhiraj Bhaisare 氏により撮影．

図 2.12
カメを締めつけているアナコンダ（*Eunectes murinus*）．ベネズエラのアト・エル・セドラルにて Jesús A. Rivas 氏により撮影．

きていてピクピク動いているネズミは速やかに胃の方へ移動していった．食道の中を後方へと通過していく間，そのネズミが動いているのを見てとることがまだできた．次から次へと矢継ぎ早に，ヘビはネズミをすばやく飲み込んでいったことだろう．このヘビは広食性であり，野外では，生息場所のなかを移動しながらこの方法でおそらく多くの小動物を捕獲している．ひとつ残った疑問は，ヘビの口や食道をこれらの生きた動物が通過する間に，どれだけ多くの切り傷や引っかき傷がヘビ体内の柔らかい部分に負わされたのか！ということである．当然ながら，こうして飲み込まれた動物は，消化管の中に入るなり早々に窒息することだろう．

そしてこのことにより，私たちは非常に重要なことを考えさせられる．ますます大型で（自己防衛のために深刻な傷をヘビに負わせると言う意味で）危険な獲物を対象に含む摂餌行動をヘビが進化させるにつれ，危害の可能性を最小限に抑えつつそのような獲物を制圧するという目的を達する手段を平行的に進化させることが，差し迫って必要とされたはずである．また，ヘビには四肢がないので，手足を使うことなく大型の動物に打ち勝たなければならないことを思い出してほしい．獲物が相対的に大きければ，それは至難の業だろう！　ヘビの噛む力は測定されていないようだが，観察例が示唆するところによると，獲物を締めつけたり獲物に毒液を注入したりしないオグロクリボーなどいくつかの種のヘビは，強靭な顎をもち，かなり強い力で噛みつくことができる．ヘビ食のヘビは，獲物を保持し，制圧するために強力な顎によってしばしばそれらを殺すに至る（図 2.11）．捕食者には 1 つしか口がないにもかかわらず，様々な獲物がもたらすサイズの幅と危険性に対処せざるを得ないということを考慮すると，獲物を不動化するこの方法には明らかに限界がある．潜在的に危険な大型の獲物を制圧するという問題は，歴史的な意味では解決された．それは，別々の系統において進化した，獲物を得る過程の中心的な部分としての締めつけや毒液によってである（図 2.3）．一般に，獲物を捕獲するためのこれら 2 つの手段は両立しないものである．すなわち，獲物を締めつけるヘビは毒液の注入をしない．逆もまた然り．

締めつけは，大型であるかまたは危険性のある獲物を飲み込むのに先立って制圧するうえで重要な方法である（図 2.12）．Harry Greene 氏と Gordon Burghardt 氏という，自然史や行動に関心をもつ 2 人の爬虫両生類学者が強調してきたことだが，締めつけは，ヘビ類の歴史の初期において進化した，行動面での鍵革新である．締めつけは比較的初期に分岐したヘビ類の特徴であり，進歩的ヘビ類の多くには見られない．考えてみれば，締めつけは，手足がない動物（特に頭部が比較的小さい場合）にも獲物を制圧して殺すことができるかもしれない，かなり明白な手段である．以前の見解では，締めつけの作用によって獲物の動物は押し潰されていると考えられていた．しかし今では，締めつけるとぐろが，窒息させたり脳への血流を妨害したりすることで，獲物を殺したり気絶させたりしているという考えが広く受け入れられている．当然ながら，締めつけを行う大型のヘビの犠牲となった獲物のなかには窒息するよりも先に押し潰されたものもいたかもしれないが，これは「押し潰す」という言葉の主観的な定義にもよるであろう．

締めつけは，外温性の獲物よりも内温性の鳥類や哺乳類を倒すにあたって，一般的により効果的だと考えられている．この違いはおそらく，内温動物の代謝速度が高いことに起因するのだろう．内温動物は，脳への酸素つまり血の流れが不十分な状態にさらされると，すぐに死んでしまう．しかし外温動物は，低い代謝速度のため必要とする酸素の量が少なく，また脳での酸素の不足に比較的耐性がある．締めつけに特化したヘビは，一般に太い胴体をもち，動きが緩慢である．毒液の注入が大型の獲物を制圧するのに非常に効果的な代替手段として進化したのは，ひとつにはこれらの特徴によるのかもしれない（下記参照）．

採餌行動

ヘビが獲物を見つけ出し，捕獲するのに用いる方法には，様々なものがある．いわゆる探索型捕食者（active forager）は，出会った瞬間に捕獲するべく獲物を探して周囲の環境を動き回る．この行動には多くの例があり，おそらくほとんどのヘビに少なくともある程度は共通する特徴であると言える．多くのユウダ科のヘビは，カエルを探して小川や池のほとりを巡回したり，魚を捕獲するためにしばしば水に入ったりする．ウミヘビは魚の専食者であり，多くの種は，ウナギなどの魚を探して穴や裂け目を探りながらサンゴ礁の上をゆっくりと泳ぐ．魚卵を探して水底の基質を探るものもいる．レーサーやムチヘビと呼ばれる様々な種は，すばやい動作で咬みついたり追いかけたりするべく，トカゲやほかの小さな脊椎動物の気配を探りながら地上を動き回る．同様な行動は，コブラ科の様々な種の特徴でもある．サンゴヘビやほかの多くの種は，頭部の動きと舌のフリック（tongue flicking）により，獲物と見込まれるものが直前の動作で残していった化学物質の手がかりがどこにあるのかを特定することができ，それによって小さな動物の匂いの跡を探して追いかける．フロリダヌママムシ（*Agkistrodon piscivorus conanti*）は死んで腐った魚に誘引されるが，その位置は，空中に漂う化学物質の手がかりによっておそらくかなりの距離から特定される（図 2.13）．

多くのヘビは，獲物が高密度でいるであろう特定の微環境を探す．例としては，コブラやラットスネークといった，木を登る能力をもつ種が挙げられる．それらが木に登るのは鳥の巣を探すためだ．ガルフ諸島のいくつかの島に生息するフロリダヌママムシは，集団営巣する海鳥が魚を落としたり吐き戻したりする，その営巣地の下の方で採餌する（図 2.13）．このヘビは，ユウダ科，ミズヘビ科，ヤスリヘビ科の様々な種と同様に，干潮に

図 2.13
死んだ魚を飲み込むフロリダヌママムシ（*Agkistrodon piscivorus conanti*）．このフロリダヌママムシは，ガルフ諸島のシーホ・ス・キー島における海鳥の営巣地から下ったところで採餌していた．下段の写真では，死んでからかなり時間が経過して乾燥した魚を飲み込もうとしている．著者撮影．

図 2.14
フロリダのセント・ルシー・インレット・プリザーブ州立公園における，バシャムチヘビ（*Masticophis flagellum flagellum*）によるアカウミガメ（*Caretta caretta*）孵化幼体に対する風変わりな採餌行動．上段の写真は，ヘビが孵化幼体をくわえて（挿入写真）カメの卵が産み落とされた砂浜の砂の中から出てきているところである．下段の写真は，ヘビが何匹もの孵化幼体を飲み込んだのをはっきりと示すヘビの体の膨らみである．矢印は蠕動運動をしている位置を示している．この部位では，獲物を消化管に沿ってさらに押し込むために体筋が使われている．写真は Irene Arpayoglou 氏の厚意によるもの．

よってできる潮溜まりや浅瀬に集まってくる．そこでは干潮の間，魚が密集しがちである．ガラガラヘビやパインヘビ，ラットスネークといった多くの種は，成獣だけでなく幼獣が見つかることもある齧歯類の巣を探す．そして様々な分類群の多くの種のヘビが穴に入り，中に隠れていたり居住していたりするかもしれない獲物を探し出す．ヘビはその細長い体の形のおかげで，巣穴を掘る，または土の中で暮らす動物に対して，非常に有効な捕食者になりえた（図 2.14）．

森哲（Akira Mori）氏とその共同研究者らは，ナミヘビ科のアカマタ（*Dinodon semicarinatum*）における一風変わった興味深い採餌行動を報告している．それはウミガメの卵と孵化幼体を食べるというものである．このヘビは砂浜を活発に這い，海に向けて移動中のウミガメの孵化幼体を捕食する．このヘビはまた，子ガメが出てくる巣の場所のすぐ上の砂の上に横たわり，孵化幼体を待ち伏せする．さらには砂に頭を突っ込み，出てくる直前の孵化幼体や孵化前の卵を捕獲する．同様の行動は，フロリダの砂浜でバシャムチヘビ（*Masticophis flagellum*）においても最近観察されている（図 2.14）．

探索型捕食者とは対照的に，待ち伏せ型捕食者（ambush forager）は，通常，ヘビがいるなどとは思いもしていない動物がよく現れる場所において，文字通り静止して待ち伏せするヘビのことである．たとえば，様々なマムシ類は，ネズミの通り道の脇や小型哺乳類が通る可能性のある木や丸太の根元にとぐろを巻く．ヘビの活動や動きを調査する研究でよく採用されるラジオテレメトリー法では，受信機で電波信号をキャッチすることで電波送信機を埋め込まれた動物の位置が特定できる（図4.5参照）．待ち伏せ型捕食者であるマムシは，ひとつの場所で動くことなくかなりの時間を過ごすことが知られている．たとえば，Harry Greene 氏がコスタリカで研究したブッシュマスターでは，調査した35日間の中で様々な時間帯に3地点でヘビは休み，待機時間のうちの1%しか動き回っていなかった．そのヘビは24日目の夜間観察中に食事をしていた．

一般に獲物の大きさは，ヘビが成蛇の大きさに成長するまでの期間中，その体の大きくなるにつれて大きくなる．非常に小さな幼蛇からはるかに大きな成蛇に成長するにつれて，ヘビが餌を切り替えていくことは自明と言ってもいいかもしれない．そして，この切り替えは採餌行動の変化としばしば関連する．個体発生に伴う獲物の切り替え（成長に伴う獲物の変更）の比較的よく研究された例のいくつかは，様々な種のマムシ亜科とクサリヘビ亜科のヘビによるものである．それらは，幼蛇のときに主として食べる外温動物（トカゲなど）から成蛇が食べる内温動物（小型哺乳類など）へと獲物を切り替える．コブラ科のコモンデスアダー（*Acanthophis antarcticus*）も，幼蛇から成蛇になると，外温性のトカゲから小型哺乳類に獲物を切り替える．このコブラ科の種は収斂進化の結果，多くの特徴をクサリヘビ類と共有しているため，この獲物の切り替えは特に興味がそそられる（図1.42）．

獲物の種類の切り替えもまた，島に生息するヘビの個体群では特に明白である．たとえば，オーストラリア大陸に生息するタイガースネーク類（*Notechis* spp.）は主にカエルを食べているが，島に生息する同種は主に哺乳類と鳥類を食べている．また，島に生息するキタミズベヘビ（*Nerodia sipedon*）とヌマママムシ（*Agkistrodon piscivorus*）は主に魚類を食べているが，本土の同種は両生類やほかの種類の獲物をもっと食べている．このような食べ物の違いのほとんどの例は，本土と島の間で利用できる獲物が異なることを反映している．

口の大きさと咬みつき行動

ヘビの攻撃行動にいくぶん馴染みのある人は多い．その一因となっているのが，防御行動をしているヘビをよく取り上げる映画製作者の傾向だ．確かに，ほかの防御行動を示すこともあるにはあるものの，野生のヘビに近づき，その意志に反して触れたり掴んだりしようものなら，咬みつき行動によって迎えられることは多い．とはいえ，どうなるかは一概には言えない．実際，攻撃的な素振りを見せずにゆっくりと近づけば，たいがいの無害なヘビを噛みつかれることなく扱うことができる．行動が大人しいということはいくつかの毒ヘビの特徴でもあるが，かといって，大人しいはずだと仮定して毒ヘビを素手で掴んではいけない！　ウミヘビのかなり多くの種は，掴まれたときの防御としては，全くあるいは滅多に噛みつくことがないと言われている．私はフィジーのスヴァ港で，恐れもなくアオマダラウミヘビ（*Laticauda colubrina*）で遊んでいる子供たちを見たことがある．そのウミヘビはその元気な捕獲者らに危害を加えそうなそぶりを全く見せなかった（図

図 2.15
多くのウミヘビは，人が掴んだり触れたりしても噛みつこうとしない．上段の写真は，Micheal Guinea 氏が太平洋の小さな島でアオマダラウミヘビ（*Laticuda colubrina*）を石灰岩の岩からそっと引き抜いているところである．このヘビは優しく扱われ，噛みつこうとしていない．フィジーにて著者撮影．下段の写真は，Julia Bonnet 氏がカメガシラウミヘビ（*Emydocephalus annulatus*）を持っているところである．このヘビは接触を静かに受け入れている．ヌメアにて Xavier Bonnet 氏撮影．

2.15 参照）．

私たちは，ヘビによる 2 種類の咬みつき行動を区別する必要がある．防衛性咬みつき行動（defensive strike）は，獲物を捕獲するのが目的の捕食性咬みつき行動（predatory strike）と比べると，しばしば誇示行動であることが多く，攻撃方向の正確さやすばやさに欠けることも多い．防衛性咬みつき行動には，口からシューと音を鳴らす行動や口を開ける行動，そして，実際に接触したり噛みついたりすることなく人やほかの動物を追い払うための，戦慄させはするものの直接向けられたものではない動きが伴うことがある．その一方で，捕食性咬みつき行動は，より慎重に行われ，食べるために捕獲するしようとしている動物に対して最も正確に向けられる（図 2.16）．これらの違いはヘビを注意深く観察した人にとってはかなり明白だが，この 2 種類の咬みつき行動についての詳細やその仕組みは，実証したり定量化したりするのが難しいとわかりきっている．

非常に慎重に行われる捕食性咬みつき行動も，完璧ではないかもしれない．ヘビの咬みつき行動は，様々な形で失敗に終わることがある．David Cundall 氏によるいくつかの研究から，ガラガラヘビでは最大 47％の咬みつき行動が，左右どちらの牙も獲物に突き刺すことなく終わることがわかった．牙を接触させたり突き刺したりすることが失敗する可能性は，攻撃距離に応じて上昇する．このことは，獲物が非常に近くに来たときにしかヘビは咬みつかないという観察事実の理由を説明するかもしれない．

咬みつき行動を伴う捕食行動には，(1) 視覚的，機械的，または化学的に獲物の位置を特定すること，(2)（通常，知覚の焦点を鋭く獲物に合わせ，首を S 字カーブを描くように曲げることにより）咬みつく準備をすること，(3) 咬みつく際に，すばやく体を伸ばすこと，(4) 接触した瞬間に口で獲物をくわえること，(5a) 締めつけ，毒液の注入，あるいは噛みつく力によって獲物を制圧している間中，噛みつくかくわえ込み続けること，もしくは (5b) 毒液を注入した獲物を解放し，あとで獲物が死ぬか麻痺してから飲み込むためにその跡を追うこと，の 5 段階が含まれる．Kenneth Kardong 氏らによると，ガラガラヘビ類（*Crotalus* spp.）における咬みつき行動に続く追跡行動は，咬みついたこと自体によって引き起こされている可能性がある．ヘビはその咬んだ獲物に特有な化学刺激のプロファイルを利用し，その個体をほかから識別する．かすかなものであると思われる

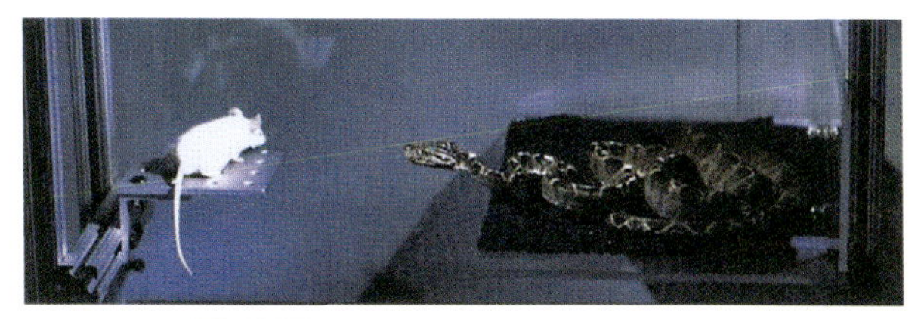

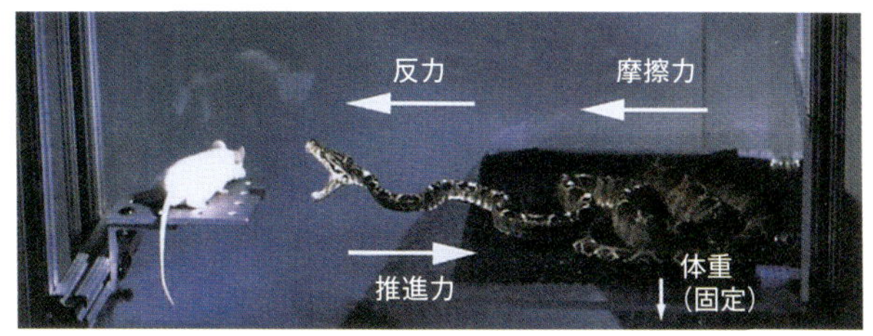

図 2.16
実験下におけるアマゾンツリーボア（*Corallus hortulanus*）の捕食性咬みつき行動．上段から下段に向けた連続写真は，咬みつき行動の運動学的な順序を表す．上段の写真は，ネズミへの咬みつき行動に備え，ヘビが体で複数のＳ字の輪を描いているところである．この間に，ヘビの頭部から左側の台の上にいるネズミまでの咬みつき行動の軌跡を調節するうえで，視覚や温度の手がかりが重要な役割を果たす．中段の写真は，ヘビの筋肉の運動による「推進力（propulsive force）」を表している．この推進力は，ヘビの頭部と胴体を前方に向けて加速するために，反対方向に向けて等量の「反力（reaction force）」を生み出す．反力は摩擦力とほぼ等しい．この摩擦力は推進力と反対方向に働き，ヘビの質量（体重）と，ヘビと相互作用する台座表面の性質の両方によって力の大きさが決まる．中段と下段の写真から見て取れる，下顎をネズミにはめ込み，力強く噛みついて動きの自由を奪うべく頭部が前方に動いていくときの，ヘビの口の開き具合に注目．写真は Phil Nicodemo 氏撮影のビデオ映像から取られたものである．

が，咬みつかれた獲物の匂いは，牙が突き立てられ，毒液が注入されたことによって変化する．毒液の注入は，咬みついた後の獲物を化学刺激によって「見る」ことに貢献する最も重要な要因である．

獲物への毒液注入に続く，ガラガラヘビやほかのクサリヘビの追跡行動は，一般に想像されるであろうものよりも複雑で魅力的である．Eli Greenbaum 氏，David Chiszar 氏らによる最近の研究によると，ガラガラヘビやカパーヘッドには同種のヘビによって毒液が注入された獲物を識別することができ，これらのヘビは，そうした獲物を毒液が注入されていない獲物よりも好む．しかしながら，遠縁な種のヘビによって毒液が注入された獲物は，毒液が注入されていない獲物や，ほかの同種のヘビによって毒液を注入された獲物よりも好まれなかった．毒液が注入された獲物を探知して追跡するという行動により，ヘビには動物（たとえばネズミ）を，近くにいるほかの生きている個体が残していった痕跡から区別することが可能になる．これより，ヘビはほかの痕跡を追って時間とエネルギーを浪費することなく，毒で倒れる動物にたどり着くことができる．毒液を注入された齧歯類は毒で倒れるまでにかなりの距離を移動することができるので，その獲物を見つけるという作業を容易にするものは，どんなものであれ適応的である可能性が高い．したがって，系統，遺伝的な違い，毒組成の進化はすべて，複雑ではあるが意味のある方法で相互作用している可能性がある．

Thomas Frazetta 氏，Kenneth Kardong 氏，David Cundall 氏らによる解剖学的な観察と録画した運動の解析により，ニシキヘビ類とクサリヘビ数種の咬みつき行動には，いくつかの一般的な類似点があることが明らかになった．捕食性咬みつき行動は極めてすばやい．咬みつき行動の動作中に頭部や胴体の筋肉が活性化あるいは非活性化するのに要する反応時間は，15 ミリ秒に満たず，事によるとその半分しかない．ヘビが咬みつく際，頭部が獲物に向かって急速に加速している間，両下顎は下げられ，口蓋上顎弓は上に動く．翼状骨が外翼状骨とともに前方に動くことにより，上顎を押し上げ，前前頭骨を前方に押し出す．このことにより吻と脳函は上向きに曲がり，突き刺すような動きで歯を前方に傾けがちにする．獲物に接触する最初の部位が下顎であるのに対し，頭部の動作は牙を直立させるうえで重要だとされている．これらの動作は顎が閉じると逆転し，歯の生えた骨が近づいて獲物に歯が噛み合うことになる．下顎は，咬みつき行動の間は前方に押し出され，口が閉じると引っ込められる．

クサリヘビ科のヘビで研究されてきた典型的な捕食性咬みつき行動の総持続時間は，150～500 ミリ秒の間で変動する．また，個々の咬みつき行動が始まってから獲物に達するまでの時間は，一般に 50～100 ミリ秒である．これらの時間は，ヘビと獲物の大きさに応じて変わりうる．平常時や摂餌以外のことをしているときのこれらのヘビの動きがいかにゆっくりだったとしても，咬みついてくる速度は電光石火かもしれない．このことを，なんどきたりとも忘れてはならない！

マムシ亜科の一部（たとえばシンリンガラガラヘビ *Crotalus horridus*）では，咬みつき行動における体を伸ばす段階で，前頭骨との接着部を軸とした前前頭骨の転回が吻を持ち上げ，牙の根元を脳函に対して持ち上げるのを助ける（図 2.5）．前前頭骨が持ち上がると牙の先端と口蓋の間の距離が短くなる．それにより，それぞれの牙が獲物に突き刺さるより前に獲物の背面上に届く，という状況がより可能になる．顎がその最大変位位置より下がると，牙が獲物の表面に振り下ろされ，多くの場合は一連の咬みつき行動における接触もしくは噛みつきの段階で貫通する．獲物が毒液の注入ののちに解放される場合には，両顎と牙の変位を伴う開口が最大になるのは通常，毒液の注入された獲物が解放されるときである．

長い牙をもつ大型の毒ヘビには，獲物が大きくて潜在的に危険性がある場合，毒液を注入してすぐに獲物を解放する傾向がある．このことは，激しくもがいたり，噛みついてきたり，引っ張ったり，引っ掻いたりすることのできる哺乳類を獲物にするときには，特に当てはまる．しかしながら，獲物が比較的小さかったり無害だったりするときは，ヘビはしばしば獲物をくわえたまま，獲物がもがくのをやめるまで（飲み込む前に）しっかりと口で保持しておく．実際，ヘビがどういう作戦で噛みつくのかは，獲物の特質によって変わる．

ヌママムシは，広食性で多種多様な獲物を餌としていることにより，咬みつき行動の可変性における好例となっている．獲物が死んだ魚，小さな魚，カエル，あるいは赤ん坊のネズミだったとしても，このヘビは噛みつけばすぐに飲み込む．しかし，大型の齧歯類の場合は，咬みついて毒液を注入し，あとで追跡して飲み込むために解放する．この後者の行動は，動けなくしておかないとかなりの危害を加えられるかもしれない大型の齧歯類や小型哺乳類を獲物にするクサリヘビ科のヘビではありふれた戦略のようである．「噛んでから放す」ほかの例は，ウツボのような危険な魚に毒液を注入し，危害を加えられる可能性を最小限にするエラブウミヘビ族（たとえばアオマダラウミヘビ）に採用されている戦略である．このヘビ類は，サンゴ群体の間に空いた穴に入ってウツボを探し，見つけるとすぐに咬みついて毒液を注入する．そしてすぐに退いて毒が効くのを待つ．いくぶん時間が経ってから，ヘビは毒で動けなくなったウツボを飲み込むために再び穴に入る．

図 2.17
ツリーフロッグの一種（*Smilisca baudinii*）を捕食するネコメヘビ属の一種（*Leptodeira septentionalis*）．カエルは，飲み込まれないようにと肺を膨らませて体を大きくしている．一方でヘビは，後牙を突き刺すためにカエルを根気よく何度も噛んでいる．この後牙は，カエルに毒液を注入する牙として機能する．最終的に，毒液がカエルを麻痺させ，肺をしぼませることにより，カエルは口のさらに中へと引き込まれ，ゆくゆくは飲み込まれる．ベリーズにて Dan Dourson 氏撮影．

その一方で，ボア類・ニシキヘビ類のような，毒液をもたずに獲物を締めつけるタイプのヘビは，すばやく覆いかぶさり，とぐろで締めつけて制圧する必要のある獲物に対し，噛みつき続けなくてはならない．鳥を捕食する樹上棲のヘビには，獲物を放すと追跡するのが難しくなるので噛みついたまま保持する傾向がある．あと，後牙類のヘビ（下記参照）にも獲物を保持する傾向がある．毒液を注入するため，開けた顎の奥に獲物を運ばれなければならないからである．後牙類は，しばしばかなり強い力で噛みつき，効率的に毒液を注入するためにしばらくの間獲物を何度も噛んだり，口で強く挟んだりすることがある（図 2.17）．

異なる生息環境での採餌にそれぞれ適応したヘビのことを考えると，ヘビの咬みつき行動や噛みつき行動が，それらのヘビの間で大きく異なるものになっていてもおかしくない．地表に棲むの様々な被食者は，一般に頭から襲われる．しかし水中の魚をよく襲うのは，開かれた口による横向きの動作である．ヌママムシの研究で実証されたことには，咬みつき行動においてヘビが口を閉じる際の角速度と，獲物から頭を引き戻す際の口の開いている角度が，いずれも水中より地上にいるときにより大きくなる．Shawn Vincent 氏とその共同研究者らは，咬みつき行動の成功率が水中より地上で高いということを実証している．

飲み込むことができる獲物の大きさは，当然ながら口の大きさに依存する．そしてそれは，ヘビの分類群によって様々である．顎と頭骨のいくつかの特徴により，ヘビはほかの脊椎動物と比べ，基本的に非常に大きく口を開くことができる（図 2.9，図 2.18）．多くの有羊膜類では左右 2 つの下顎骨は融合しているが，ヘビでは下顎骨の先端同士が靭帯によってつながっており，左右の下顎をそれぞれ独立に動かすことができる．さらに，下顎骨の中央付近（下顎を形成する複合的な骨と歯骨が接する部分）にある関節，および下顎骨を頭骸骨につないでいる方形骨の運動性のある接続により，それぞれの下顎は外向きに曲がり，獲物の形状に合わせることができる（図 2.5，図 2.18）．頭骸骨と顎の様々な部

図 2.18
口を大きく開けるという，ヘビによる防御ディスプレイ．上段の写真は口を開けたチャイロツルヘビ（*Oxybelis aeneus*）．本種はトカゲや小さな鳥を捕食するのに特化している．中段と下段の写真は，威嚇するような口を誇示するチャイロフクラミヘビ（*Pseustes poecilonotus*）．左右の下顎先端が離れ，極限まで広く口を開いている．中段の写真では開いた声門（気管の入り口）が見える．ベリーズにて Dan Dourson 氏撮影．

分を動かす筋肉は複雑に伸びており，そのおかげで，口を大きく開けることや歯の生えている骨の可動性を高めることが容易になっている．ヘビが開ける口の最大限の大きさについて，おそらくは最もよく目にされ認められているのは，ヘビが頑丈な殻をもつ鳥の卵を飲み込むシーンだろう（図 2.1；図 2.19）．

特にクサリヘビ類は，比較的大きな獲物を捕獲して飲み込む能力を高めるため，形態的な特殊化を示している．そうした特殊化に含まれるのは，太い胴体，細長い顎を備えた相対的に大きな頭部，長い牙，そして個々が小さいことで骨の可動性を邪魔しない頭部上の鱗などである．クサリヘビにおける口蓋と上顎骨の前方および後方への偏位運動は，ほかの系統群のヘビで記録されているもののほとんどを上回る．こうした運動は，脳函の床面とそれに付随する収縮筋の特徴に関連している．ガラガラヘビのなかには，クサリヘビではないヘビの 2 倍の速さで上顎を動かす種もいる．これらの特徴が飲み込む性能や効率にどのように反映されるかのひとつの目安は，獲物の重量が相対的に同等なら，獲物を飲み込むときに顎を動かす回数がクサリヘビ類ではナミヘビ類と比べて少ないということである．

咬みつき行動の力学は，ヘビの大きさや形によって異なる．2 つのことを考慮することが最も重要である．まず，精密さを欠くか空振りに終わる咬みつき行動をしないためには，高い慣性力，もしくは体を固定するある程度のものが必要になる．そのため，水平面では，推進力（図 2.16）に起因する望ましくない動作は，体を足場のでこぼこに固定すること，もしくは投げ出した上半身の大きな質量による慣性力，またはその両方によって相殺される．クサリヘビ類のような体の大きなヘビでは，咬みつき行動の性能は比較的大きな体後部の質量を通して支えられているが，この質量はまた，動きに対する摩擦抵抗を増加させる．もっと細長い種（たとえば多くの樹上棲のヘビ）でも，ものを掴むのに適している尾や胴体を枝やほかのものに巻きつけることにより，体を固定することができる（図 1.31，図 2.20）．

咬みつき行動を頭部および前胴部のモーメントとの関係の中で最適化するよう，ヘビの体形は適応している．David Cundall 氏はそう提唱している．獲物に近づくにつれて頭部

図 2.19
トウブネズミヘビ（*Pantheiophis alleghaniensis*）が鶏の卵を飲み込む一連の動作．上段の 2 枚の写真では，下顎の歯列が下顎骨の縁から覗いている．中段右の写真で，卵が口の中にある間にも息ができるよう声門が開いて口から突き出している（矢印）のに注目．著者撮影．

という物体は加速し，モーメントを増大していく．モーメントが大きすぎれば，頭部は獲物にぶつかった後も加速とモーメントの増大を続けていくだろう．このことは，多くのヘビ，特にクサリヘビ類において，高い衝撃吸収能力という属性を頭部に備えていることに加え，前胴部の質量を抑えているのはなぜなのかを説明するかもしれない．これらの調整は，大型のヘビで特に重要である．一般に，より大きな種では頭部の質量と運動量が相対的に大きくなる．

生物学者とヘビの専門家に等しく興味をそそらせるひとつの疑問は，捕食の際に広げる口の大きさ（predatory gape）といった形質に「可塑性」はあるのか，そして獲物の大きさを実験的に変えることによって可塑的な変化が誘導されうるのかということである．こ

図 2.20
グレナダバンクツリーボア（*Corallus grenadensis*）が，体を木の枝に固定しながら，咬みつきのための姿勢をとっている．ものを掴むのに適した尾が，どのようにしてヘビを木の枝に固定しているのかに注目．グレナダ島にて Richard Sajdak 氏撮影．

の問いに対する答えはイエスでもありノーでもある．いくつかの場合，たとえばボアコンストリクター（*Boa constrictor*）では，幼蛇の成長中に獲物の大きさを実験的に操作しても，頭部の骨格成長に違いは生じない．一方，島嶼に生息するタイガースネーク類（*Notechis* spp.）の顎の長さは，本土に生息する同種のものとは異なっているが，この違いは，遺伝子と環境の両方によって制御されているようである．島に生息するタイガースネークの孵化幼体は，本土のものと体の大きさに違いがないにもかかわらず，頭部がより長い．この地理的な違いは，明らかに生まれつきであり，食性の違いを反映した遺伝的な適応と思われる．島のヘビは比較的大きな鳥の雛を食べており，本土のヘビは主にカエルを食べている．さらに，成長の過程で大きな獲物（大きなネズミ）を与えられた生まれたばかりのヘビは，小さな獲物（小さなネズミ）を与えられた兄弟姉妹よりも，顎の相対的な大きさが大きくなった．タイガースネークは，適応力の高い捕食者であるようである．彼らは，遺伝的に「固定された」形質と同様にそれらの形質の発生可塑性を伴う複合的な応答により，餌資源を追い求めることのできるのだ．

ヌママムシ（*Agkistrodon piscivorus*）における頭部形態の成長は，ことさらに興味深い．ほかのヘビ一般と同様，ヌママムシの獲物の大きさは，成長するにしたがって大きくなる．しかし，その過程で獲物の種類を切り替えるという報告はない．またヌママムシは成長過程で頭部の形を変化させる．幼蛇は，成蛇と比べて相対的に幅広くて分厚く，短い形の頭部をもつのだ．Shawn Vincent 氏とその共同研究者らによる最近の研究によると，相対的に小さい頭部の大きさは成蛇を特徴づけるようであり，体の大きさと比較して口の大きさは負の相対成長をする．すなわち，体が大きくなるにつれて頭部は相対的に小さくなるのである．ヌママムシの口の大きさと頭部の形の特徴は，広食性という本種の性質を反映していると考えるのが妥当であると，この研究の著者らは述べている．私自身による島のフロリダヌママムシについての研究結果から強調したいのは，利用可能なエネルギー資源が一時的で移ろいやすく，質的にも量的にも変動する状況下においては，食性の幅広さがそれらに遭遇する確率を高めているということである．このような環境では，狭食化や強度に選択的な採餌行動は不利になりうる．一方で，様々な獲物を受け入れると採餌機会は増大する．

歯と牙

歯は，ヘビが獲物を捕獲して飲み込むうえで非常に重要である．最初期の爬虫類の歯式はほとんど分かっていないが，肉食性や魚食性と相関する単純な円錐形の歯から通常は構成されていたようである．こうした歯が，ヘビでは獲物を捕えるのに適応して進化してきた．多くのヘビでは，歯は長く，薄く，鋭く，そして後方に反り返っている．こうした特徴は，突き刺したりくわえたりするのに理想的である（図 2.5，図 2.6）．歯はしっかりと顎に固定されており，しばしば深い溝の中にはめ込まれているが，普通は「内側」（舌側）よりも高い「外側」（口唇側）の壁に立てかけられる（図 2.21）．これは面生歯（pleurodont）の状態として知られる歯の接着様式であり，トカゲやヘビに特徴的なものである．上顎歯は石灰化した組織によって顎骨とつながっており，この接着形態は関節強直（ankylosis）として知られている．

この基本形式には例外がある．コブラ科とクサリヘビ科のヘビでは，高度に特殊化した管状の歯が毒液を注入するために進化した（図 2.5，図 2.6）．タマゴヘビ属（*Dasypeltis*）やタマゴヌスミ属（*Elachistodon*）といった卵食のヘビでは，歯は小さくなり，その数も少なくなっている．これにより，内側が非常に「肉質」になった口を使ってより容易に卵を殻ごと包み込むことができる．また，原始的な属であるサンビームヘビ科アジアサンビームヘビ属（*Xenopeltis*）とナミヘビ科の少なくとも 5 つの属を含む，いくつかの属にまたがるヘビ類は，スキンクのように体が硬くて変形しない獲物を捕食するのに適応した，蝶番のある歯をもつ．スキンクのようなトカゲ類は，皮骨に裏打ちされた堅い円鱗に覆われている．このような装甲は，長く，鋭く，しっかりと固定された歯に破損の危険をもたらす．そのため，これらのヘビの歯は，柔軟な結合組織繊維によって骨に接着しており，顎に対して後方に折りたたむことができる．歯はまた，概して小さく，数が多く，先端が平たく，前部表面が極めてなめらかになるよう変形されている．これらのヘビでは，頭部にほかの変形もある．それは，歯とともに，非常に硬い獲物をくわえて飲み込むことを可能にするものである．

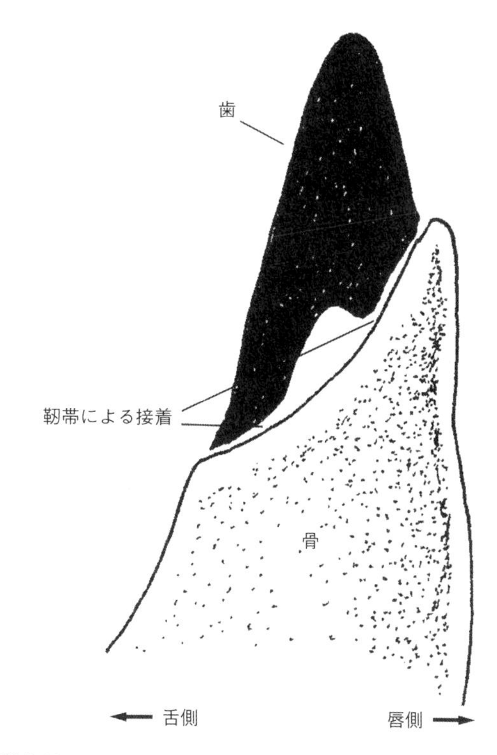

図 2.21
歯の接着部位が面生歯の状態にあることを示す概略図．この歯は「歯根」をもたないが，繊維からなる接着により，主に骨の内側（舌側または内側）の壁に固定され，それを支える骨要素の溝内に収まっている．イラストは Dan Dourson 氏作画．

これらの記述には例外があり，多くのヘビは，柔らかい体の獲物と硬い体の獲物の両方を相対的なサイズ次第で食べる（図2.22）．

図 2.22
ザリガニを食べているザリガニクイ（*Regina rigida*）．本種は沼地や低湿地などに生息しており，ザリガニを食べるのに特化している．彫刻刀のような形をした歯をもっており，これにより硬い殻をもつ獲物を容易に食べることができる．とはいえ，表皮が鉱質化した個体より，比較的柔らかい体をもつ脱皮したてのザリガニを好む．フロリダにて Joseph Pfaller 氏撮影．

生え替わり

ヘビの歯列は静的ではなく，むしろ現役の歯が絶えず生え替わっていく．したがって，新しい歯は，失われたり損傷したりした古い歯の代わりになる．この歯の交換過程は生活史の早い段階から始まり，ヘビの一生を通して続く．歯の形態形成は胚発生の初期に始まるが，そのとき胚では上皮の特定の部位に帯状に歯の前駆体が現れる．この最初に形成される歯は，発達が未熟な段階でしばしば再吸収される．その後歯は，新しい歯芽として，しばしば顎の前後に沿う連続的な波の形状で形成される．歯は成長し続け，フルサイズになった時点で骨に接着して機能するようになる．しばらくすると歯は再吸収され始め，生え替わるが，この過程は摩耗には依存しない．生え替わりのパターンは通常，抜け落ちる歯のそばにほぼ無傷の新しい歯が現れるというものである．新しい歯は現役の歯の根元で発生し，次の世代に貢献する．いくつかの分類群を除いて，この生え替わりは「波状」に起こる．

交換過程の目に見える証拠は，クサリヘビ類の現役の牙のすぐ後ろに，1つかそれ以上の小さな「生え替わり用の」牙がよく生じていることである（図2.5）．左右一対の牙は代わる代わる生え替わる．そして新しい牙は，現役の牙が抜ける前に固定されて毒腺につながる．こうして抜け落ちた牙は，これらのヘビの糞便の中から未消化の状態でよく見つかる！　うーん，ある種の進取的な人々は，牙の危険性のためにヘビを殺すよりむしろ，牙を装身具に使える再生可能資源として利用した方がいいということに気づいていなかったかもしれない．

歯列のパターン

明らかに，ヘビ類における歯の原始的な様式は，前上顎骨，上顎骨，歯骨，翼状骨，そして口蓋骨に分布する形で多数の尖った円錐形の歯が一列に並んだものであった．この分布様式は，現生のヘビではニシキヘビ類で観察できる（図2.23）．この様式は一般に保存されているが，長くて後方に曲がった歯の進化，歯数の増減，上顎に発達する溝牙や管牙といった例外が，様々な系統のヘビで見られる（図2.5，図2.6）．

ボア類・ニシキヘビ類を除く，現生するヘビの多くでは，前上顎骨は小さくなり，歯もなくなっている．翼状骨と口蓋骨（口蓋）の歯は残っているが，ある種のナミヘビでは小さくなっているか，もしくは数が減っている．歯骨の歯は多くのヘビでは健在だが，いくつかの分類群ではなくなっていたり，数が減っていたり，前の方にしかなかったりしてい

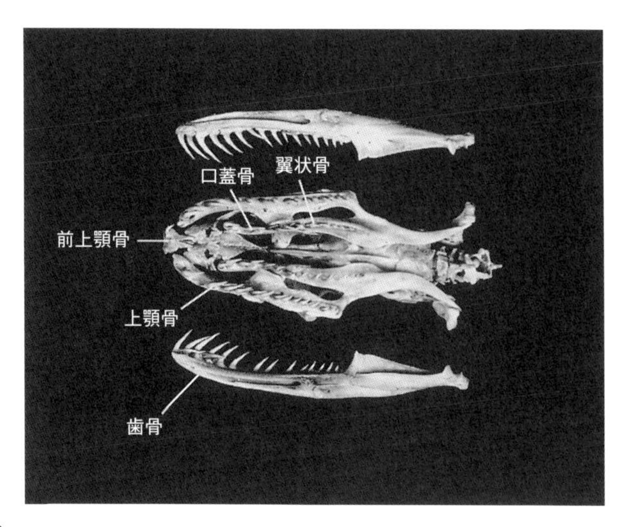

図 2.23
アミメニシキヘビ（*Malayopython reticulatus*）の口蓋側から見た頭骨と内側から見た下顎で，歯の生えた骨を示している．写真の一番の外側にあるもの（歯骨）は下顎に当たるものであり，下顎は中央に見える上顎と接続している．下側に配置した歯骨の端にいくつかの生え替わる予定の歯が見えることに注目．Elliott Jacobson 氏撮影．頭骨はフロリダ自然史博物館所蔵．

る．

上顎の構造と歯列はヘビにとって非常に重要であり，上顎の特徴は系統発生を解釈するうえで大いに役立ってきた．より古くに分岐したヘビ類は，上顎にかなり単純で一様な形の歯を生やしている．メクラヘビ類では，穴を掘る習性に関連して歯列が特殊化している．メクラヘビ属（*Typhlops*）では上顎歯が小さく，わずかに扁平になっており，単純な円錐形で，歯骨に歯がない．ホソメクラヘビ属（*Leptotyphlops*）では上顎骨に歯がなく，歯骨にも小さな歯が数本あるのみである．ミジカオヘビ科（Uropeltidae）では上顎骨と歯骨ともに限られた数の歯しかなく，前上顎骨には歯がなく，口蓋骨にも滅多に歯がない．一方でボア類・ニシキヘビ類では，通常なら歯が生えている骨のすべてに，ほどほどの本数の歯がある（図 2.23）．この歯は通常，長く，後方に曲がり，扁平にはなっていない．より派生的な様々な系統では，前方か後方の上顎歯が局所的に大型化している．この大型の歯は，ほかの歯とひと続きであることもあれば隙間を挟むこともある．この大型化した歯は，ヘビのグループによって溝牙だったり，管牙だったり，どちらでもない中実な歯だったりする（図 2.5，図 2.6）．

ナミヘビ科のヘビは広範に渡る適応放散を果たしており，それは変異に富む歯列によって部分的に反映されている．すべてのナミヘビ類は前上顎骨には歯をもたないが，歯骨，および長い列をなして口蓋骨と翼状骨に，通常はよく発達した歯をもつ．上顎歯はおおむね一様で，単純な円錐形の構造が上顎骨にかなり長い列をなす．コブラ類では上顎の歯の配置が多様で，後方に向けて歯が小さくなっていく種もいれば，著しく短縮した上顎によく発達した管状の牙をもつものもいる．コブラ科のマンバ属（*Dendroaspis*）では，通常は上顎に単一の顕著な牙をもつが，歯骨の前端にも 1 本の大きな歯をもつ（図 2.6）．マンバ類が樹上棲である限り，大きな牙と前方の歯は，獲物を落とすことなく確保するうえで適していることだろう．マムシ亜科とクサリヘビ亜科のヘビ（クサリヘビ科の少なくと

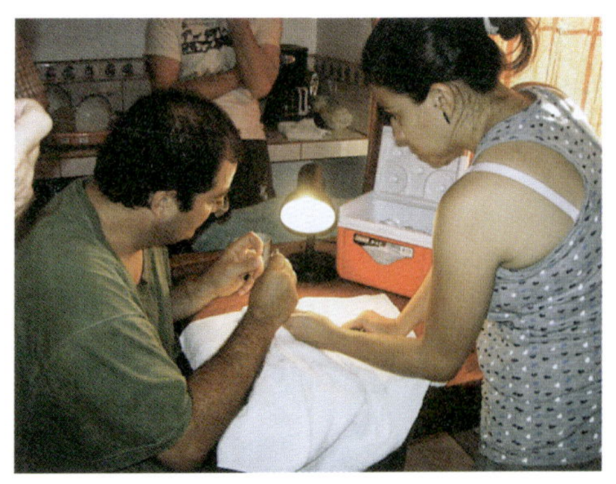

図 2.24
コスタリカ大学の Mahmood Sasa 教授と Jazmin Arias 氏がセグロウミヘビ（*Pelamis platura*）の牙から毒液を絞り出しているところ．下段の写真で，魚を捕えるために歯がどのように伸びて後方に曲がっているか，そして牙が上顎のほかの歯と大きさのうえで変わらないことに注目．ヘビの左側の牙に被せた毛細管の上の方に透明な毒液が確認できる．上段と下段の写真は，それぞれ Coleman M. Sheehy III 氏，Philipp Figueroa 氏による撮影．

も一部）では，短くて蝶番構造のある，退縮した骨として上顎骨が高度に特殊化しており，この部分の運動とともに転回する細長い牙を生やしている（図 2.5）．

ナメクジやカタツムリを食べるという食性（軟体動物食性）は，ナミヘビ上科のいくつかの系統で独立に生じている．最も顕著なのは，アジアのセダカヘビ科と新熱帯のマイマイヘビ亜科およびハスカイヘビ亜科である（図 2.8）．軟体動物食性のヘビは，典型的には歯骨の前方と上顎の後方に，長くて細い歯をもつ傾向がある．仮説として，これは粘液に覆われていて滑りやすい獲物の体表をくわえ込むための特殊化であると考えられている．しかしながら，Eric Britt 氏とその共同研究者らは，ナメクジを食べるある種のガーターヘビ類（*Thamnophis* spp.）を獲物の選好性が異なる同属種と比べたところ，そのような特徴を証明することができなかった．また，細くて顕著に後方に曲がった多くの歯は，魚食性のヘビに特徴的である傾向にある．なお，魚専性のヘビは長い顎をもつことが多い（図 2.9，図 2.24）．

歯列の著しい縮退の例は，ナミヘビ科で卵食のタマゴヘビ属（*Dasypeltis*）や，コブラ科のウミヘビであるカメガシラウミヘビ属（*Emydocephalus*）に見られる．タマゴヘビ属は，上顎骨に最大で 4 本か 5 本の非常に小さな曲がった歯，口蓋骨に 3 本か 4 本の歯，そして歯骨の最後方に 3 本の歯をそれぞれもっている．歯の減少は，比較的平坦で堅い表面をもつ卵を食べる習性と関連している（図 2.1，図 2.19）．カメガシラウミヘビ属のウミヘビは魚卵食に特化しており，歯の極端な減少を示す．歯骨と口蓋骨には歯がなく，上顎にも牙以外の歯をもたない．

牙

牙は，獲物に毒液を注入するために様々なヘビ類において進化してきた．牙（fang）という用語は，毒液を注入するために使われる溝や管状の構造をもつ歯のことを指す．しかし，牙が小さく，獲物を咀嚼する際に毒液が複数回に分かれて分泌される種においても，歯の数が多ければ同じ目的を果たすことができることだろう．牙はコブラ科（たとえばコブラ）やクサリヘビ科（たとえばガラガラヘビ）の代表的な種で機能的に最もよく発達している（図 2.6）．クサリヘビの牙は，毒液を注入するために自然界で進化してきた最大で最も効果的な構造物である（図 2.25）．

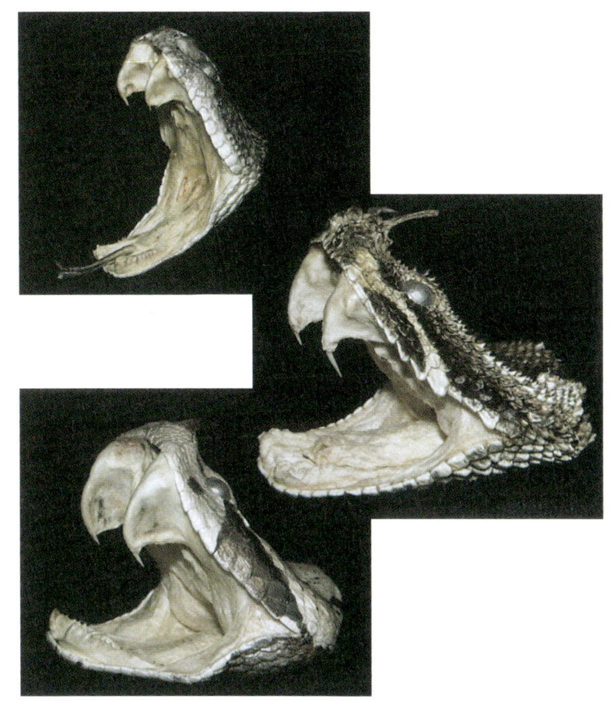

図 2.25
フリーズドライされた3種のクサリヘビの頭部が，牙の直立と口が開いたときの大きさを示している．上段はナンブニシカイガンガラガラヘビ（*Crotalus oreganus helleri*），中段はライノセラスアダー（*Bitis nasicornis*），下段はガボンアダー（*Bitis gabonica*）である．牙は1つひとつ肉質の鞘で覆われており，牙が直立していないときには，通常，口の上側に平たく折りたたまれている．ガボンアダーはヘビの中で相対的に最も大きな牙をもつ．著者撮影．

完全に管状になった牙をもつヘビは，まとめて管牙類（solenoglyph）と呼ばれる．管牙の発生は，髄腔をもつ円錐形の歯として始まる．発生が進むにつれ，歯の壁のひとつが内側に押し込まれ，側壁がその部分を包み込むように成長して管を形成する．それぞれの牙は，前前頭骨にある縮退した上顎骨の転回によって立ち上がる（図 2.5）．上顎は，中空で管状の牙以外には歯をもたない．牙は，直立していないときは口の上側に向かって折りたたまれている．このような牙をもつヘビには，クサリヘビ類やモールバイパー類などがある．クサリヘビ類は，咬みつき行動の際，牙を振り下ろして噛むのではなく，牙の先端を獲物に向けて効果的に「突き刺す」．モールバイパー類はクサリヘビ類と異なり，閉じた口の片側から横方向に牙を出し，横向きか後方に獲物を切りつけることで毒液を注入する．この牙の動きは非常にすばやく，土中の穴の中で遭遇する獲物に毒液を注入するための適応と考えられている．これらの牙は比較的長く，上顎骨が比較的短いことと関連している．奇妙なことに，モールバイパー類からは，このほかにあらゆる既知の歯式の牙が知られている．コブラ科のものに似た牙をもつものもいれば，溝のある後牙をもつものもいる．ある種（*Aparallactus modestus*）は，溝牙が完全に失われた無毒牙（aglyphous）状態のようで，毒液も産生していないかもしれない．

クサリヘビ科のヘビの牙は，並外れて長い，中空の歯であり，上顎と脳函の間にある複数箇所の接続がどれも可動性をもつため，極めて大きな角度で転回する．最近，31 属 86

種のクサリヘビ類によるのべ750回の咬みつき行動を対象にDavid Cundall氏が動画を解析したところによると，そのうち3分の1以上でヘビは獲物に一度当たった後に牙を刺し直していた．狙いを完全に外したり，最初の当たったのが十分に貫通できない部位だったりしたときに，ヘビは牙を刺し直すことがある．牙の刺し直しは，咬みついた後にひとたび獲物を解放するのが常套の種の間ですら一般的である．牙の刺し直しが迅速に行われることは，牙の運動を支配する神経筋系の並外れた発達と敏感さを示唆している．牙の貫通の鋭敏な感知や拮抗筋の収縮の迅速な調整は，その神経筋系の一部である．

コブラ科のヘビは，単一の管牙か溝牙を比較的長い上顎の前端にもつ（図2.6）．牙はそれぞれ固定されており，上顎部自体が比較的不動であるため，後ろに折りたたまれることもない．この状態は前牙（proteroglyph）として知られている．コブラ類の多くの種では，牙が比較的短く，ほかの歯とほとんど区別できないこともあるほどである（図2.24）．多くでは，口の中を覗いても（オススメしない），クサリヘビ科のヘビの牙の外観と比べてこのヘビが危険であると想像するのは難しいだろう．しかしながら，オーストラリアのデスアダー類（*Acanthophis* spp.）では牙がかなり長い．このヘビ類における，クサリヘビ類と収斂した形態的特徴のひとつである．

様々な種のナミヘビ科のヘビが，大型化しているかもしくは溝があって牙として機能する歯を上顎骨の後方にもつ．たとえばオオガシラ属（*Boiga*）には，上顎骨に一対の交互に機能する牙がある．それは，前方にある比較的小さく単純な一連の歯に続いて生えている．本属を含む後牙類のナミヘビ類では，いくつかの小さな歯が牙の後ろにあったり，牙とその前方の歯の間に隙間があったりすることもある．

ヴェノム

ヴェノム（venom）について説明することなしに，ヘビ類の摂餌の仕組みや戦略を適切に考えることはできない．ヴェノムとは，一個体の生物によって生産され，ほかの生物に害をおよぼす，ある種の潜在的に毒性のある分泌物を指すために用いられる用語である．この分泌物は，ある種の特殊化した構造（ヘビ類の場合は毒牙）を通して，ほかの動物へと輸送される．ヴェノムはしばしばポイズン（poison）と混同されたり，ポイズンに分類されたりするが，後者が相手の生理状態を変化させるためには摂取されなくてはならない．ヴェノムとポイズンの重要な違いは，ポイズンをもつ動物が一般に受動的な手段に頼っているのに対し，ヴェノムをもつ動物はその有毒な分泌物を（毒牙や毒針を通じて）能動的に送り込むということである．

また，ヴェノムはトキシン（toxin）と混同されるべきではない．トキシンは，生物の生理状態を悪化させることのできる，生物由来の化学物質である．トキシンは純物質である一方，ヴェノムは生物学的な活性のある物質とない物質の混合物である．ヴェノムとポイズンは，どちらも一般にトキシンを含む．トキシンを含み，獲物を動けなくさせるヘビの口内分泌物はヴェノムとみなされる．しかしながら，生態的な役割の有無がわかっていない，似たような口内分泌物をヴェノムとみなすべきかどうかには議論がある．近年の出版物は，生物学的な活性のある化合物を含み，特殊化した腺で生じるすべての口内分泌物はヴェノムとみなすべきであるという見解を支持している．今は「無毒」とされている多くのヘビの種の少なくとも一部がヴェノムをもっていると最終的に証明されるだろうことにはほとんど疑いがない．そのような再分類の痛ましい事例は，シカゴのフィールド博物館の Karl P. Schmidt 博士がブームスラング（*Dispholidus typus*）による咬傷で命を落としたときに起こった．このヘビは，従来は無毒であるとされていたのだ．

ヘビでは，ヴェノムはナミヘビ上科の構成種からしか知られていない．そのため，ヴェノムはこのクレードの祖先種で起源し，その後，放散し種分化する過程の中で，組成，腺の形態，歯の形において変化を遂げてきた，と一般に考えられている．しかしながら，ヴェノムは複数のトカゲの科からも見つかっている．おそらくヴェノム自体ではなく，改変されたヴェノム器官の１つの型のみが，ナミヘビ上科に独特の起源をもっている．ヴェノムの専門家であるオーストラリアの Bryan Fry 氏は，ヴェノムは従来考えられていたよりも早期の爬虫類に起源をもつとする説を提唱している．

一般に，ヘビのヴェノムは，水に溶けやすいポリペプチドで主に構成されているが，炭化水素や脂質，金属イオンのほか，アミンといった有機化合物も含むことがある．ポリペプチドは，ほとんどのヴェノムで乾燥重量の約 90％を構成し，その多くは酵素活性をもつ．酵素はそれぞれ特異性が異なり，自身は変化せずに生化学的な変換を促す触媒特性をもつ．ヴェノムの様々な成分が，広範な生理機能に影響をおよぼす．ヴェノムの膨大な作用が効果をおよぼす対象には，細胞や細胞膜，神経シグナルの伝達，筋肉収縮，血圧，血中成分，血液凝固，炎症，壊死といったものがある．

歴史的には，ヴェノムは，血液に作用する血液毒か神経系に作用する神経毒のどちらかであるとされてきた．しかしながら，これらの用語はヴェノムの多様さと複雑さを適切に説明できておらず，特定のヴェノムはどちらの効果も生み出す化合物を含むかもしれない．ヴェノムの効力は様々だが，最近の研究（たとえば Susanta Pahari 氏，Stephen Mackessy 氏，Manjunatha Kini 氏らによるもの）によると，成分の類似性は，進歩的ヘビ類の間では従来認識されてきたよりも高いようだ．ヴェノムのもつ数多くの効果は変異性に富み，それらは分類群，生態，食べ物，個体群，さらには個体によっても異なる．ヴェノムの重要な成分の一部は以下の通りである．

- ●タンパク質分解酵素（proteolytic enzyme）（プロテアーゼ protease）は，構造タンパク質をペプチドやアミノ酸へと分解するヴェノムの成分で，しばしば血管壁に損傷を与える．壊死の際に起こる組織の破壊に関与し，多くは血液凝固に重大な作用をおよぼす．ヴェノムをもつと知られている全種のヴェノムから見つかっており，クサリヘビ科のヘビではヴェノム中の濃度がとりわけ高い．
- ●ヒアルロニダーゼ（hyaluronidase）はヒアルロン酸を分解するため，一般に「拡散因子（spreading factor）」と呼ばれる．ヒアルロン酸は，組織の細胞外マトリックスのいたるところに存在する成分で，細胞同士を接着する役割をもつ．ヒアルロン酸がヒアルロニダーゼによって分解されると，残りのヴェノムの成分は「漏れやすくなった」血管を含む組織全体により容易に広まる．この酵素は，ほとんどのヘビのヴェノムに共通して含まれる．
- ●ホスホリパーゼ（phospholipase）は，細胞膜の主要な構成成分であるリン脂質を加水分解する．細胞の壁をもろくし，浮腫や筋肉への損傷を含む多くの生理的効果をもた

図 2.26
台湾のヘビの店．ヘビの製品は様々な薬効があるとして売られており，それらを購入するために店を訪れる人々を店主とコブラが楽しませている．テーブルの上には，バラバラにされたヘビと液体の入った瓶に並んで，生きたタイワンコブラ（*Naja atra*）が展示されている．写真左手には，吊るされ，切られた尾から血を抜かれている 2 匹のヘビが見える．右下の写真は，皮を剥がされている途中の別のヘビ（ラットスネークとコブラ）を示している．剥ぎ取られた皮はほかの内臓と同様に市販される．著者撮影．

らす．この酵素はほぼすべてのヘビのヴェノムから見つかっている．

●アセチルコリンエステラーゼ（acetylcholinesterase）は，神経シグナルの伝達を媒介する重要な化学物質であるアセチルコリンを加水分解する．この酵素はコブラ科ヘビ類のヴェノムに共通して含まれる成分であり，神経毒性の作用に貢献する．

●トキシン（toxin）は，分子量の様々なタンパク質だが，一般に酵素よりも小さい．構造や機能において非常に多様だが，ほとんどは神経筋接合部での神経シグナルの伝達を変化させることによって神経系に影響を与える．コブラ科ヘビ類のヴェノムはトキシンを特に豊富に含む．

●神経成長因子（nerve growth factor）は，神経細胞の成長を刺激するペプチドで，コブラ科とクサリヘビ科のヴェノムから見つかっている．作用と生物学的な機能はよくわかっていない．

●ディスインテグリン（disintegrin）は，クサリヘビ科のヴェノムから見つかっているペプチドで，インテグリンを阻害するよう作用をする．インテグリンは，細胞膜を越えて細胞内細胞質にシグナルを伝達する，膜中のタンパク質である．

●ほかの非常に多様な因子は，酵素の阻害や活性化，血管拡張，細胞やレセプター部位の破壊，血圧の低下，呼吸の停止など，幅広い作用を示す．

ヴェノムの効力とそれらの薬理的特性の多様性は，アリストテレスの時代から人を魅了してきた．そして古代の人々は，ヴェノム，血液，内臓といったヘビに由来する製品を開発し，当時の様々な医学的治療に用いた．こうした慣習のなかにはアジアの一部で未だに盛んなものがあり，ヘビのヴェノムを用いた治療は，依然として神秘的な癒やしや民間伝承の重要な一部である（図 2.26）．今日，ヘビのヴェノムの構成成分は基礎研究，薬学，診断学，薬物療法学で用いられている．ヴェノムの性質のおかげで科学者は，高血圧，血管疾患，筋ジストロフィー，癌，出血，先天性神経障害，そしてその他の多くの病状に関連する医療診断と治療において，数多くの進歩を遂げることができた．それらはまた，外科用縫合糸やドラッグデリバリーの増強といったものに対する有用な応用にも貢献している．有名な生物学者である James Watson 氏と Francis Crick 氏は，コブラのヴェノムから得た核酸分解酵素を使うことで，DNA 分子の構造を解明した．

ヴェノム送出系

ヴェノムの生産と有効利用は，ヴェノム送出系（venom delivery system）に依存する．ヴェノム送出系は，ヴェノム自体，ヴェノムを生産し貯蔵する腺，そしてヴェノムを送り出すために用いられる特殊な歯からなる（図 2.27）．ヴェノムの進化的な起源には，おそらく，唾液腺の転用，歯の改変，そして獲物を捕獲し制圧する能力の向上に向けられた自然選択が伴った．ヴェノムのほかの用途には，防御やおそらくは消化の強化が含まれるが，ほとんどの証拠は，ヴェノムは獲物の捕獲補助のために最も重要であることを示唆している．確かに，消化機能が唾液分泌物の毒性を増加させる可能性があり，それが二次的に獲物の捕獲に効果的に働いたと想像することはできる．

ヘビはヴェノムを獲物に注入することで，活きのよい獲物と接触している時間を減らす．

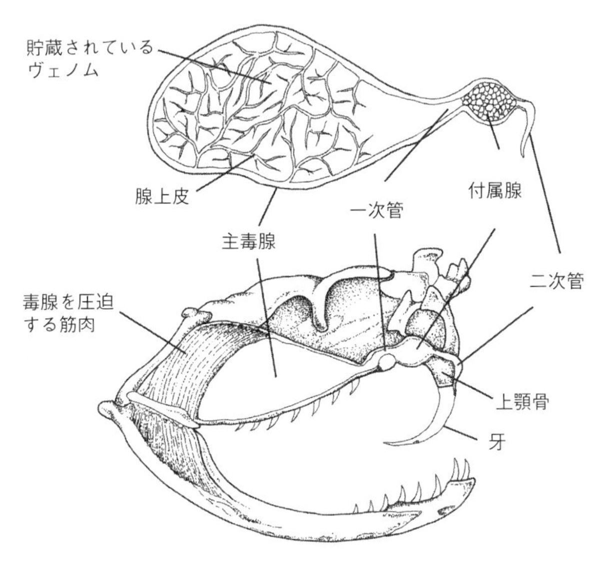

図 2.27
クサリヘビ科のヘビにおけるヴェノム送出装置一式の略図．上段の図は拡大図で，毒腺と毒管の詳細を示している．下段の図では，それらが頭骨や毒牙にどのようにつながっているかを示している．K. V. Kardong による Vertebrates：Comparative Anatomy, Function, Evolution, 4 版．(McGraw-Hill, 2006）の図 13.36 をもとに Dan Dourson 氏が作図．

これは，咬みついた後で獲物を解放し，その後死んだ地点まで追いかけるためか，もしくは，くわえている間にもがく獲物を毒液の注入によって制止できるためである．活きのよい獲物との接触時間を減らすことは重要である．なぜなら，もがき，噛みついてくる獲物は，傷害の原因となるばかりか，空腹のヘビにとっては致命的でさえあるからだ．獲物を処理する時間を減らすことで，獲物を制圧するのに必要なエネルギーを減らし，ヘビが負傷する可能性を大幅に減らすことができる．ほぼ確実に，このことが，これほど多くのヘビのヴェノムが非常によく効く理由である．つまり，ヘビのヴェノムは獲物を迅速に麻痺させるか殺すように進化してきた．そして，身を守ろうとするヘビに噛まれることもある人間に対して発生する潜在的な害は，ヴェノムの性質の進化に関連した二次的な要因である．獲物が危険であればあるほど，ヘビはその獲物に咬みついて毒液を注入し，解放した後に死んだ獲物を食べるという傾向が強くなる．ヴェノムには固有の化学的サインがあり，それと関連した化学物質の手がかりを帯びている跡を感知して辿ることによって，一部の種には毒液を注入した獲物を追跡することができる．この能力は証明されたものである．

初歩的な毒腺が起源して以来，腺の形態は系統ごとに変化してきた．一般に，毒腺の形態における違いは，次の4つの一般型に分類される．(1) モールバイパー型，(2) ナミヘビ型（歴史的にはデュベルノイ腺と呼ばれる），(3) コブラ型，(4) クサリヘビ型．コブラ科とクサリヘビ科の腺構造はそれぞれの科の内部で一貫しているが，モールバイパー亜科とナミヘビ科のものは種間に比較的大きな変異がある．

モールバイパー型の毒腺は，一般に大きく，管状で，眼の後ろまで（一部の種では頭の後ろまで）伸びている．この毒腺は，中心管腔から放射状に広がっている，ほとんど枝分かれ構造をもたない細管から構成されている．腺の終末管は，通常，前方にある管状の毒牙にヴェノムを移し，ヴェノムは内転筋の圧迫作用によって強制的に放出されるようである．この内転筋は，毒腺の後端周りの頭頂骨から口端まで延びている．

ナミヘビ科における毒腺，つまりデュベルノイ腺は，あるとしてもほとんどの種で比較的小さく，眼の腹側後方に位置する．この腺はやや卵形で，横方向に縮んでおり，ナミヘビ上科の祖先系統も備えていたと考えられている．ナミヘビ科で毒腺が調べられてきた数少ない種であるミナミオオガシラ（*Boiga irregularis*）では，この腺は多葉性になっており，それぞれの葉が二次的に分岐している．デュベルノイ腺の中身は種によって異なり，純粋な漿液細胞である場合と漿液細胞と粘膜細胞の混合である場合がある．ほかの型の毒腺における内腔と類似した，小さな中心腔があるが，比較すると一般に大幅に縮退している．単一の一次管が，中心腔から口端付近の口腔上皮へとヴェノムを送り出す．通常は，この腺と結びつく圧迫筋は存在しない．

コブラ科のヘビは，粘液を分泌する付属腺とつながった卵形の漿液腺をもつ．主腺は目の腹側後方に位置し，単純あるいは複雑な分岐パターンをもつ細管から構成される．これらの細管は，付属腺に囲まれた狭い内腔へとヴェノムを移す．ヴェノムは，腺の背側腹側両面の筋肉に圧迫されることで，付属腺を通過して前方にある牙へ放出される．コブラ科では，ヴェノムは毒腺の内腔内よりもむしろ細胞内に主に蓄えられるようである．

クサリヘビ科の毒腺は最もよく研究されており，かなり一貫した形態をもっているようである（図2.27）．毒腺は大きく，輪郭が三角形で，周囲をとりまく組織のひだによっていくつかの小葉へと分けられている．複雑に分岐した多数の細管が張り巡らされた大きな内腔をもつ．この内腔は一次管によって粘膜付属腺に接続し，それが今度は口の前端にある大きな管牙へと毒液を移す二次管につながる．クサリヘビ科の毒腺は大量のヴェノムを蓄えるが，その放出は，ときに腺圧迫筋（*compressor glandulae*）と呼ばれる筋肉の複雑なパターンによって行われる．

様々な腺で産生されたヴェノムは，特殊化した歯によって獲物に送り出される．歯の特殊化は，皮膚を破ることか，溝や管によってヴェノムを運ぶこと，あるいはその両方に対するものである．種類としては以下のものある：(1) 口腔内全域に生える無毒牙（*aglyphous* tooth）．小さくて溝がない．多くのナミヘビ科で見られる．(2) 口の背側後方に位置する後牙（opisthoglyphous tooth）．溝がある．多くのナミヘビ科と一部のモールバイパー亜科で見られる．(3) 上顎骨前方に固定された前牙（proteroglyphous fang）．すべてのコブラ科と一部のモールバイパー亜科で見られる．(4) 上顎骨前方に位置し，大きくて転回する管牙（solenoglyphous fang）．クサリヘビ科と一部のモールバイパー亜科で見られる．

様々なヴェノム送出系は，単純な歯と特殊化していないものから，大型で危険な獲物を捕食するヘビの種で見られる，強力なヴェノムを大量に送り出すことのできるより特殊化した牙と毒腺への発達を示す．後者に至っては，毒液を注入した獲物と潜在的な捕食者に対して，かなりのダメージを与えることができる！

興味深い問題は，獲物を制圧するために瞬時に動員することができ，しかもその成分がヘビ自身に危害を与えたり相互に分解したりすることなしに貯蔵することができる，一揃いのトキシンを，どのようにして毒腺は合成して蓄えているのか，ということである．貯蔵している間，いくつかの機構が保護を行っている．ヴェノムにおける酸性の pH や，貯蔵中のトキシンにおける酵素活性を抑制する成分などがそれである．しかし，トキシンは獲物に注入されるとすぐに活性化される．毒腺は構造的に複雑であり，付属腺はヴェノム成分が活性化される部位かもしれない．

毒吹き

毒ヘビが自分の身を守り，襲撃者や脅威となる動物を噛むとき，ヴェノムは防御のために用いられる．しかし，ヘビにとっては，敵対者と接触することなく寄せ付けずに済ませられればもっと良い．ヘビが，隠蔽的な配色や行動，そして首を平たくしたり噴気音を立てたり口を大きく開けたりするような，定型的な威嚇ディスプレイを進化させてきたのはこのためである（図 2.28）．残念なことに，こうしたディスプレイは恐ろしげに見えるため，人間は攻撃的な動作や咬みつき行動だと誤解することがある．しかしながら，おそらくヘビは，咬みついたり噛んだりしたいというより，単にそっとしておいてもらいたいのである．

毒吹き（spitting venom）は，アフリカとアジアのコブラ類において複数回にわたって進化してきた高度に特殊化された行動である．「spitting」という用語（監訳者注：通常の意味は「唾を吐きかけること」）は，通常は加害者や捕食者の目を狙って，加圧された水平方向への流体としてヴェノムを放出することを意味する（図 2.29）．一部のコブラには，3 m もヴェノムを飛ばし，非常に正確に「狙い撃つ」ことができる．毒吹きの際，筋収縮が上顎骨を転回させ，口蓋上顎弓を押し上げる．これにより牙鞘（fang sheath）が背面

図 2.28
防御ディスプレイとして口を大きく開けている若いフロリダヌママムシ（*Agkistrodon piscivorus conanti*）．ヌママムシの英名である cotton snake は，こうした防御のための開口行動の際に示される口腔内の肉質部分が白いことに由来する．フロリダにおいて Dan Dourson 氏により撮影された．

図 2.29
タイドクフキコブラ（*Naja siamensis*）が「吹いた」ヴェノムの噴流．ヴェノムは毒牙から迅速に放出され，およそ 3 m 以内にいる脅威となる動物の目を狙う．Guido Westhoff 氏撮影．

に動き，ヴェノムの放出に物理的な障壁となる軟組織が取り除かれる．同時に，毒腺と結びついた筋肉の収縮が毒腺内のヴェノムを加圧し，毒管と牙へと押し出す．高められたヴェノムの内圧は，牙の開口部を越えた後の，空中の流体となったヴェノムを前進させる．ただしこれは，牙鞘の物理的な移動により，ヴェノムに牙の中を流れることが可能になったときだけである．毒を吹くコブラの牙は，吹かないコブラのものよりも開口部が円形になっている．これによりヴェノムは下ではなく前に放出される．

ヴェノムの分配

ヘビが標的に注入する（あるいは標的に吹きつける）ヴェノムの量は，ヘビの大きさ，防御のためか捕食のためか，標的の大きさと性質，その他様々な要因で変わりうる．ヴェノムの消耗量を調節する，つまり「測る」能力がヘビにあるかどうか，またはヴェノムの消耗量は「咬みつき行動」の内容と標的表面の特徴により関係しているかどうかについては，見解が一致していない．放出するヴェノムの量を計る能力がヘビにあることは，かなり良い証拠によって支持されているようだ．William Hayes 氏とその共同研究者らは，毒吹きコブラは毒を飛ばすときより咬みつくときにより大量のヴェノムを放出するということを一例として実証した．これは，ヘビが文脈に依存して毒腺の収縮を調節できるということと関係がある．そのような調節がヘビ類に広く存在すること，そして標的と文脈に依存してヴェノムを適量だけ放出する行動的あるいは生理的な機能が自然選択に好まれることは，もっともらしいことのように思われる．

ヴェノムの変異と進化に影響する因子

ヘビのヴェノムが変異に富むことは広く知られている．このことは，ヘビ咬傷の犠牲者にもとづいて古くから報告され，より近年では分子生物学的，免疫学的な技術を用いて確認されてきた．研究により明らかにされたのは，様々な分類学的階層，さらには 1 つの種内においても，ヴェノムの構成成分と毒性には大きな変異があるということである．1 つの個体群内（近縁な個体からなる小さな集団内）でさえ，ヴェノムには重大な違いがある．ヴェノムのある成分が片方の性の個体にしか見られないという種もある．通常，個体の年齢を通して様々な成分は安定しているが，加齢によりヴェノムの組成が変化することを示す研究もある．たとえばハララカ（*Bothrops jararaca*）では，幼蛇のヴェノムは成蛇のものよりもカエル類に対してより強い毒性を示す．この違いは，幼蛇の食性に，成蛇が捕食しないカエル類やトカゲ類が含まれることと相関している．個体の一生の間に，あるタンパク質が現れたり，消えたり，修飾されたりすることもまた，注目されている．

多くの場合，ヴェノムの化学成分における変異の理由はよく理解されておらず，説明が必要とされる途方もない変異性がある．しかし，よく研究された例では，ヴェノムの特性は各地域におけるヘビの餌内容，遺伝的な近縁さ，そして地理的な位置（島嶼にヘビの個体群が隔離された後のランダムな突然変異に関連する遺伝的浮動を含む）と相関するということが示されている．一例として，Jenny Daltry 氏とその共同研究者らは，マレーマムシ（*Calloselasma rhodostoma*）ではヴェノムの組成の個体群間変異が各個体群における栄養学状態に強く相関しているということを示した．この結果は，ある特定の種の獲物が利用可能であるかどうかが，ヴェノムの組成に選択圧をかける可能性があるということを示唆している．ヴェノムが違いを進化させる方法は議論の的にされてきた．そして明らかに，自然選択，遺伝子流動のパターン，遺伝的浮動を含む，進化の異なる様式にヴェノムの組成は影響されうる．ヴェノムの組成の変異には単に適応価がないということかもしれないと示唆されている場合もある．

ヘビのヴェノムに含まれる毒性成分は比較的急速に進化しており，このことは通常，ヘビの摂餌に関係する適応とみなされている．しかし，ある分子生物学的な研究により，ヴェノムの効果を打ち消すオポッサムのタンパク質が，毒ヘビを捕食するこの哺乳類の種内で急速に進化してきたことが示された．このことは，ヴェノムが獲物の捕獲に関連した役割と同様に，身を守る役割をもっているということを示唆している．アメリカ自然史博物館の研究者らにより発表された最近のデータは，ヴェノムをもつ動物とその獲物との間には生化学的な「軍拡競争」が起こっているという仮説を支持している．

当然ながら，ヴェノムの生化学的な組成が変動すると，ヘビ咬傷の治療で用いられる抗体が認識する免疫学な部位も変わる可能性がある．そのため，各血清の有効性は，ヘビ咬傷の起こった地理的な場所によって変わるかもしれない．さらに，ヘビの異なる個体群から得られたヴェノムを無作為に混合することは，この問題の解決には十分でないことが分かってきた．特にアフリカ，アジア，そしてラテンアメリカの熱帯の発展途上国では，毒ヘビによる咬傷は世界的な問題であり続けている．しかしながら，世界中でヘビ咬傷が実際にはどの程度の頻度で起こっているのか，またそれらがどの程度深刻なのかは，ほとんど分かっていない．

消化

消化管の構造と機能

消化とは，食べ物の機械的・化学的な分解のことを指し，その後，生じた栄養素は吸収

図 2.30
トウブネズミヘビ（*Pantherophis alleghaniensis*）が首から胃に向けて卵を動かす一連の様子．胴体の筋肉で締めつけることにより，まず首の左側が卵を圧迫し（上段の図），続いて右側が卵を圧迫する（下段の図）という波が作られる．著者撮影．

されてさらに変換され，体中に分配される．食べ物の消化に直接動員される臓器（消化管）は，英語では digestive tract，alimentary canal，gastrointestinal tract，あるいは単に gut と呼ばれる（図 2.2）．ヘビの消化管は，解剖学的な特徴において，ほかの脊椎動物と基本的に類似している．食べ物は口から胃に運ばれる（輸送される）が，その間に，喉または咽頭を胃につないでいる食道（esophagus）を通り抜ける．その際，獲物は筋肉の収縮によって運ばれ（図 2.30），その筋肉に含まれる首の体幹筋によって胃に押し込まれる．口から分泌される唾液と食道から分泌される粘液が獲物を滑りやすくし，獲物が筋肉収縮の波の前線に乗って食道を滑り降りていくのを助ける．食べ物は，胃から小腸を通って大腸に運ばれ，最終的に総排出腔（cloaca）に運ばれる．総排出腔では糞便が形成され，糞便はその開口部を通って排出される．

一般的に，ヘビは獲物を丸飲みにする．咀嚼したり裂いたりして細かく砕くことはない．したがって，化学的消化の開始される胃に獲物が到達したとき，消化酵素は獲物の外側から内側に向かって作用するに違いない．人として，私たちは両親の「よく噛んで食べなさい」という助言に感謝する．そうすることにより，食べ物がより小さい破片に砕かれ，それによって消化酵素の働く表面積が増え，処理の効率が向上する．ヘビは獲物を丸飲みするので，人間やほかの多くの哺乳類に比べ，食べ物の性質にもよるものの消化に長い時間を要する（図 2.31）．毒ヘビの餌食となった動物にヴェノムが注入されると，獲物の体内には酵素の混合物が注ぎ込まれ，それはヴェノムのもつ「拡散因子」と血液循環によって分配されていく．そのため，ヴェノムとヴェノム送出系の進化には，その初期に消化の促進のための自然選択が一因としてあったのではないかと推測している爬虫両生類学者もいる．しかし，Marshall McCue 氏による最近の研究によると，ヴェノムを注射したネズミを与えてもガラガラヘビによる消化が促進されることはない．そのため，ヘビのヴェノムが獲物の分解と消化を促進するという見解に疑問をもつ人もいる．

胃

飲み込まれた獲物は食道から胃に入る．胃は，消化管における最初（最も前方）の膨張

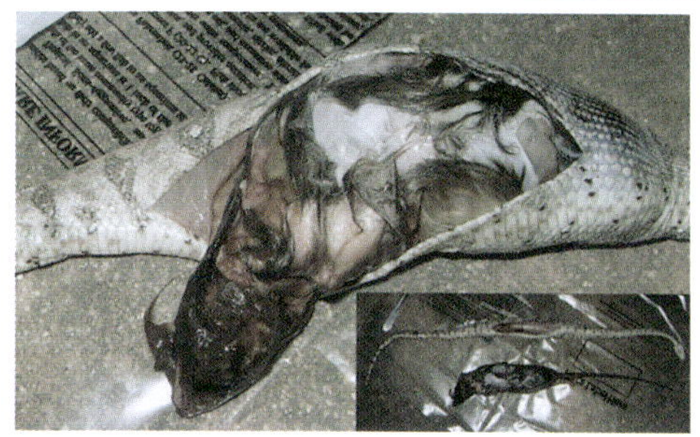

図 2.31
部分的に消化されたラットが若いボアコンストリクター（*Boa constrictor*）の胃の中から見つかったときの様子．ラットの消化は非常に初期の段階である．上段の図と下段の図の挿入図は，ヘビに対するラットの大きさをそれぞれ胃の内部にいるときと外部にいるときについて示している．このヘビは，メキシコのプエルト・アンヘルにて，死因不明で死にたての状態で見つかった．Coleman M. Sheehy III 氏撮影．

図 2.32
シンリンガラガラヘビ（*Crotalus horridus*）が，飲み込んだばかりの小さい哺乳類（おそらくリス，シマリス，あるいはラット）で膨らんだ状態で休んでいる．獲物は胃とそれを囲む体壁を著しく膨張させている．アーカンソー州にて Steven J. Beaupre 氏撮影．

図 2.33
フロリダヌママムシ（*Agkistrodon piscivorus conanti*）の幼蛇が，ほぼ同じ大きさの同腹子を共食いした．飲み込まれた同腹子は折りたたまれ，食べた側の胃は食べ物に合わせるため非常に薄く引き延ばされている．下段の写真はより接近した図で，飲み込まれたヘビが十二指腸（矢印）に接して見えている．著者撮影．

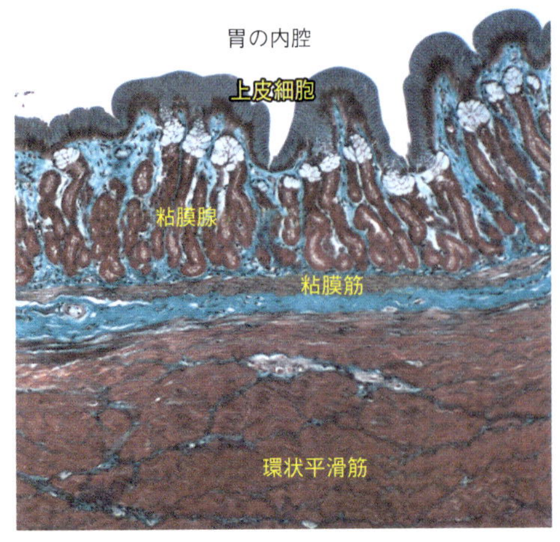

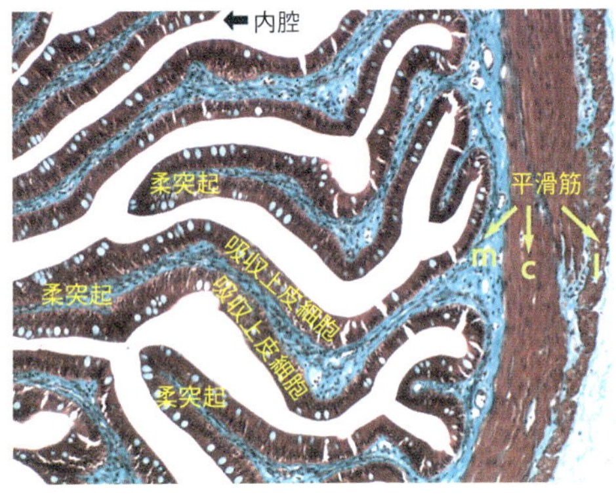

図 2.34
デュメリルボア（*Acrantophis dumerili*）の胃（上段の図）と小腸（下段の図）の組織切片を表した顕微鏡写真．粘膜の吸収上皮細胞は，胃では粘膜のひだ，腸では粘膜の絨毛に配列されており，後者は特に吸収する表面積を増加させている．矢印は腸の平滑筋の層を指している．粘膜の平滑筋は薄く，腸では単一の細胞層で構成されている（m）．外側の平滑筋は環状に並んでいて（c），外縦走筋（l）はより薄くなっており，腸でのみ見られる．組織染色はマッソントリクローム染色による．Elliott Jacobson 氏撮影．

部だ．胃壁は膨張性に富み，そして胃の大きさが拡大することで，大きな食べ物が消化の最初期に収容されやすくなる（図 2.31，図 2.32）．獲物が複数の場合，非常に大きな場合，あるいは魚のように特に長い場合には，飲み込まれた獲物は腸には入らず，大きく引き伸ばされた胃に一部だけが収容され，また一部は食道に収容される（図 2.33）．しかし，この 2 つの区画のうち胃だけが消化能力をもつ．胃が食べ物によって広がっていないとき，胃壁は弛緩し，アコーディオン状の rugae（監訳者注：「皺」の意で，gastric rugae で胃粘膜皺）と呼ばれるひだになる．これらのひだは，食道に比べて全般的に肥厚した組織と同様に，消化管における胃の部分を区別するのに役立つ（図 2.34）．

胃の内壁を裏打ちしている上皮は腺を含んでおり，胃腺（gastric gland）の存在を特徴とする．胃腺は様々で，粘液か，塩酸，あるいはタンパク質分解酵素を分泌する．酵素は酸性媒体の助けを借りて食べ物を消化する．腸に入る前に，食べ物は最終的に，液状で部分的に消化された，スープのような懸濁物（糜粥（びじゅく） chyme や消化物 digesta と呼ばれる）になる．腸へとつながる胃の最後部は幽門（pylorus）と呼ばれ，糜粥の腸への進入は幽門弁によって制御される．

消化中に維持される胃の pH は，研究されてきた数種のヘビでは 1.5 から 4 の範囲である．食間にも胃の酸性環境を維持する哺乳類とは異なり，ヘビでは食べ物が胃を出ると胃の pH はおよそ 7 から 7.5 の範囲に上昇する．胃において酸および酵素の産生が持続する時間は，体温と食事の大きさおよび組成によって増減する．胃において低 pH と酵素分泌が持続する時間は，食べ物の大きさと組成とともに増加する．消化はより低い温度では延長され，温度が約 10℃を下回ると，致命的に遅くなるか，完全に停止してしまう．正確な温度閾値は，種によって異なる（第 4 章参照）．

腸

腸は，消化管の非常に重要な部分である．そこでは食べ物の最終的な消化分解が行われ，その生成物は血液循環に吸収される．腸粘膜の表面は絨毛（villus）と呼ばれる多数の指のような構造で覆われており，個々の絨毛の表面を覆っている粘膜細胞は，今度は多数の（ひょっとすると1細胞あたり数千の）微絨毛（microvillus）と呼ばれるより小さな突起で覆われている（図2.34）．これらが相まって，内腔内で糜粥にさらされる吸収性の表面積を大幅に拡大している．微絨毛膜には厳密に微絨毛の局所環境でのみ作用する酵素が埋め込まれている．腸の前方部分はまた，膵臓から細い管を通して消化酵素を受け取る．肝臓で分泌されて胆嚢に貯蔵される胆汁は，管によって腸に運ばれ，脂質や脂肪を乳化する働きをする（図2.2）．こうした様々な分泌物が合わさることで，胃から来る酸を中和し，脂肪を分解し，腸の内腔の中で糜粥をさらに消化する．ヘビは肉食動物なので，胃においても腸においても，消化酵素の多くはタンパク質を消化するタンパク質分解酵素である．

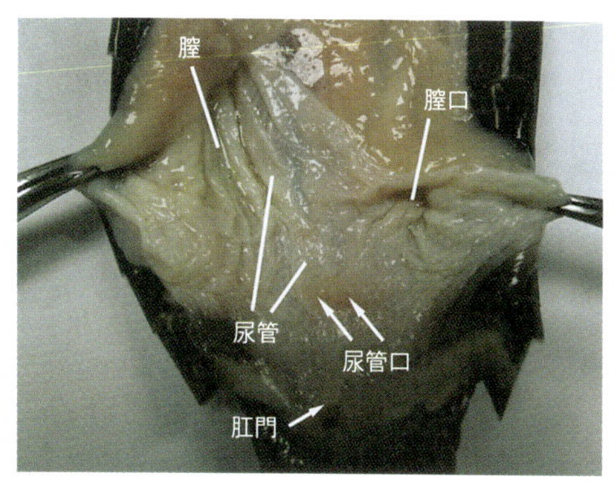

図2.35
フロリダヌママムシ（*Agkistrodon piscivorus conanti*）の総排出腔．これは消化管の最後尾で，腸から消化廃棄物を，一対の輸卵管から胎仔を，そして一対の尿管から尿を，それぞれ受け取る．輸卵管はそれぞれ一方の卵巣につながっており，輸卵管の末端が総排出腔に侵入する部分は膣もしくは膣嚢と呼ばれる．左側の膣は，その側面を走る尿管をあらわにするために切開してある．精子が貯蔵される粘膜のひだも見ることができる．尿管はそれぞれ一方の腎臓につながっている．このヘビは原因不明で死亡し，解凍後に剖検されるまで冷凍されていた．

糜粥は砕かれ，混合され，そして腸壁の平滑筋の蠕動運動によって結果的に後方へと移動させられる．これらの筋肉の配置は，内輪層（inner circular layer）と外縦層（outer longitudinal layer）からなる（図2.34）．内輪層の狭窄と，それと同時に起こる外縦層の弛緩の両方が腸管を締めつけ，引き伸ばす．代わって外縦層による能動的な短縮に伴って起こる内輪層の弛緩は，腸管を縮め，膨らませることになる．

腸は2つの主要な領域，つまり前方の小腸（small intestine）と，大腸（large intenstine）と呼ばれる最後部からなる．大腸は小腸に比べてはるかに短く，たいてい直径が大きい．胃における酸性での消化に続いて，消化と混合の最終段階が小腸で起こる．水分を含む消化物の吸収は，大部分が大腸の中で起こる．吸収されなかった糜粥の未消化部分は糞便を形成し，腸での吸水によって固化していく．糞便はまた，消化管の上部から運ばれてきた大量の細菌も含んでいる．消化管の上部では細菌集団が繁殖し，消化に関与している．

糞便は，消化管の最後部である総排出腔に移される（図2.35）．総排出腔は，腸からの消化物と腎臓からの尿生成物を受け取る共通の空間であり，生殖道（reproductive tract）からの産物の通路でもある．そういうものとして，総排出腔は通常，腎臓からの尿酸と尿酸塩の廃物液とともに糞便を収容している．尿酸塩（urate）は尿酸（uric acid）の塩である．これらは一緒になって窒素代謝物の結晶性老廃物を形成し，腎臓によって排泄される．尿酸は水に溶けにくく，沈殿した状態で除去することができる．これが，ヘビの排泄で見られる，よく知られた白から黄色の固形物の正体である．ヘビが良好な水分バランスにあるとき，特にヘビが水を十分に飲んだ後だと，糞便と尿酸塩はどちらも非常に柔らかく液状に見えることがある．一方で，ヘビが脱水状態気味でしばらく水を飲んでいない場合，糞便と尿酸塩はより固化しているように見え，実際に非常に固く圧縮されている可能性がある．これは，小腸だけでなく総排出腔においても起こったであろう余計な吸水によるものである．多量の糞便が過剰に吸水されると，時折，消化管を詰まらせヘビには容易に運び出すことのできない固結を生じる．したがって，適切な消化機能を維持するうえで水を入手できることは重要なのだ．

酵素，ヴェノムの毒素，酸性の分泌物，そして微生物といったそれぞれ多様なものが，食べ物を炭水化物，タンパク質，脂質という基本的な成分に化学的に還元し，それらは腸壁を透過して血液循環の中に吸収される．消化管は入出力システムとみなせるかもしれない．すなわち，食べ物は口から入り，糞便は総排出腔の開口部（穴）から出ていく．一方で，水と栄養分は，消化管におけるこれら「入」と「出」の両末端の間にある消化区域から吸収され，体中に分配される．平滑筋に起因する機械的運動は，腸壁にある平滑筋を活性化する神経によって主に調整されている．消化分泌物の同時的な協調は，消化管内における食べ物の物理的存在と，胃壁と腸壁にある内分泌細胞から分泌される胃腸ホルモンによって制御されている．ヘビにおける消化分泌物の制御は，ほかの脊椎動物（特に哺乳類）のものと極めて類似していると考えられてはいるが，それらのものと比べてほとんど何も知られていない．

断続的な摂餌

ヘビは不連続の，間欠的な，あるいは断続的な捕食者として特徴づけられる．代謝速度，ひいてはエネルギー要求が比較的低いので，少なくとも外温性の鳥類や哺乳類と比べて，ヘビは多くの食べ物を必要としない（第 4 章参照）．さらに，多くのヘビは相当大きな獲物を丸飲みにして食べることができるので，頻繁に摂餌する必要がない．しかし，考慮することが非常に重要な点がほかにある．温帯では，年間で限られた期間にしかヘビは摂餌したり成長したりすることができないのだ．なぜなら，ヘビは寒冷な数ヶ月間は休眠中か不活発な状態にあり，低い温度では食べ物を消化できないからである．したがって多くの種では，消化器が許容できるにもかかわらず頻繁には摂餌しないという事態がありうる．エネルギー要求は温度，活動，成長，繁殖を含む多くの要素によって変化する．

Harry Greene 氏の見積もりによると，ヘビは全エネルギー要求を満たすため，一般的に年間 6 食から 30 食を摂取し，それは合計で体重の 55%から 300%におよぶ．自然環境で野生のヘビがどういう頻度で摂餌しているのか，任意の個体群において獲物は十分に豊富なのか限られているのかについては，ほとんど分かっていない．ガラガラヘビ（ニシダイヤガラガラヘビとシンリンガラガラヘビ）に補助的な餌を人為的に与えると，成長速度と繁殖率が高まるということが実験で実証されている．当然ながら野生の個体群では個々のヘビの採餌成功率は異なるだろうし，あるものは非常にうまくやる一方であるものはやつれて栄養失調で死ぬかもしれない．しかし，ここで私たちは低い代謝速度の利点を正しく理解することができる．もし食べ物を見つけられなかったら，哺乳類ならたいてい数日か数週間のうちに死んでしまうだろうが，ヘビには飼育下では摂餌なしで 1 年以上生き延びることができる種もいる．ガラガラヘビには 2 年間も食べ物なしで生き残れるものがいる．Warren Poter 氏と C. Richard Tracy 氏の見積もりによると，日常的な維持に必要なエネルギーだけを考えた場合，ミシガン州の 50 g のガーターヘビは 1 年をしのぐのにた

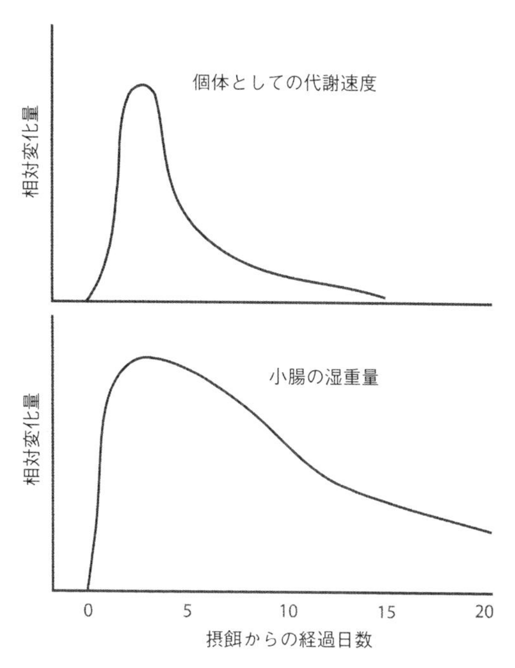

図 2.36
齧歯類を食べたあとのビルマニシキヘビ（*Python molurus*）を対象に平均の変化量として測定された，小腸の代謝速度と湿重量における相対的な上昇．もとの単位はそれぞれ酸素の消費速度とグラムで測定されていた．これらのグラフはもとのデータの近似値であり，時間経過に伴う相対的な変化を見ることだけを意図している（Stephen Secor 氏と Jared Diamond 氏による文献を参照のこと）．著者作図．

った 44 g のカエル 1 匹分しか必要としない．Marshall McCue 氏と私による別の研究での見積もりでは，フロリダ州の島に生息するヌママムシの成体は年間の維持と活動に 1 kg の魚しか必要としない．これは，小型から中型の魚たった数匹分にあたる．ヨコバイガラガラヘビ（*Crotalus cerastes*）の「待ち伏せ型捕食」とバシャムチヘビ（*Masticophis flagellum*）のよくある「探索型捕食」を比べた採餌様式についての研究で，Stephen Secor 氏と Kenneth Nagy 氏は，活動的なバシャムチヘビは活動的でないヨコバイガラガラヘビに比べて 2.1 倍の高い率で獲物のエネルギーを消費するということを見出した．

消化管は，食べ物の質と量の変化に劇的に応じる非常に動的な臓器である．食べ物や糜粥が到着すると，消化管のそれぞれの部位が即座に活性化する．加えて，摂餌に関連した消化への要求は，消化管の形態的，生理的特徴に変化をもたらす．その変化には，代謝活動の上昇と，吸収能力をもつ表面の面積を 2 倍や 3 倍にする，上皮内層の質量と形状の変化が含まれる．同時に，消化酵素を分泌する能力と腸壁を透過させて栄養を取り込む「輸送体」分子の増加が起こる．摂餌に対するこのような応答は上方制御（up-regulation）と呼ばれ，食事を摂取してから 24 時間から 48 時間以内に起こる．応答は完全に可逆的で，餌が欠如している間や自発的に絶食している間には下方制御（down-regulation）が起こる．長期にわたる空腹は，代謝速度の減少と消化管の萎縮によって特徴づけられる．

食事への応答は，Stephen Secor 氏により，ビルマニシキヘビ（*Python molurus*）においで特によく研究されてきた．食事を摂取して 1 日から 3 日で，腸の栄養吸収能力は絶食時の 11 倍から 24 倍に上昇する一方，腸粘膜は質量にして 2 倍以上になる（図 2.36）．肝臓のような，栄養を処理するほかの器官の質量もかなり増加する．腸の上方制御された状態は，8日から14日後に排便するまでには絶食時の状態に戻る．同様の上方制御は，たまに（4週間から6週間おきに）しか食事をしないヘビの消化応答でも起こる．

対照的に，より頻繁に（1週間から2週間おきに）摂餌するヘビは，腸の質量や栄養吸収能力にほとんど変化を示さない．消化コストを考慮すると，絶食時における消化器の低い質量と低い活動性，そしてたまにしか摂餌しない種における，食事の摂取に応答する大幅な上方制御反応は，おそらくエネルギーの節約が原動力となって進化してきたことを示唆する．概して，私が記述してきた応答の二分法は，待ち伏せ型捕食のヘビ（主にニシキヘビ類，ボア類，およびクサリヘビ類）と野外で比較的頻繁に摂餌をする探索型捕食のヘビ（たとえば多くのナミヘビ科とコブラ科のヘビ）の間で見られる．

消化の速度，コスト，効率

消化速度

ヘビにおける消化の速度は，その個体の外的および内的状態の両方に非常に強く依存している．一般に消化速度は，ある程度までは温度とともに上昇する．そのため，ほかの条件が同じなら，体温の低いヘビでは高いものよりも消化がゆっくり進む．さらに，直感的でも観察結果にもとづくことでもあるが，同じ温度条件では大きな食べ物の方が小さなものより消化に時間がかかる（丸飲みすることを思い出してほしい）．しかし，一定の限度内では，獲物の大きさが消化速度に影響しないように思われる種もいる（たとえばガーターヘビ属の一種 *Thamnophis elegans* やアスプクサリヘビ *Vipera aspis*）．とはいえ獲物の性質や構成は，消化速度に確実に影響を与える．カエルや魚といった柔らかい獲物の消化はサイズにもよるものの36時間から72時間以内と急速な一方，甲殻類や殻の硬い昆虫といった硬い獲物の消化には時間がかかる．哺乳類と鳥類は，毛，羽，爪，くちばしがあるため魚やカエルよりゆっくり消化される（図2.31，図2.37）．硬い，ケラチン質のタンパク質は，軟らかい組織より消化されにくく，たいがいそのまま消化管を通過して糞便の中に排出される．

消化効率

科学者は通常，消化管から体内に吸収される正味のエネルギーという形で，消化の「効率」を定量する．すなわち消化効率は，消化前の手付かずの獲物に存在する総エネルギーに対する吸収されたエネルギーの割合として表される．そしてそれは小数や百分率で表される．消化も吸収もされなかったエネルギーは，いくらかの追加された細菌とともに糞便として現れるものである．一般に，今まで研究されてきた多くの有鱗目の爬虫類では，消化効率は90%に近いかあるいはそれを超えている．ヘビで測定されたわずかな例では，消化効率はおおむね85%から95%の間で，種，個体，食べ物の大きさ，そして温度によって異なる．難消化性の毛の部分を計算から除外すると，消化効率は極めて高く，99.3%から99.8%にもなる！　おそらく高い消化効率は，摂餌間隔の長い種にとって重要であり，そうした種で便通に長い時間がかかることを反映している（下記参照）．

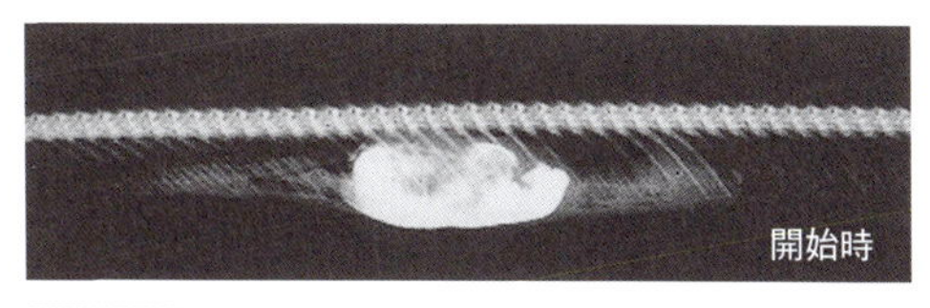

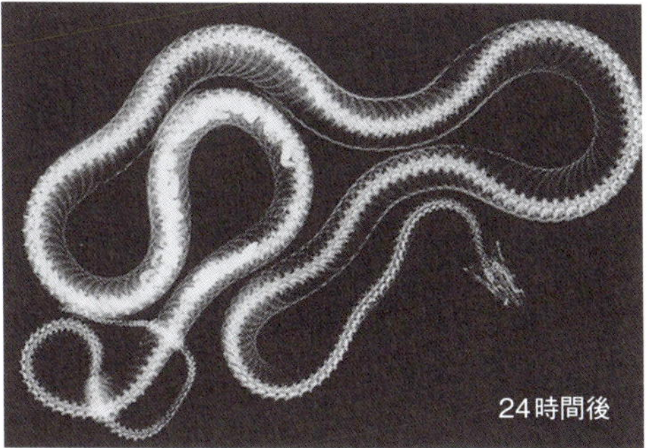

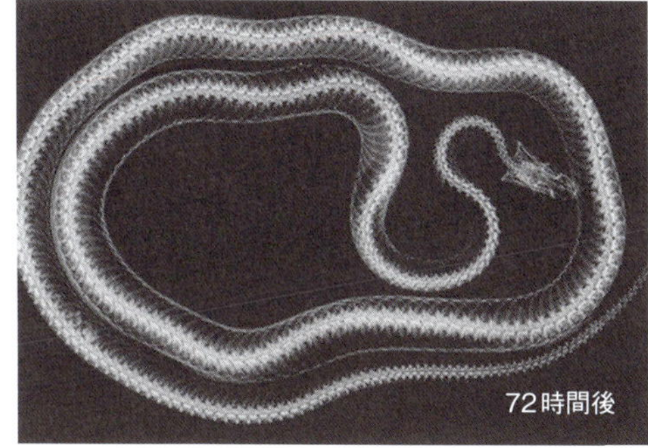

図 2.37
バリウムが注射されたヒヨコを消化しているセイブネズミヘビ（*Pantherophis obsoletus*）のレントゲン写真．最上段の図は飲み込まれた直後の胃の中にいるヒヨコの位置を表している．続く下の方の図は，飲み込まれてから各一定時間後のヒヨコの状態を表している．Elliott R. Jacobson 氏撮影．

図 2.38
魚の匂いがつけられた海藻（*Ulva lactuca*）を食べている飼育下のフロリダヌマママムシ（*Agkistrodon piscivorus conanti*）．この藻類は細胞壁が柔らかく，ヘビに消化することができる．このような植物質の消費はおそらく滅多に起こらないが，ヌマママムシが島の浜辺で餌を探し，大量にある海産の植物質などとともに浜辺で洗われたかもしれない魚の死体を食べるときには起こりうるだろう．著者撮影．

高い消化効率は，必要に迫られたときにヘビがいかにエネルギー獲得を増やすかについて，いくつかの重要な意味をもつ．食事から引き出されるエネルギーは比較的大量であるため，一食ごとのエネルギー獲得量を向上させる余地はあまりない．さらに，消化効率はほとんど温度によらないということを示唆する研究もある．したがって，ヘビにできる化学エネルギー獲得の増量方法は，個々の食事から吸収するカロリーの量を増やすことではなく，摂餌と糞便排出のペースを高めること，ということになる．すなわち，食べ物からのエネルギー獲得を増やすというのは，引き出す効率よりむしろ引き出すペースを高めるゲームなのだ．

達成される効率は，獲物の物質構成に依存する．毛皮，羽毛，そして歯や骨のような石灰化した構造物は，ほとんどの植物質と同じく難消化性である．ただし，薄くて比較的柔らかい細胞壁をもつ植物であれば消化できるものもいる（図 2.38）．

便通時間

糞便の形成，貯蔵，および排出は，食べ物の消化処理の重要な特徴だ．獲物が大きいときのその相対的な大きさのことを考えると，糞便が消化管の後半部に滞留している間，ヘビの総重量は潜在的にかなり増量されることになる．摂取から排出までにかかる時間は便通時間（gut passage time）として知られ，典型的には，鳥類や哺乳類の数時間または数日から，ほかの脊椎動物における数週間またはそれ以上まで，様々である．しかし，便通時間の最大値と幅広さで言えば，ヘビは明らかにチャンピオンである．

どっしりとして重い陸棲のヘビ，特に地表棲のクサリヘビ科とボア科の種は，通常の摂餌スケジュールにある間，糞便を何ヶ月も保持し蓄積する．私の調査によると，ガボンアダー（*Bitis gabonica*）は，採餌のペースによらず貯蔵能力の最大値と思われるところまで糞便を蓄積する．ゆえに，ゆっくりとした採餌のペースでは便通時間は一年やそれ以上にもなる可能性があり，一方で早い採餌のペースでは便通時間は約 1.5ヶ月に短縮される．どちらの場合も糞便はヘビの総重量の 5%から 20%を占める程度まで蓄積される．ガボンアダーにおいてこれまでに観察された最長の排便間隔は 420 日である！　ほかの最長記録には，ビルマニシキヘビ（*Python molurus*）での 174 日，スマトラアカニシキヘビ（*P. curtus*）での 386 日などがある．

いま記述したばかりの体の重い種とは対照的に，細身の樹上棲ヘビは，比較的短い便通時間によって特徴づけられる．私の知る限り，知られている最短はハイチコズエヘビ（*Uromacer oxyrhynchus*）の 23 時間である．よく動き回る種は定住性の強い種よりも便通時間が短いという傾向もある．よく動き回る種は余計な糞便の重量を排除することによって移動中の荷重を減らしていると考えると，理にかなうように思われる．このことは，軟弱で不安定な足場でしかないこともある葉の茂みに登る樹上棲の種にとって，特に重要と思われる．

特に適切な水分摂取がない場合，糞便の保持はヘビにとってリスクになる可能性がある．圧縮された糞便は，その質量が大きい場合，水分が除去され（腸に吸水され）密度が高く硬くなっている場合，あるいはその両方に場合に，腸閉塞を形成する可能性がある．消化管閉塞は飼育下では様々なヘビで知られており，稀ではあるが，野外で捕獲された個体からも報告されている．

要約すると，糞便の貯蔵量は，構造体に由来する体重に相関して変わり，その体重はたいてい各種の生息地と採餌様式を反映している．理由は何であれ，樹上棲の種は軽くて細長い体型を進化せており，これらの種に見られる頻繁な排便は体重を低く保つのに役立っている．一方で，理由は何であれ，どっしりとした地表棲の待ち伏せ型捕食者であるクサリヘビ類やニシキヘビ類は重い体を進化させており，糞便の蓄積は体重，特に体の後半部の構造体に由来する体重をかさ上げしている．後者のヘビ類では，胴体の後半部は咬みつき行動の際に重要な錨として通常地面に残る．もしかするとこれが，非常に長い便通時間が進化してきた天然の理由であるかもしれない．したがって，極端な長期にわたって保持される糞便は，そうした重い種では代謝的に不活性なバラストとしておそらく機能し，同時に水分と栄養の最大摂取量を増大させている．このようにして貯蔵されている可能性のある大量の糞便を排泄することは，潜在的に危険である．またそれは，水が飲めることで著しく容易にできるようになる．

消化のエネルギーコスト

ヘビが獲物を食べ消化すると，代謝速度の上昇に反映されるエネルギーコストがかかる（図 2.36）．通常の安静時の基準を超えた代謝の増加は，特異動的作用（specific dynamic action，略して SDA），食後代謝応答（postprandial metabolic response），食後熱産生（postprandial thermogenesis）などと呼ばれる．SDA は食事の摂取と処理に費やされるエネルギーの合計を表す．これらのエネルギーコストは，消化と消化物の同化に関わる機械的および生化学的な過程を反映している．

丸飲みした食事の消化は，大きな獲物を消費するヘビにとっては特に高くつく仕事だ．たとえばビルマニシキヘビの SDA 応答は，代謝速度が 5 倍から 44 倍に増加することを特徴とする．Stephen Secor 氏の見積もりによると，ビルマニシキヘビにおける SDA への寄与率は胃の活動が約 55%，タンパク質合成が約 26%，胃腸の上方制御が約 5%，そしてほかの活動が約 14%にのぼる．

特徴的には，食後の代謝速度は摂餌から 24 時間以内に急上昇し，その後ゆっくりと低下する．応答は早期に，ふつうは 24 時間から 48 時間でピークに達し，種と獲物にもよるが 4 日から 12 日後には平常状態まで低下する（図 2.36）．一般に，比較的頻繁に摂餌する種に比べてたまにしか採餌しないヘビの種では，絶食中の代謝速度はより低いものの，SDA における代謝の上昇が著しく，上昇した代謝がより長時間持続し，SDA での余計なエネルギー消費の総量が大きい．Stephen Secorr 氏と Jared Diamond 氏は様々な種を調べ，SDA が食事で取り入れた総エネルギーの 13%から 33%を占め，さらには頻繁に採餌するものに比べてあまり頻繁に採餌しないものにおいて高くなる傾向があることを見いだした．しかしながら，明らかに，摂餌後の腸（図 2.36）およびほかの臓器における下方制御は，絶食時の低い代謝速度に寄与し，頻繁に採餌しない種では長期にわたる食間にエネルギーを節約する．まず間違いなく，ヘビでは，生来の摂餌間隔と消化管のパフォーマンス制御の間に，何らかの関連性が進化してきているようである．

ヘビの水分平衡

食べ物やエネルギーと同じように，水はヘビにとって不可欠な資源である．細胞と体液の組成が生命活動に支障のない範囲に保たれるよう，体水分の適切な含有量を維持することは，ほかの脊椎動物と同様にヘビにとって重要である．一般的に，ヘビの組織はおよそ 65%から 80%の水分を含んでおり，この範囲を下回る脱水は有害あるいは致命的になる可能性がある．したがって，生きるためにヘビは食べ物と同様に水を必要とするのだ．

ヘビ（および，ほかのあらゆる動物）にとって利用可能な水の供給源は 3 つある．第一に，摂取する食べ物から入手可能な一定量の水がある．これは食物含有水と呼ばれる．第二に，食べ物が消化の過程で分解され組織に吸収された後，代謝される間に少量の水が作り出される．これは代謝水（metabolic water）と呼ばれる．第三の供給源は，環境中にある自由水（free water）で，これは最終的には降水としてやってくる．3 つの供給源はすべてヘビの「水収支（water budget）」の一部であるが，ほとんどの種は，水分平衡の維持を環境中にある淡水を飲むことにある程度依存している.

水分平衡を保つため，動物は体から失われた水を補充しなければならない．そのため，時間平均をとると，水の総吸入量は水の総排出量つまり失われた水の総量と等しくなければならない．これには，動物の代謝を促進するために必要な食べ物に関するエネルギーにおける吸入と排出と，全く同じことが当てはまる．ヘビにとって水の吸入には，食物含有水，代謝水，環境から飲むことで得られる水，そして環境から皮膚やほかの膜を通してしみ込むかもしれない水がある．食べ物を飲み込む過程で口に「漏れる」水も図らず摂取してしまう水棲動物にとって，後者は潜在的に非常に重要である．この水は「偶発的飲水(incidental drinking)」と呼ばれてきた．排出側にあたる水の損失には，糞便や尿で失われる水と，皮膚の表面を通して漏れる水がある．後者には蒸発のほか，水棲動物の場合には浸透圧への応答として皮膚や露出している膜から漏れ出る水があり，海棲動物にとって潜在的に重要である可能性がある．これら体内へと体外への水のフラックスは図 2.39 にまとめられており，以下の節でより詳しく説明する.

腎臓

ヘビの腎臓は体腔の背側に位置する一対の構造物で，右の腎臓が左の腎臓よりも前方に位置する（図 2.2；電子版の図 6.5）．腎臓は血液をろ過し，老廃物を取り除く．ヘビの腎臓は哺乳類のものよりも単純で，体液以上に濃縮された尿を作り出すことはできない．ヘビは膀胱をもたず，尿は腎臓から管によって運ばれ，総排出腔から直接排出される.

水分平衡に関しては，尿は血漿に由来する液体であり，したがって水を含んでいる．そのため尿の形での不要物の排泄は水分の損失を必要とする．しかしながら過剰に存在する場合，水分は排泄する必要のある老廃物となりうる．この場合，体内の水を除去するため尿は希釈され，容積が大きくなるだろう．一方で水が不足している場合，水を節約するため尿は濃縮され，少量になるだろう．ひとたび尿が総排出腔に入ると，（総排出腔か後腸のどちらかでの）水分の吸収によって尿はさらに変化し，しばらくの間保持されるか，またはより水分の少ない状態で排泄される．また，ヘビはタンパク質の代謝による窒素性老廃物の主な形として尿酸を作り出す．尿や糞便のそばにある白や黄色の塊は尿酸からなっている．これらは柔らかい素材の廃物液や，ときにほぼ石のような固い塊として存在することがある．流動性の違いは，排泄の前に尿や尿酸からどれだけの水分が回収されたかに依存している．したがって，脱水状態のヘビは，水分の保持が排出より優先される結果として固形で非常に乾燥した尿酸（さらには糞便）を排出する．尿酸は沈殿しやすく，（ほかの形態の窒素性老廃物，尿素，およびアンモニウムに比べて）最小限の水の損失で排出できるため，窒素性老廃物の排泄には好都合な形態である.

飼育上の問題としては，適切な水分が糞便と尿酸の正常な排出に重要である．ヘビが脱水状態になると，これらの産物はより固くなった塊を形成する傾向があり，それはヘビにとって有害あるいは致命的にさえなりうる閉塞を引き起こす可能性がある．通常なら尿や糞便とともに排出される水分を回収して保持することによって水を節約するための，非常に効果的な仕組みがあるということ，そしてそれは後腸と総排出腔で起こっているということが，推察されている．しかし，これらの過程はヘビではよく研究されていない.

塩腺

塩腺（salt gland）は腎臓に付随する排泄のための組織で，濃縮された塩溶液を分泌することができる．塩腺は，乾燥した環境に生息し，非常に濃縮された尿を排出することのできる腎臓をもたない四足動物の様々な分類群において進化してきた．それらには鳥類と様々な爬虫類が含まれる．ヘビでは，塩腺は海棲の様々な系統で見られる．海棲の種の生息環境では，過剰な塩分の摂取が浸透圧の問題を引き起こし，塩分濃度の高い外部環境へと水分を失っていく傾向をさらに悪化させる．海棲の種も含め，ヘビの体液中の塩分濃度は，海水のわずか三分の一以下である．そのため海棲のヘビは，外部に向けて水を失い，外部から塩分を受け取る傾向にあるだろう．これは，水分平衡を著しく妨害しうる．塩腺は，この二重の問題を軽減するのに役立つが，その効果は，腺の大きさと分泌の速度に応じて種ごとにさまざまだ．

ヘビの塩腺は比較的小さな構造物である．ヤスリヘビ科，ウミヘビ亜科，エラブウミヘビ亜科のヘビでは舌鞘の下や前方の下顎に位置しており，ミズヘビ科のヘビでは前上顎骨の部位にある．四足動物のほかの分類群では，塩腺は鼻腔，眼窩，口腔といった頭部のほかの部位にある．

海棲のヘビにおける塩腺の存在は，これらの動物が海水中で生きるための能力に役立っているかもしれない．実際，François Brischoux 氏らの研究により，塩分濃度の濃い海水に棲む種の塩腺は，より薄い海水に棲む種のものより迅速に塩分を排出できることが分かっている．しかし，一部の海棲種（ヒメヤスリヘビ，エラブウミヘビ類，セグロウミヘビ）は，脱水を避けるために淡水を必要とする．よって，これらの種では，塩腺は塩分平衡を調節し，脱水の速度をゆるめるのを助けているかもしれないものの，単体では水分平衡を維持するのに十分ではないということである．これらの課題は，より広範囲の種でより徹底的に調査される必要がある．

皮膚を透過する水分流動

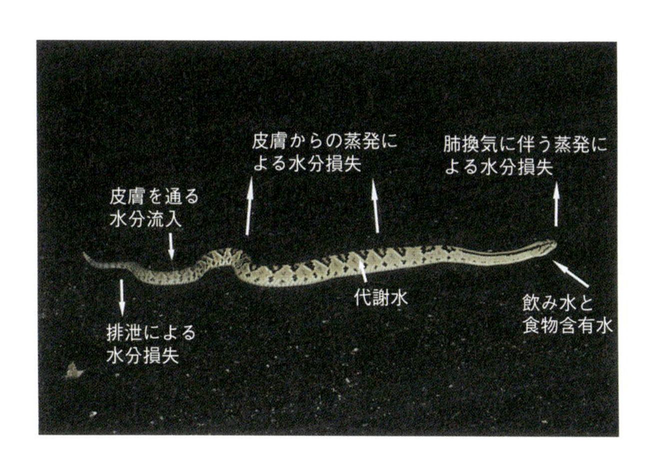

図 2.39
ネッタイガラガラヘビ（*Crotalus simus*）に出入りする仮想的な水の流れ．（時間でならした）正味の交換量が，ヘビが正または負の水分バランスのどちらにあるかを決定する．このガラガラヘビはコスタリカのグアナカステ州で道路を横切っているところだった．Shauna Lillywhite 氏撮影．

皮膚は多くの機能をもつ複雑な組織であり，その機能には皮膚を透過する水分量の調節が含まれる．皮膚の透過は，（たとえば水棲の種で卓越する）双方向性の浸透と，皮膚表面から周囲の空気中への蒸発（図2.39）のいずれかによる．皮膚から入っていく，または出ていくこれらの水の移動は，透過障壁（permeability barrier）によって大部分が調節されている．透過障壁は層状脂質で構成されており，それは表皮の角質層の内部でケラチンの層と交互に挟み込まれている（第5章参照）．皮膚の内部では，分化したα細胞から脂肪滴（層板顆粒 lamellar granule と呼ばれる）が分泌され，脂肪滴はその後，細胞外の空間を満たす層状の「シート」へと組織化される．

一般的に，これらの脂質の量と構造は，どちらもその種の生息している環境の乾燥度と相関している．環境が乾燥していればいるほど，透過障壁に存在する脂質の量は多くなる．このことが，乾燥した環境に生息する陸棲の種では，適湿な環境のものに比べて，蒸発によって皮膚を通して水分の失われる速度がゆっくりな傾向にある，という一般性の機械的根拠だと思われる．エラブウミヘビ類（*Laticauda* spp.）を用いた著者らの研究により，ヘビが空気中にいるときより海水中にいるときの方がはるかにゆっくりと皮膚を通して水が失われる，ということが示されている．しかしながら，エラブウミヘビ類は部分的に陸棲の種であり，蒸発によって皮膚を通して水分の失われる速度が徹底的な水棲の種よりもゆっくりな傾向にある，より多くの時間を陸上で過ごす種である．最後に，この相対的に水棲のエラブウミヘビ類は，陸棲傾向の強い種より，海水中で皮膚を通して水分の失われる速度がゆっくりな傾向にある．言い換えると，皮膚の特性は，その種が多くの時間を過ごす生息場所に応じて水分を節約するように「調整される」傾向にある．

卵生のヘビの胚では，胚表皮が卵内で脱落する傾向にあり，不完全ながら機能する透過障壁が孵化の前に表皮の内部で形成される．蒸発で水分が失われることに対する皮膚の耐性は，その後の脱皮のたびに向上する．このことは，皮膚には障壁の有効性をいくらか高めることができるということを示している．透過障壁の有効性が，脱皮の際に環境の乾燥度に応じて向上させられうる，あるいは「調節」されうる，という指摘がある．ただし，一般化するには，この課題についてのさらなる研究が必要である．

ヘビの水飲み行動

ヘビを飼ったことのある多くの人は，ある個体は食べるのをやめ，またある種はまるで食べようとしないといったことがしばしばあることに気づいている．しかし，喉の渇いたヘビは，私の経験ではいつも水を飲む．水を飲むという自発的な「意志」はヘビの喉が渇いていることを，そして渇きの感覚は脱水や負の水分平衡に関連する生理的なシグナルがあることを，それぞれ暗示している．野生の個体群では，ヘビには水を飲む機会がいろいろある．池や湖といった止水，淡水の流れ，雨，そして，暴風雨の間に，とぐろを巻いたヘビの体の上や，葉っぱ，小さな窪みなどの上に貯まり，その後しばらくの間残るかもしれない水などである．水が利用可能でない場合，たとえば季節的な干ばつの間，ヘビは長期間水を飲まずに過ごすかもしれない．こうした状況では，脱水していくヘビは隠れるようになり，巣穴の中など，蒸発による水分の損失が軽減されて体内の水分が保たれる場所に留まることがある．乾燥した環境に生息しているヘビは一般に，水分を保持するためか，かなりの程度の脱水に耐えられるためか，あるいはその両方のための一揃いの適応をしている．主にあるいは専ら食物含有水と代謝水に依存することができる種もいるかもしれない．しかし，そのような能力はヘビではまだ見つかっていない．

陸棲のヘビは一般に，水分平衡がわずかに負になるたびにいくぶん定期的に水を飲むだろう．摂餌後に水の消費が増える場合もある．消化は水を必要とし，消化に続いて，吸収した食べ物の代謝処理の結果として生じる窒素廃棄物を排出するために尿が生産される．ヘビに水を得る機会がある場合，糞便は湿った状態あるいは濡れた状態で排出されるが，これもまたこうした水分の損失を反映する．対照的に，複数種のウミヘビを用いた著者らの最近の研究により，それらはかなりの程度（体重の10%から20%以上の損失）まで脱水しない限り，淡水を飲もうとしないことが示された．これらのヘビは海での生活に適応したため，体内の水分を保持し，脱水に対する耐性を向上させる形質をいくつももっている．先の実験結果は，おそらく，そうしたほかの形質からの影響との関係で飲水刺激が進化的に抑制されていることを反映しているのだろう．

David Cundall 氏とその共同研究者らは，ヘビによる飲水の生体力学を調査してきた．多くの進歩的ヘビ類は，水を口の中に吸い込んだ後に口腔を圧迫し，水を食道に押し込むことによって水を飲む．しかしながら口の端をふさがずに水を飲むことができる種もおり，このことは，口のポンピングに依存することなく水を摂取することが可能であるということを示唆している．顎の開閉動作は可変的であり，そのサイクルごとに摂取される水の容量も同様である．ヘビは様々な動きのパターンを用いて水を飲み，顎が「ふさがれる」かどうかは状況によるだろう．周期的な口のポンピングの使用に加え，口の中にある粘膜のひだが，毛管現象で水をとらえたり集めたりするスポンジのように機能する．Cundall 氏らは，「スポンジモデル」と呼ばれる，飲水についての第二のモデルを提案している．このモデルでは，口の一部にスポンジのような特性をもつ表面や溝があり，その部位が周期的に絞り込みとゆるみを繰り返すことによって，水が移動させられるとする．その部位に吸い付いた水は，一部は前方に移動するかもしれないが，後方に移動する分は食道の方へと向かう．口腔の後方には，スポンジのような，筋肉に覆われた領域が広がっている．この領域とほかの筋肉の複雑な運動が，水を駆り立てる．

水をとらえ，移動させる口の粘膜のひだは，比較的大型の獲物を覆うように口を引き延ばすことに関連して進化した可能性の高い特徴だ．したがって飲水に関わるこれらの特徴の機能は，摂餌に関連する別の機能をおそらくは主とする解剖学的形質の二次的な利用によるものである可能性が高い．

Additional Reading　より深く学ぶために

Aubret, F., R. Shine, and X. Bonnet. 2004. Adaptive developmental plasticity in snakes. *Nature* 431: 261-262.

Bedford, G. S., and K. A. Christian. 2000. Digestive efficiency in some Australian pythons. *Copeia* 2000: 829-834.

Bels, V., and K. V. Kardong. 1995. Water drinking in snakes: Evidence for an esophageal sphincter. *Journal of Experimental Zoology* 272:235-239.

Bonnet X., and F. Brischoux. 2008. Thirsty sea snakes forsake refuge during rainfall. *Australian Ecology*

33:911-921.

Brischoux, F., R. Tingley, R. Shine, and H. B. Lillywhite. 2012. Salinity influences the distribution of marine snakes: Implications for evolutionary transitions to marine life. *Ecography* 35:994-1003.

Britt, E. J., A. J. Clark, and A. F. Bennett. 2009. Dental morphologies in gartersnakes (*Thamnophis*) and their connection to dietary preferences. *Copeia* 43:252-259.

Catania, K. C. 2009. Tentacled snakes turn C-starts to their advantage and predict future prey behavior. *Proceedings of the National Academy of Sciences* (USA) 106:11183-11187.

Catania, K. C. 2010. Born knowing: Tentacled snakes innately predict future prey behavior. *PLoS ONE* 5: 1-10.

Chippaux, J. P. 2006. *Snake Venoms and Envenomations.* Malabar, FL: Krieger Publishing.

Chiszar, D., A. Walters, and H. M. Smith. 2008. Rattlesnake preference for envenomated prey: Species specificity. *Journal of Herpetology* 42:764-767.

Corbit, A. G., C. Person, and W. K. Hayes. 2013. Constipation associated with brumation? Intestinal obstruction caused by a fecahth in a wild Red Diamond Rattlesnake (*Crotalus ruber*). *Journal of Animal Physiology and Animal Nutrition.* doi:10.1111/jpn.12040.

Cox, C. L., and S. M. Secor. 2007. Effects of meal size, clutch, and metabolism on the energy efficiencies of juvenile Burmese pythons, *Python molurus. Comparative Biochemistry and Physiology* A 148:861-868.

Cox, C. L., and S. M. Secor. 2008. Matched regulation of gastrointestinal performance in the Burmese python, *Python molurus. Journal of Experimental Biology* 211:1131-1140.

Cundall, D. 2000. Drinking in snakes: Kinematic cycling and water transport. *Journal of Experimental-Biology* 203:2171-2185.

Cundall, D. 2002. Envenomation strategies, head form, and feeding ecology in vipers. In G. W. Schuett, M. Höggren, M. E. Douglas, and H. W. Greene (eds.), *Biology of the Vipers.* Eagle Mountain, UT: Eagle Mountain Publishing, pp. 149-161.

Cundall, D., E. L. Brainerd, J. Constantino, A. Deufel, D. Grapski, and N. J. Kley. 2012. Drinking in snakes: Resolving a biomechanical puzzle. *Journal of Experimental Zoology* 317:152-172.

Cundall, D., and A. Deufel. 2006. Influence of the venom delivery system on intraoral prey transport in snakes. *Zoologischer Anzeiger* 245:193-210.

Cundall, D., and H. W. Greene. 2000. Feeding in snakes. In K. Schwenk (ed.). *Feeding: Form, Function, and Evolution in Tetrapod Vertebrates.* San Diego: Academic Press, pp. 293-333.

Daltry, J. C., W. Wüster, and R. S. Thorpe. 1996. Diet and snake venom evolution. *Nature* 379:537-540.

De Queiroz, A., and J. A. Rodríguez-Robles. 2006. Historical contingency and animal diets: The origins of egg eating snakes. *American Naturalist* 167:682-692.

Deufel, A., and D. Cundall. 2003. Feeding in *Atractaspis* (Serpentes: Atractaspididae): A study in conflicting functional constraints. *Zoology* 106:43-61.

DeVault, T. L., and A. R. Krochmal. 2002. Scavenging by snakes: An examination of the literature. *Herpetologica* 58:429-436.

Dmi'el, R. 1998. Skin resistance to evaporative water loss in viperid snakes: Habitat aridity versus taxonomic status. *Comparative Biochemistry and Physiology* 121A:1-5.

Fry, B. G., W. Wüster, S. F. R. Ramjan, T. Jackson, P. Martelli, and R. M. Kini. 2003. Analysis of Colubroidea snake venoms by liquid chromatography with mass spectrometry: Evolutionary and toxinological implications. *Rapid Communications in Mass Spectrometry* 17:2047-2062.

Fry, B. G., N. Vidal, J. A. Normal, F. J. Vonk, H. Scheib, S. F. R. Ramjan, S. Kuruppu, K. Fung, S. B. Hedges,

M. K. Richardson, W. C. Hodgson, V. Ignjatovic, R. Summerhayes, and E. Kochva. 2006. Early evolution of the venom system in lizards and snakes. *Nature* 439:584- 588.

Furry,K., T. Swain, and D. Chiszar. 1991. Stike- induced chemosensory searching and trail following by prairie rattlesnakes (*Crotalus viridis*) preying upon deer mice (*Peromyscus maniculatus*): Chemical discrimination among individual mice. *Herpetologica* 47:69- 78.

Gartner, G. E. A., and H. W. Greene. 2008. Adaptation in the African egg- eating snake: A comparative approach to a classic study in evolutionary functional morphology. *Journal of Zoology* 275:368- 374.

Greenbaum, E., N. Galeva, and M. Jorgensen. 2003. Venom variation and chemoreception of the vrperid *Agkistrodon contortrix*: Evidence for adaptation. *Journal of Chemical Ecology* 29:1741 - 1755.

Greene, H. W. 1983. Field studies of hunting behavior by bushmasters. *American Zoologist* 23:897.

Greene, H. W., and G. M. Burghardt. 1978. Behavior and phylogeny: Constriction in ancient and modern snakes. *Science* 200:74- 77.

Hayes, W. K. 2008. The snake venom- metering controversy: Levels of analysis, assumptions, and evidence. In W. K. Hayes, K. R. Beaman, M. D. Cardwell, and S. P. Bush (eds.), *The Biology of Rattlesnakes*. Loma Linda, CA: Loma Linda University Press, pp. 191 - 220.

Hayes, W. K., S. S. Herbert, J. R. Harrison, and K. L. Wiley. 2008. Spitting versus biting: Differential venom gland contraction regulates venom expenditure in the Black- Necked Spitting Cobra, *Naja nigricollis nigricollis*. *Journal of Herpetology* 42:453- 460.

Herbert, S. S., and W. K. Hayes. 2008. Venom expenditure by rattlesnakes and killing effectiveness in rodent prey: Do rattlesnakes expend optimal amounts of venom? In W. K. Hayes, K. R. Beaman, M. D. Cardwell, and S. P. Bush (eds.), *The Biology of Rattlesnakes*. Loma Linda, CA: Loma Linda University Press, pp. 221 - 228.

Jackson, K. 2003. The evolution of venom- delivery systems in snakes. *Zoological Journal of the Linnean Society* 137:337- 354.

Jackson, K., N. J. Kley, and E. L. Brainerd. 2004. How snakes eat snakes: The biomechanical challenges of ophiophagy for the California King Snake, *Lampropeltis getula californiae* (Serpentes: Colubridae). *Zoology* 107:191 - 200.

Janoo, A., and J. P. Gasc. 1992. High speed motion analysis of the predatory strike and fluorographic study of oesophageal deglutition in *Vipera ammodytes*: More than meets the eye. *Amphibia-Reptilia* 13:315- 325.

Jansa, S. A., and R. S. Voss. 2011. Adaptive evolution of the venomtargeted vWF protein in opossums that eat pitvipers. *PLoS ONE* 6:e20997.doi:10.1371/journal.pone.0020997.

Jayne, B. C., H. K. Voris, and P. K. L. Ng. 2002. Snake circumvents constraints on prey size. *Nature* 418: 143.

Kardong, K. V. 1974. Kinesis of the jaw apparatus during the strike in the cottonmouth snake, *Agkistrodon piscivorus*. *Forma et Functio* 7:327- 354.

Kardong, K. V., and V. Bels. 1998. Rattlesnake strike behavior: Kinematics. *Journal of Experimental Biology* 210:837- 850.

Kardong, K. V., and H. Berkhoudt. 1998. Intraoral transport of prey in the reticulated python: Tests of a general tetrapod feeding model. *Zoology* 101:7- 23.

Kardong, K. V., P. Dullemeijer, and J. A. M. Fransen. 1986. Feeding mechanism in the rattlesnake, *Crotalus durissus*. *Amphibia-Reptilia* 7:271 - 302.

Kardong, K. V., and J. E. Haverly. 1993. Drinking by the common boa, *Boa constrictor*. *Copeia* 1993: 808- 818.

Kardong, K.V., and T. L. Smith. 2002. Proximate factors involved in rattlesnake predatory behavior: A review. In G. W. Schuett, M. Höggren, M. E. Douglas, and H. W. Greene (eds.), *Biology of the Vipers*. Eagle Mountain, UT: Eagle Mountain Publishing, pp. 253- 266.

Kley, N. J., and E. L. Brainerd. 1999. Feeding by mandibular raking in a snake. *Nature* 402:369- 370.

Kley, N. J., and E. L. Brainerd. 2002. Post- cranial prey transport mechanisms in the black pinesnake, *Pituophis melanoleucus lodingi*: An x- ray videographic study. *Zoology* 105:153- 164.

Lahav, S., and R. Dmi'el. 1996. Skin resistance to water loss in colubrid snakes: Ecological and taxonomic correlations. *Ecoscience* 3:135- 139.

Lavin- Murcio, P., B. G. Robinson, and K. V. Kardong. 1993. Cues involved in relocation of struck prey by rattlesnakes, *Crotalus viridis oreganus*. *Herpetologica* 49:463- 469.

Lillywhite, H. B. 2006. Water relations of tetrapod integument. *Journal of Experimental Biology* 209: 202- 226.

Lillywhite, H. B., L. S. Babonis, C. M. Sbeehy III, and M. C. Tu. 2008. Sea snakes (*Laticauda* spp.) require fresh drinking water: Implication for the distribution and persistence of populations. *Physiological and Biochemical Zoology* 81:785- 796.

Lillywhite, H. B., F. Brischoux, C. M. Sheehy III, and J. B. Pfaller. 2012. Dehydration and drinking responses in a pelagic sea snake. *Integrative and Comparative Biology* 52:227- 234.

Lillywhite, H. B., P. de Delva, and B. P. Noonan. 2002. Patterns of gut passage time and the chronic retention of fecal mass in viperid snakes. In G. W. Schuett, M. Höggren, M. E. Douglas, and H. W. Greene (eds.), *Biology of the Vipers*. Eagle Mountain, UT: Eagle Mountain Publishing, pp. 497- 506.

Lillywhite, H. B., J. G. Menon, G.K. Menon, C. M. Sheehy III, and M. C. Tu. 2009. Water exchange and permeability properties of the skin in three species of amphibious sea snakes (*Laticauda* spp.). *Journal of Experimental Biology* 212:1921- 1929.

Mackessy, S. P., and L. M. Baxter. 2006. Bioweapons synthesis and storage: The venom gland of front- fanged snakes. *Zoologischer Anzeiger* 245:147- 159.

McCue, M. D. 2005. Enzyme activities and biological functions of snake venoms. *Applied Herpetology* 2: 109- 123.

McCue, M. D. 2007. Prey envenomation does not improve digestive performance in Western Diamondback Rattlesnakes (*Crotalus atrox*). *Journal of Experimental Zoology* 307A:568- 577.

McCue, M. D. 2007. Western Diamondback Rattlesnakes demonstrate physiological and biochemical strategies for tolerating prolonged starvation. *Physiological and Biochemical Zoology* 80:25- 34.

McCue, M. D., and H. B. Lillywhite. 2002. Oxygen consumption and the energetics of island- dwelling Florida Cottonmouth snakes. *Physiological and Biochemical Zoology* 75:165- 178.

McCue, M. D., H. B. Lillywhite, and S. J. Beaupre. 2012. Physiological responses to starvation in snakes: Low energy specialists. In M. D. McCue (ed.), *Comparative Physiology of Fasting, Starvation, and Food Limitation*. Berlin: Springer- Verlag, pp. 103- 131.

Mori, A., H. Ota, and N. Kamezaki. 1999. Foraging on sea turtle nesting beaches: Flexible foraging tactics by *Dinodon semicarinatum* (Serpentes: Colubridae). In H. Ota (ed.), *Tropical Island Herpetofauna: Origin, Current Diversity, and Conservation*. New York: Elsevier Science, pp. 99- 128.

Pahari, S., S. P. Mackessy, and R. M. Kini. 2007. The venom gland transcriptome of the Desert Massasauga Rattlesnake (*Sistrurus catenatus edwardsii*): Towards an understanding of venom composition among advanced snakes (superfamily Colubroidea). *BMC Molecular Biology* 8:115.

Pope, C. H. 1958. Fatal bite of captive African rear- fanged snake (*Dispholidus*). *Copeia* 1958:280- 282.

Porter, W. P., and C. R. Tracy. 1974. Modeling the effects of temperature changes on the ecology of the garter snake and leopard frog. In J. W. Gibbons and R. R. Sharitz (eds.), *Thermal Ecology Symposium*. AEC Symp. Ser. Conf- 739505, Oak Ridge, pp. 594- 609.

Pough, F. H., and J. D. Groves. 1983. Specializations of the body form and food habits of snakes. *American Zoologist* 23:443- 454.

Reinert, H. K., D. Cundall, and L. M. Busbar. 1987. Foraging behavior of the timber rattlesnake, *Crotalus horridus*. *Copeia* 1984:976-981.

Rodriguez-Robles, J. A., C. J. Bell, and H. W. Greene. 1999. Gape size and evolution of diet in snakes: Feeding ecology of erycine boas. *Journal of Zoology* (London) 248:49-58.

Roberts, J. B., and H. B. Lillywhite. 1980. Lipid barrier to water exchange in reptile epidermis. *Science* 207:1077-1079.

Roberts, J. B., and H. B. LiUywhite. 1983. Lipids and the permeability of epidermis from snakes. *Journal of Experimental Zoology* 228:1-9.

Schuett, G. W, D. L. Hardy Sr., R. L. Earley, and H. W. Greene. 2005. Does prey size induce head skeleton phenotypic plasticity during early ontogeny in the snake Boa constrictor? *Journal of Zoology* (London) 267:363-369.

Secor, S. M. 1995. Ecological aspects of foraging mode for the snakes *Crotalus cerastes* and *Masticophis flagellum*. *Herpetological Monographs* 9:169-186.

Secor, S. M. 2003. Gastric function and its contribution to the postprandial metabolic response of the Burmese python *Python molurus*. *Journal of Experimental Biology* 206:1621-1630.

Secor, S. M. 2009. Specific dynamic action: A review of the postprandial metabolic response. *Journal of Comparative Physiology* B 179:1-56.

Secor, S. M., and J. M. Diamond. 1995. Adaptive responses to feeding in Burmese Pythons: Pay before pumping. *Journal of Experimental Biology* 198:1313-1325.

Secor, S. M., and J. M. Diamond. 1998. A vertebrate model of extreme physiological regulation. *Nature* 395:659-662.

Secor, S. M., and J. M. Diamond. 2000. Evolution of regulatory responses to feeding in snakes. *Physiological and Biochemical Zoology* 73:123-141.

Secor, S. M., and K. A. Nagy. 1994. Energetic correlates of foraging mode for the snakes *Crotalus cerastes and Masticophis flagellum*. *Ecology* 75:1600-1614.

Shine, R. 1980. Ecology of the Australian death adder *Acanthophis antarcticus* (Elapidae): Evidence for convergence with the Viperidae. *Herpetologica* 36:281-289.

Smith, T. L., G. D. E. Povel, and K. V. Kardong. 2002. Predatory strike of the tentacle snake (*Erpeton tentaculatum*). *Journal of Zoology*, London 256:233-242.

Taub, A. M. 1967. Comparative histological studies of Duvernoy's gland of colubrid snakes. *Bulletin of the American Museum of Natural History* 138:1-50.

Taylor, E. N., M. A. Malawy, D. M. Browning, S. V. Lemar, and D. F. DeNardo. 2005. Effects of food supplementation on the physiological ecology of female Western diamond-backed rattlesnakes (*Crotalus atrox*). *Oecologia* 144:206-213.

Tu, M. C., H. B. Lillywhite, J. G. Menon, and G. K. Menon. 2002. Postnatal ecdysis establishes the permeability barrier in snake skin: New insights into lipid barrier structures. *Journal of Experimental Biology* 205:3019-3030.

Vidal, N. 2002. Colubroid systematics: Evidence for an early appearance of the venom apparatus followed by extensive evolutionary tinkering. *Journal of Toxicology, Toxin Reviews* 21:21-41.

Vincent, S. E., A. Herrel, and D. J. Irschick. 2004. Ontogeny of intersexual head shape and prey selection in the pitviper *Agkistrodon piscivorus*. *Biological Journal of the Linnean Society* 81:151-159.

Vincent, S. E., A. Herrel, and D. J. Irschick. 2005. Comparisons of aquatic versus terrestrial predatory strikes in the pitviper, *Agkistrodon piscivorus*. *Journal of Experimental Zoology* 303A: 476-488.

Young, B. A., A. Aguiar, and H. B. Lillywhite. 2008. Foraging cues used by insular Florida Cottonmouths, *Agkistrodon piscivorus conanti*. *South American Journal of Herpetology* 3:135-144.

Young, B. A., K. Dunlap, K. Koenig, and M. Singer. 2004. The buccal buckle: The functional morphology of venom spitting in cobras. *Journal of Experimental Biology* 207:3483- 3494.

第3章

移動方法：ヘビはどう動くのか

※全訳は電子版に収録

ヘビの驚くべき特徴のひとつが，手足をもたないにもかかわらず，様々な地形を器用に移動できることである．ヘビは泳ぎ，潜り，茂みや石の隙間をすばやくくぐり抜け，垂直な木を登り，種によっては高い所から滑空して地面に着地することができる．本章では，ヘビがどのように移動しているのか，また，それに関連する形態上の適応を扱う．水中では，ヘビは頭から尾へ波のように体を動かすことで水を押しのけ，前方への推進力を得る．陸上では，より多様な移動様式が見られる．最もよく目にするのは蛇行運動（lateral undulation）と呼ばれる移動様式で，体を波のように動かすことで地面を押し，前方へと進む．ほかにも，アコーディオン運動（concertina locomotion），直線運動（rectilinear movement），横這い運動（sidewinding locomotion），滑り押し運動（slide-pushing）といった移動様式が見られ，様々な移動様式はしばしば互いに組み合わせられて使用される．さらに，ヘビには穴掘り，跳躍，木登り，滑空といった，より特殊な運動に長けたものもいる．ヘビの移動にかかるエネルギーコストは移動様式によって大きく変動し，アメリカレーサーが蛇行運動に払う移動の純コストは，手足を持つ動物の走行と同程度である．ヘビの体の構造や移動様式には様々な利点があるため，ヘビ型ロボットは工学分野において興味深いテーマとなっている．

第4章

温度と外温性

生物の表現型に影響しうる何百もの要因の中で，温度は，間違いなく特に大きな注目を集めてきた．
― *Michael J.Angilletta Jr.*, Thermal Adaptation : A Theoretical and Empirical Synthesis *(2009), p. 1*

細長く，四肢のない体での熱交換

ほかのほとんどの爬虫類と同様に，ヘビは外温動物（ectotherm：体温を上げるための熱源を外部の環境に頼る動物）の典型である．この体質は，比較的高い代謝速度（細胞内でのあらゆる生命活動によるエネルギー消費）によって内部熱生成を生み出す，鳥類や哺乳類の生理とは根本的に異なる．鳥類と哺乳類の体質は内温性（endothermy）と呼ばれるのに対し，ヘビのそれには外温性（ectothermy）と呼ばれる．内温動物は，高い代謝速度のおかげで地理や気候に関わる外部環境の違いに比較的制約されずに済んでいるが，それにはコストがかかる．内温動物は，熱を生み出すためにより多くのエネルギーを食糧として摂取しなくてはならない．一方，外温動物は単位時間当たりに必要とするエネルギーが少なく，多くの場合，内温動物が必要とする量の10分の1近くで済む．そのため，内温動物（特にハチドリや齧歯類のような小さな動物）が毎日あるいは数時間ごとに摂餌をしなくてはならない一方で，ヘビには1年以上絶食していても生存するものがいる．群集レベルで考えたカーネル大学のHarvey Pough氏による見積もりによると，爬虫類の消費する純一次生産の量は定住性の鳥類や哺乳類のものより少ないにもかかわらず，年間に生み出すバイオマスは両者の間でほぼ等量である．代謝速度が比較的小さいおかげで，鳥類や哺乳類が消費するエネルギーに比べ，ヘビはエネルギーを節約できるが，この代謝速度では，意味のある程に体温を上げるだけの十分な熱を生み出すことができない．そのため，ヘビが自身を温めようとするなら，微環境の中で日当たりの良い場所かより暖かい場所を探さなくてはならない（とはいえ下記を参照してほしい）．

ヘビが細くて四肢のない体型をしていることは，物理環境からの影響の受け方やそれを調節する行動の面で重要な意味をもつ（図4.1）．第一に，細長い体は質量の割に表面積が比較的大きく，球体により近い形状で中心寄りに重心をもつ物体のようには簡単に熱を蓄積して貯蔵することはない．当然ながら，図4.1に示す通り，ヘビが緊密にとぐろを巻いているときには，この制約は一時的に相殺される．しかし，ヘビの体が動いているとき，ヘビは長い体全体で環境と熱交換をしており，たとえば，同じ質量のアルマジロにおいてよりも「熱慣性」が少ない．さらには，コンパクトな体型の場合に比べて長い体は，体温と熱交換における，より局所的な部位ごとの違いから影響を受けやすい．

第二に，ヘビは四肢を持たないので，彼らの体は這っている地面やその他の表面と常に接している．そのため，たとえば手足を立てて胴を地面から離すことができるトカゲとは

図 4.1
ミナミガラガラヘビ（*Crotalus durissus*）と周囲の環境との間で起こっている熱交換．ヘビに放射される熱エネルギー放射の流れには，直射日光と，大気および周囲の物体からの間接的な長波長の放射，ことによると地面からの熱伝導が含まれる．一方でヘビは，周囲の環境に向けて長波長の放射をしており，基質に熱を伝導することがあり，対流と水の蒸発によって熱を損失している．赤，青，茶色の矢印で示された経路（あるいは mode）は，それぞれ環境からガラガラヘビへの熱伝導，ガラガラヘビから環境への熱伝導，そして，どちらがより温かいかによって方向の決まる双方向の熱交換を表す．気温がヘビの体表温度より高い，暖かい日には，対流によってヘビは熱を得るかもしれない．正味の熱交換の方向は，ヘビ，地面，そしてヘビの周囲にある物体との間の絶対温度の違いに依存する．絶対零度より高い温度をもつすべての物体は長波長の赤外線を放射しており，ヘビと周囲にあるあらゆる物体との間で起こっているそのような放射の正味の方向は，温度の違いによって決まる．ヘビの体温は，様々なエネルギー流の出入力バランスによって決まる．ベリーズにて Dan Dourson 氏撮影．

対照的に，ヘビにおける熱交換は，接している基質との間の熱伝導の影響を強く受ける（図 4.2）．トカゲもヘビも風や空気の動きによって放射と伝導による熱交換の影響を受けるが，ヘビは比較的多くの影響をその上を這っている地面との伝導での熱交換によって受ける．砂漠棲のトカゲが熱い砂漠の表面を走る際には（ときには二本足で！），手足はわずかに断続的に地面に触れるだけである．一方，同様の熱い地面の上を這うヘビには，はるかに大きい接地部分を通じて熱が自身の体に伝導してしまう．

私は，夏の真昼の太陽の下，開けた場所で動いているヘビを見つけてとても驚いたことが 2 回ある．カリフォルニア州サンディエゴ郡のラグナ山地の乾燥した草地でのことだった．そのヘビらは，ヤブや陰ったオーク林の間を移動する最中で，その間に開けた場所を横切っているようだった．私はその 2 つの機会にそれぞれそのヘビ（一方はナンブニシカイガンガラガラヘビ，他方はサンディエゴゴファーヘビ *Pituophis catenifer annectens*）を捕まえ，私の手には温かく感じられる両者の体温を計った．ガラガラヘビの体温は 39.5℃で，ゴファーヘビの体温もその数値にとても近いものであった．どちらの温度も体

図 4.2
ワキアカガーターヘビ（*Thamnophis sirtalis parietalis*）は，体を横たえている基質と広く接触したまま，体を平たくして日光浴をする（上段の写真）．そのため体温は，体を横たえている地面や物体の温度にかなりの程度影響を受ける．それとは対照的にクビワトカゲ（*Crotaphytus collaris*）（下段の写真）は，地面や体を休めている物体の上へと体を持ち上げることにより，基質の影響を最小限にすることができる．多くのトカゲは基質が熱くなりすぎるとこの行動をとるが，ヘビは体温の上がり過ぎに脅かされるとより冷たい基質へと這って行かなくてはならない．ヘビとトカゲは，それぞれカンサスとネバダにて著者撮影．

図 4.3
ヒメガラガラヘビの一亜種（*Sistrurus miliarius barbouri*）．暑い日中に日当たりのよい砂原に長くいすぎると，オーバーヒートする可能性がある．北フロリダにてDan Dourson 氏撮影．

温の許容範囲の致死的な上限にかなり近かった．もしヘビが穴や隠れ場所をみつけられず，あるいは私に捕まらなかったら，日差しの中で死を迎えていたかもしれない．それら 2 つの出来事は私の思考を刺激し，とても暑い日に熱くなった地表にいるヘビがいかに簡単にオーバーヒートを起こすかということを考えさせた（図 4.3）．

1930 年代に Lawrence Klauber 氏は，温度がヘビの活動を制限していることに気がつき，その後すぐに，Walter Mosauer 氏と Raymond Cowles 氏の両名が有鱗目における体温とその制御についての考えを前進させることに大きく貢献するようになった．この二人の爬虫両生類学者と Charles Bogert 氏による研究によって，トカゲとヘビがどちらも体温についてかなり種特異的な選好性をもっていることが確かになった．これらの初期の研究が始まりとなり，「行動性体温調節（behavioral thermoregulation）」や爬虫類の生態と生活史における体温の重要性が長年にわたって関心の的となっている．トカゲ類はそれらの研究の最も主要な対象であり続けているが，ヘビの研究は重要な知見を加えており，ヘビはこの分野の興味深い面を研究するために特に適した動物である．「体温調節（thermoregulation）」という単語は「temperature regulation」の省略形であり，この研究分野の文献で広く用いられている．

Raymond Cowles 氏と Charles Bogert 氏による初期の研究以来，数十年の間に，科学者らは 10 以上の異なる科の 100 種以上のヘビについて体温のデータを報告してきた．初期の測定の多くは高速表示ガラス温度計（のちに Schultheis 温度計と呼ばれ，その名は製造業者に由来する）や，センサーとしてサーミスタや熱電対を用いた電子温度計を用いて日和見的に得られた（図 4.4）．爬虫両生類学に関するユーモアのある人はこれを「握

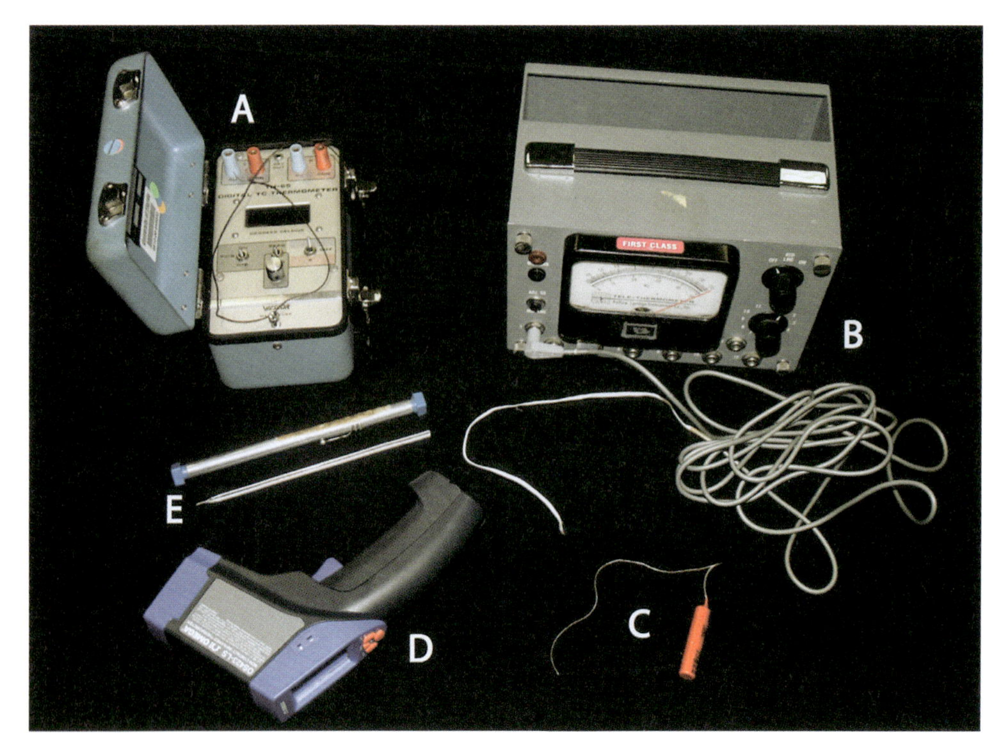

図 4.4
ヘビやほかの小型脊椎動物の体温，それからそれらの周囲の環境の温度を測定するために用いられてきた様々な機器．左上段から時計周りに発達してきた．(A) Wescor 社製の two-channel Digital TC Thermometer．端子から延びる 2 本の小さな針金の先端にある熱電対によって温度を計る．各チャンネルはそれぞれ別の熱電対の針金を使用し，出力はコンピューターに記録される．(B) Yellow Springs Intruments 社製の 12-channel Tele-thermometer．接続されている各種電線または導線の終端に埋め込まれたサーミスターによって温度を計る．ここに示しているものは，平たい表面の温度を測定するために設計された平たい円盤で，黒く塗れば，完全に吸光する「黒体」の温度を示すことや太陽光を遮ることに用いることができる．12 個あるチャンネルはそれぞれ別のサーミスタープローブに対応でき，その様々な出力をコンピューターに記録できる．(C) Holohil Systems 社製の埋め込み可能なアンテナ付きラジオトランスミッター．この部品はヘビの体腔に埋め込むことができ，アンテナと較正された記録機器を用いることにより，温度依存性の信号を離れた場所から取り出すことができる．(D) Omega noncontact Infrared Thermometer．どんな物体（たとえば動物の体表）からも放出されている赤外線エネルギーを検出し，エネルギー係数を温度の読み取り値に変換する．放出表面の温度は絶対零度（0° ケルビン）よりも高くなければならない．この機器により，測定対象の物体に接触しない距離からその温度を計測することができる．(E) Schultheis 高速表示温度計．金属製の保護キャリーケースと並んでいる．この小さな温度計は，小さなガラス球を備えており，0℃から 50℃までの温度をすばやく測定することができる．この温度計の初期のモデルは，New York の Schultheis & Sons of Brooklyn 社によって製造された．しかし，今は New York の Millar & Weber of Queens 社から入手可能である．この温度計は野外での持ち運びが容易で，50 年以上も外気温を計るのに用いられてきた．著者撮影．

って刺す（grab and stab)」と呼んでいる．というのも，自然下で動物の体温を測定することに懸命な研究者は，動物（特にトカゲ類）を捕まえ，図 4.4 で示した機器のひとつを用いて総排出腔の体温をすばやく得るからである．この手法では，野生下のデータを得ることが比較的簡単であった．しかし，結局，ヘビの温度環境に関する情報が不正確ならば，このようなデータを解釈するのには限界があることがわかった．さらなる限界として，(1) 一個体から一度しか（繰り返しではなく）データを記録できないこと，(2) 同種の複数個体からの測定数に限界があること，(3) 測定する時間帯によってバイアスが生じることが挙げられる．そのため，ヘビにおける体温調節や温度選択の変異，およびそれをもた

図 4.5
キングコブラ（*Ophiophagus hannah*）を Dhiraj Bhaisare 氏がインドの西ガーツの雨林でラジオトラッキングしている．無線信号により，追跡アンテナと受信機（示していない）は，いくらか遠く離れてたところにいるヘビ（挿入図で示されている）の位置を特定することができる．ラジオトランスミッターは，ヘビの体腔に外科的に埋め込まれている．そのようなトランスミッターは，自由行動をしている動物の居場所だけでなく，ほかの生理的な情報（たとえば心拍数）と同様に体温を知らせるよう設計されうる．現地で追跡している Thimappa 氏撮影．

らす原因に関する理解は，最近になってより洗練された研究手法が採用されるまで不正確なものであった．そうした手法には，野外で自由に活動するヘビの体温をラジオテレメトリー（radio telemetry）（図 4.5）を用いて継続的に繰り返し測定する方法や，室内での実験によってヘビの体温と行動，生理との相互関係を測定する方法などがある．

行動による体温調節

少数の例外（下記参照）を除いて，外温性の脊椎動物は，行動による環境との相互作用に体温調節を依存している．なぜなら代謝による熱産生が不十分で，変動する環境の中で継続的に温かい体温を維持することができないからだ．鳥類や哺乳類といった内温動物であれば，これは可能である．それは主に，代謝熱を体内に閉じ込め，より冷たい環境への熱の損失を妨げる断熱材（毛皮や羽毛，水棲動物の場合は脂肪）と組み合わされた，高い代謝速度のおかげである．ヘビは断熱材を欠き，細長い体型をしているため，かなり急速に熱を放散する．そのため，体温を上昇させるために直射日光と暖かい微環境を探し出す（図 4.2）．適度な代謝熱生成速度は，いつ何時もそのヘビの熱負荷に寄与し，また血流の変動といった生理的特性は，加温や冷却の速度制御の助けとなる．しかしながら，行動は圧倒的に重要である．なぜなら行動は，物理的環境との間で起こる熱流動の正味の速度を調整するために用いられるからである．熱流動の正味の速度は，体温変化の速度と方向を

図 4.6
ナンブニシカイガンガラガラヘビ（*Crotalus oreganus helleri*）は，気温がかなり高まり，直射日光からの放射熱が比較的大きくなる真昼の間，日陰の避難所を探す．南カリフォルニアのラグナ山脈にて著者撮影．この地域では本種はおおむね昼行性だが，真夏の間は夜間に活動が限られる．

決定するものである（図 4.1）．

ヘビの体温調節にとって最も重要な，行動の 2 つの局面がある．ひとつは「シャトリング（shuttling）」と呼ばれることがあり，その個体の必要に応じて，環境中のより暖かい部分もしくはより冷たい部分との間を行ったり来たりする動きのことを指す．温帯に生息する数多くの種は，春の朝に姿を現すと，移動や活動に従事する前に，太陽光を吸収するために体を平たくする（図 4.2）．日中のより熱い時間帯には，同じ個体が，オーバーヒートを避けるために日陰のある環境を探すことだろう（図 4.6）．地中の避難所や落ち葉の下に引きこもると，熱の損失をゆるやかにできることがある．この行動は，夜間に起こる体温の低下に歯止めをかけるのに重要である可能性がある．一方で，熱帯に生息するボアコンストリクターは，より涼しい地中の環境を探し出すことにより，体温を日陰の地表温から 7℃ 程度低く保っているということが，Samuel McGinnis 氏と Robert Moore 氏による調査により示された．

ヘビの細長い体型は，環境に対して比較的大きな表面積をもつ．これは，体を平らにして完全に伸ばしているときには特にそうである．しかし，図 4.1 にあるように緊密にとぐろを巻くと，質量に対する表面積の比率は大幅に減少し，実現可能な最小比率（球体に例示される）に近づくことができる．そのようにとぐろを巻くことで，環境との熱交換が最小化し，心血管調整や代謝熱産生による体温調節が容易になる．ボア類・ニシキヘビ類といった締めつけ型の大蛇では，周囲の環境によって変動するものの，環境への熱損失速度がほぼ半減する．ヘビによる社会的な集合体もまた，環境と体表面の相互作用をさらぶ改変する可能性がある．越冬するヘビの大きな集合体は北方の緯度地域で生じる傾向があり，そうした場所で James Gillingham 氏と Charles Carpenter 氏は，ヘビが巣穴の中で密集した集合体を形成する傾向が温度依存性であることを発見した．気温が下がるにつれて，ヘビはますます集まってくる（図 4.7）．一方で，より温暖な気候帯の緯度地域に生息する多くのヘビは，大規模な集合体を作ることなく単独で越冬する傾向がある．

能動的な体温調節の機会は，地中の穴の中，水中，そして熱帯の地上でもいくらかの環境において，何らかの制限を受ける．そのため，「受動的」に行動し，単に周囲の温度環境に従っているだけかもしれないヘビもいる．淡水中や海洋環境に生息する水棲のヘビは，自らをとりまく水の温度で暮らさざるを得ないが，その温度は，特定の生息地に応じて一定な場合もあれば，変動する場合もある．しかしながら Richard Shine 氏と Robert Lambeck 氏は，オーストラリア北部に生息する水棲のヤスリヘビ（アラフラヤスリヘビ *Acrochordus arafurae*）を研究し，体温の変動がそれらの生息する水の温度におけるものよりも有意に小さいことを発見した．年間を通じ，体温の変動は数℃の範囲に収まったのだ．これは，水温の安定性とヤスリヘビによる微環境選択のおかげである．池や小川に生息するヘビは，水域の縁の温められた浅瀬と，流れの中ほどにより近い深場との間を移動

図 4.7
何百匹もののワキアカガーターヘビ（*Thamnophis sirtalis parietalis*）が，カナダの南マニトバにある越冬用巣穴の入り口の外に積み上がっている．寒い冬のある温帯域では，ヘビが巨大な集合体を作るのは巣穴のある場所の多くで典型的である．Tracy Langkilde 氏撮影．

図 4.8
フロリダアオミズベヘビ（*Nerodia floridana*）が，日光で水が温められた池の縁で休んでいる．フロリダのレヴィー郡にて Dan Dourson 氏撮影．

することにより，体温を変更することができる（図 4.8）．

体温調節にとって重要な，行動のもうひとつの局面は，体を平らにする，傾ける，巻く，あるいは伸ばすといった，姿勢の調整を伴うものである．そのような行動は体表面の露出と輪郭を変化させ，それによってヘビとその環境との間の局所的な熱交換を調整する．姿勢を調整することにより，ヘビはその体を出入りする熱流動の方向，速度，場所を「微調整」している．アカハラクロヘビ（*Pseudechis porphyriacus*）は，寒い朝に体を幅広く平らにし（どこかコブラと似ているが，こちらは体全体なのが異なる），それから広い体表が早朝の太陽に対して直角に露出するよう上方に体を傾ける．Harold Heatwole 氏と Clifford Ray Johnson 氏は本種に熱電対を埋め込んで研究し，体温を狭い範囲に収めるよう姿勢を調整することで，体の内部における温度勾配が急激に変化するということを実証した．

ヘビは長い生き物なので，体の長さに沿った温度の変異がさまざまな状況で生じやすいのは明らかである．実験室において，保温球のような有限の熱源を用いてヘビが行動的に体温調節するのを観察していると，少なくとも一部の個体には，体の異なる部位が代わる代わる保温球の下に位置するように位置を調整するという顕著な傾向が見られる．この行動は，その長さにわたってより均一な体温を維持するために，ヘビが局所的な入熱を時間の経過とともに変えているということを示唆する．私は，オーストラリアのコブラ科のヘビの体温調節行動を研究しているときにこの現象を発見した（図 4.9）．観察の最初の頃，私は単に「うん，ヘビはまだ保温球の下にいる」と言うだけだった．しかし，入念に観察していると，個々のヘビがその位置を微調整していることに私は気がついた．この結果は，バーベキューで肉やケバブを焼くのと大雑把には類似していた．つまり，物体を均等に調理したい（温めたい）のであれば，肉や野菜（ヘビの体）の様々な部位は，熱源に対して

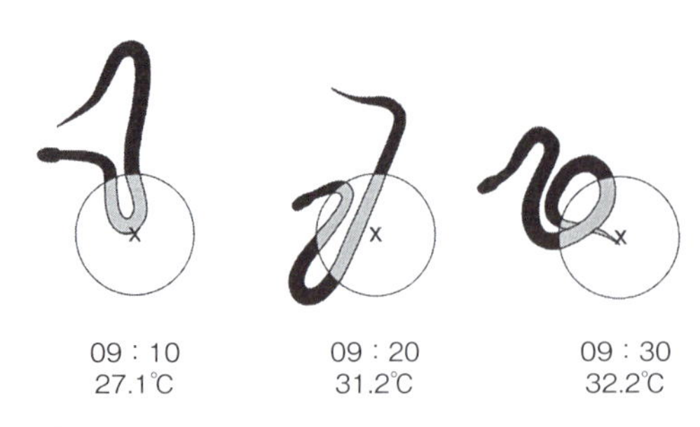

図 4.9
赤外線ランプの下で日光浴をするアカハラクロヘビ（*Pseudechis porphyriacus*）成体で，10 分間隔で書き留めながら記録された一連の体の位置の図式説明．「X」の表示はランプの照射照度の中心で，円は照射照度が最大の 50% まで落ちる大まかな等温線を示す．数字は時刻とそのヘビの体幹温度（ラジオテレメトリーにより測定）．フロリダ自然史博物館の Jason Bourque 氏作画．H. B. Lillywhite, Behavioral thermoregulation in Australian elapid snakes, Copeia 1980：452–458, 1980．の図 2 にもとづく．

図 4.10
ビルマニシキヘビ（*Python molurus bivittatus*）の妊娠したメスが，大部分の腹側を上に向けて「さかさま」状態で横たわっている．またこの個体は，本種にしては変わった色彩変異が特徴的である．David Barker 氏撮影．

定期的に向きを変えなければならない．

ニシキヘビの多くの種では，腹側が上を向くように通常の位置を反転させることで「上下逆さま」になって日光浴（basking）をするということが報告されている．このような体の反転は，通常，ヘビの後半部分に限られ，頭部と前半部分はより普通な直立姿勢のままである（図 4.10）．このような反転した日光浴の姿勢は，妊娠したメスのヘビでより一般的である．これは，生殖道（reproductive tract）に熱を分配するよう機能し，胚を温めている可能性がある．一方で David Barker 氏は，妊娠中の女性の快適さにとって位置が重要になるのと同様に，体が子のために重くなっているときには，位置はメスの快適さにもっと関係している可能性があると，私に主張した．様々なヘビにおいて，日光浴の位置と姿勢は，直近に摂取した食べ物を消化する際に消化管の体温を最大化しているとも考えられている．

温度選好性

ヘビが自身の体温を狭い範囲内や特定の水準に維持する傾向は，様々な用語で記述されてきた．一般的に使用される用語は，選好体温（preferred body temperature, PBT），選好温度（thermal preferendum），平均選択温度（mean selected temperature），ときには選好範囲（preferred range）などである．本章では便宜上，野外において活動的なヘビで測定される体温の平均のこと，あるいは実験室内においてヘビに温度の勾配やモザイクを利用できるようにしたときに記録される体温の平均のことを指すのに，選好体温（PBT）を用いる．十分な熱的機会が用意された環境では，ヘビの多くの種は，一般に 29℃から 34℃の範囲内，通常は 30℃に非常に近いところで PBT を選択する．本章の章末に列挙されている様々な出版物には，多数の種についての計測値がまとめられている．比較的開けた環境に生息している昼行性の種は，体温を 30℃を超える水準に調節しているかもしれないが，夜行性，地中棲，あるいは日陰の生息環境に居住するヘビは，より低い体温を特徴とする．注意深く調査された種のなかには，非常に高い精度で体温を調節できるものがおり，熱源が利用できるときにはその変動が 1℃から 2℃を超えないこともある．

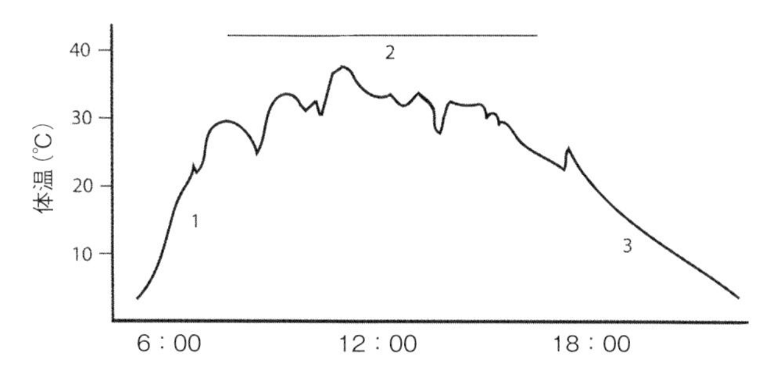

図 4.11
ヘビの体温における日変化の仮説的な，しかし特徴的な図．(1) このヘビは朝に現れ，いっぱいの日光にさらされている間に急速に温まる．(2) 温度環境の適切な，長く続く「安定期」段階の間は，行動で体温を調節する．(3) 日が落ち，ヘビが低温環境からの避難場所を探す頃にゆっくりと冷えていく．著者作画．

アイダホ州立大学の Charles Peterson 氏は，ラジオテレメトリー（radio telemetry）を用いてガーターヘビ属の一種（*Thamnophis elegans*）を研究し，典型的な三相性の体温調節パターンを示した．これを構成する三相とは，(1) 朝，比較的体温の低い状態で姿を現して直射日光を浴びる，急速な加温期，(2) 体温調節をしている日中の間の，長期の「安定状態」期，そして (3) 夜の隠れ場所に潜伏している，夕方遅くと夜間の長い冷却期である（図 4.11）．Raymond Huey 氏とその共同研究者らは，カリフォルニア北東部にあるイーグル湖でこのヘビを研究し，ヘビが潜伏しているのは厚みが中程度の岩の下だということに気づいた．そのような岩は，より薄い岩やより厚い岩と比べ，ヘビに体温調節の機会の適切な機会を提供する．選択された岩の下のヘビは，オーバーヒートから守られていたが，地表に留まった場合や巣穴の中で上下に移動した場合よりも長い時間，選好体温を達成できていた．たとえばあるメスのヘビでは，14 時間，体温が 27.6℃から 31.6℃（その中間，つまり「平均」＝30.3℃）の間で維持され，24 時間を通して 23.6℃を下回ることがなかった．

多くの爬虫両生類学者によって見出されてきたことだが，ヘビの頭部の体温は，そのヘビのほかの部位で測定される体温よりも狭い範囲内に維持されている．このことは，胴体の体温を上回る精確さで行われる頭部体温の調節が，中枢神経系の機能の最適化に役立っている可能性を示唆する．一部の昼行性のトカゲとヘビでは，夜間の隠れ家から完全に姿を現す前にその頭部を温めることが観察されている．

ラバーボア（*Charina bottae*）についての非常に興味深い研究で Michael Dorcas 氏と Charles Peterson 氏が見出したことによると，日中に活動しているヘビは，気温が選好温度より低いときには頭部を胴体より温かく保つが，気温が選好温度より高いときには胴体の方をより温かく保つ．言い換えると，ラバーボアは日中，胴体よりも頭部の温度を精確に調整しているのである．彼らはさらに，夜間には，ラバーボアの頭部が胴体よりも有意に温かいということを示した．この温度差（約 2℃）の積極的な維持は，優先的な頭部の加温などの行動的な機構，あるいは血液シャント（blood shunt）や対向流熱交換器（counter-current heat exchanger）を含む生理的な機構のいずれかに起因している可能性がある（電子版の第 6 章参照）．生理的機構がヘビにおける局所的な体温の違いを説明するかどうかは知られていない（下記参照）.

ヘビの選好体温は，季節によって変化することがあり，生理的な要因や物理的な環境における変化によって改変される可能性がある．順応（acclimation）という用語は，環境，特に温度の長期的な変化に起因する，形質（移動速度などのパフォーマンスの尺度を含む）の可逆的な変化のことを指す．そうして，たとえば低い気温に適応している動物が数日または数週間の長期にわたって暖かい気温を経験するとした場合，生理的パフォーマンス曲線（下記参照）が徐々に上方に移動し，その結果，機能がその暖かい気温によりよく適合したものへと改善されるかもしれない．そのような生理学的変化は，通常，酵素の質および量の変化を伴うが，それらは温度変化によって誘導される遺伝子発現の変更に関連するものである．定義上，こうした変化は可逆的であり，そして当然ながら限界がある．英語の科学文献では，一般に実験室で誘導されるときの順応のことを acclimation，野外の環境で自然に進行する順応のことを acclimatization と呼んで区別する．

実験室でおこなわれた，ヘビが異なる温度にさらされるときに起こる順応についての研究により，選好体温と順応温度の間に逆相関があるということが示されている．様々な解釈があるものの，そのような順応反応は，温度変化への長期にわたる曝露の間に体温調節「設定値」が再設定されることを示している．環境温度に加えて，照度，生殖状態，摂餌，脱皮，内因性の季節リズムや概日リズム，齢，性別など，様々な要因が潜在的に選好体温の設定値に影響を与える．種内および種間の両方における体温の変動を理解するため，そして，その種をとりまく環境の中に存在する自然選択圧との相互作用に関連して選好体温の遺伝的決定要因を理解するため，行われるべき研究がたくさん残されている．

生理的な体温調節

体内での熱産生と外温性

ヘビの大部分は，ほぼ常に，厳密な外温動物であると考えてよいが，体内での熱産生によって近接した環境の温度を超えて体温を上昇させることが可能になる状況のことを，私たちは文書上で知っている．最も劇的で有名な例は，メスのニシキヘビによる抱卵行動に関連するものだ．メスのニシキヘビは卵を集めて山にし，周りにしっかり巻きついてとぐろの真ん中にその卵塊を囲む（図4.12）．そして，体の筋肉を痙攣されることで卵に伝えるための熱を生み出す．その熱産生の方法は，寒さにさらされたことに反応して哺乳類（人間を含む）が体温を上げるために震えるときのものと非常に似ている．骨格筋は神経によって活性化されるものの，動きを生み出すために採られる協調的なやり方でではない．むしろ，筋肉は

図 4.12
同腹卵を抱いているワモンニシキヘビ（*Bothrochilus boa*）．卵の温度は筋肉の痙攣によって調節される．この痙攣は人間の「身震い」と似ている．David Barker 氏による写真．

まばらに痙攣し，動きを生み出すために縮むことなく，緊張を生み出す．ニシキヘビにおける筋肉のまばらな痙攣は，こうして熱を生み出し，メスの体を温め，そしてとぐろに挟まれた卵に熱を伝えるのである．

体内での熱産生を制御し，抱卵中の卵塊の温度を上昇させるためにその熱を十分に伝導させていることが，3種のニシキヘビにおいて説得力をもって示されている．しかし，多くのほかの種には十分な熱産生ができないかもしれない．セイブネズミヘビ（*Pantherophis obsoletus*）とパインヘビ（*Pituophis melanoleucus*）も，低温（それぞれ10℃と8℃）に晒されたときに等尺性の筋収縮を起こすことが知られている．しかしながら，こうした筋肉活動がその状況で体温に寄与するかどうかは知られていない．

ニシキヘビによる抱卵時の熱産生現象（および哺乳類における震え熱産生 shivering thermogenesis）は，「条件的内温性（facultative endothermy）」として知られる．この現象はビルマニシキヘビ（*Python molurus*）おいて最も全面的に研究されており，その先鞭をつけたのは Lodewyk H. S.Van Mierop 氏と Susan Barnard 氏である．周囲の温度が約31℃を下回ると，抱卵しているビルマニシキヘビのメスは筋肉で熱を生み出し，その上昇した体温は，少なくとも10℃の周囲温度範囲にわたっておおむね31℃から33℃の範囲内に維持される．気温が23℃から30℃の間にあるとき，ヘビによって生み出される熱は卵の温度を30℃近くに維持する．このようにして，抱卵しているニシキヘビのメスは，発生中の卵の温度を，巣の中におけるその個体の占める場所の外側より約7℃高くすることができる．このヘビは内温性の能力をもつだけでなく，体温調節のため，また間接的に発生中の卵の温度調節のために，内温性を使用する．ニシキヘビの地理的な分布は山地にまで広がっており，そこでは，本種の卵の発生と孵化を遅らせる可能性がある程度にまで気温が低下することがある．この抱卵行動は，そんなニシキヘビにおいて有利である．ほかのニシキヘビ（たとえばウォーターパイソン *Liasis fuscus*）には，卵塊を温めるための体内での熱産生を伴う，条件的な抱卵行動を母ヘビが示すものがいる．したがって Richard Shine 氏やほかの研究者らは，どこに卵を産み落とすか，そしてそれらを放置するか抱卵するかというニシキヘビのメスの「決断」は，子のその後の発生と成功にとって重大な影響を持つ可能性があると示唆している．ヘビの生物学において，これらは驚くほど「熱い」課題である！

驚くべきことに，ヘビにおける内温性のとても興味深い例が，ほかにいくつかある．ひとつは，カリフォルニアキングヘビの新生仔で私が最近発見した特性である．新生仔は，消化管内に大量の卵黄をもったまま生まれてくる．最長で2週間ほどの間，新生仔の皮膚温度は周囲の温度よりも平均で0.6℃高くなる．わずかではあるが有意なこの体温の上昇は，卵黄の活発な吸収と代謝に起因すると考えられており，したがって食後熱産生（postprandial thermogenesis）（特異動的作用 specific dynamic action；第2章参照）と呼ばれるものに類似している．Glenn J. Tattersall 氏率いる科学者のチームはミナミガラガラヘビ（*Crotalus durissus*）を注意深く調査し，摂餌後の体温上昇が，摂餌に対する代謝応答と関連した，体内での熱産生に起因しうるということを実証した．ガラガラヘビの体表は摂餌後に0.9℃から1.2℃上昇するということが赤外線画像（thermal imaging）により示されているので，深部体温における，関連した変化の規模は，それよりはるかに顕著である可能性が高い（図4.13）．この熱生成の量は，消化を有意に増強するのに十分であ

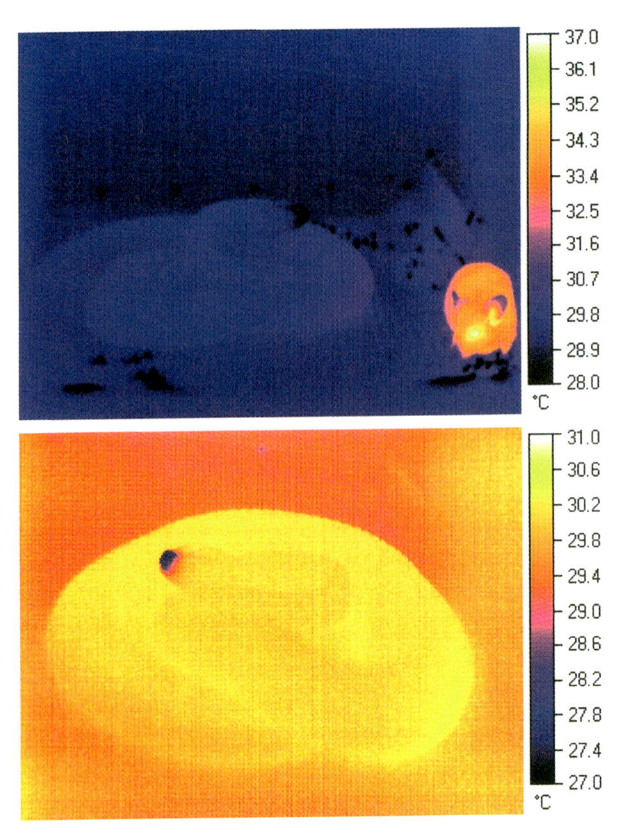

図 4.13
ミナミガラガラヘビ（*Crotalus durissus*）における食後の産熱を示す温度画像．上段の写真は，近くに見える生きたネズミを食べる前のヘビを示す．内温性のネズミではヘビと比べて体温が高いことに注目．下段の写真は，ネズミを食べて24時間後のヘビを示す．ヘビの体温上昇は，ネズミの消化に伴う代謝の上方制御に関係する代謝的産熱による．ヘビの頭部の「冷たい」箇所は，呼吸に伴う鼻腔の呼吸性気化冷却によって生じる．写真の右にある縦方向の数値目盛は，色に応じて表面温度がどう異なるのかを表す．目盛は写真ごとに異なることに注意．Glenn J. Tattersall 氏による写真．

る．しかしながら，食後に体温を上昇させるためにもっと重要なことは，より温かい環境を自発的に探すことや，日光浴を増やすことである．たとえば David Slip 氏と Richard Shine 氏は，オーストラリアのカーペットニシキヘビ（*Morelia spilota*）が，食べ物の消化を早めるために摂餌後に数度高い温度を選択するということを発見した．しかし，すべてのヘビが食後に体温を上昇させるわけではない．

大きなヘビは，その質量のおかげで，小さな個体よりも長く熱を保持することができる．そうして，緊密にとぐろを巻いているときには特に，より大きな熱慣性をもつことができるわけである．多数のヘビが集合すると，内温性による体温上昇の可能性がさらに高まる．Fred White 氏と Robert Lasiewski 氏による理論的計算に従うと，150 匹のガラガラヘビが巣の中で集合していると仮定した場合，集合体の体温は周囲の巣穴の温度よりも約15℃高く維持される．この内温性の効果量は，集合したヘビを個々に単離して合計した表面積の 40％にあたる，集合体の「有効」表面積に対する代謝熱産生の相対的な大きさに起因する．集合状態にあるヘビには，熱損失の割合をある程度制御することが大いに可能であるように思えるが，代謝熱産生を，抱卵中のメスのニシキヘビにように積極的に体温調節に活用しているという証拠はない．

呼吸による熱移動機構

ストレスのかかる，より高い体温にさらされると，ヘビは肺の換気速度を上げ，口を開けた状態で呼吸をすることがある．口，気管，および肺の内側を覆っている湿った膜からの蒸発は，これらの表面を冷却し，体から熱を逃がす可能性がある．このような気化冷却（evaporative cooling）は，内温性の鳥類や哺乳類では体温調節に重要である．また，砂漠棲のトカゲであるチャクワラでは，そのおかげで脳の温度を気温より約3℃低く保つことができている．しかしながら，そのような冷却はおそらく，ヘビの体の熱平衡にごくわずかな影響を与えるに過ぎない．ガラガラヘビにおける頭部と胴体の間の温度差を表すサーモグラフィー画像により，口および鼻胞あたりの領域が冷却されているということが明らかになった．このことは，熱損失が換気通路における気化冷却によって起こることを示唆する（図4.13）．Brendan Borrell氏率いる研究チームは，ガラガラヘビがガラガラ音をたて始めると，頭部と胴体の温度差が2℃から3℃へと広がることを明らかにした．これらや別の研究から，移動やガラガラ音を出すことのような行動的な活動のために呼吸速度が変化し，そのことが胴体に対して相対的な頭部の冷却に影響を与えるということが示唆される．それらの機構が熱ストレスの下でどのように活性化されるのかは，評価がなされていない．

体温を逃がすためにヘビが積極的にあえぐかどうかは，あまり研究されていない（電子版の第6章参照）．この現象は多くのトカゲで記録されているが，ヘビでは効果的にあえぐものは知られていない．おそらくヘビにおいては，あえぐことはトカゲにおいてほど効率的ではない．なぜなら，ヘビは体型が長く，（頭部またはその近くの）冷却される部位から熱がより多く逃げていくからである（監訳者注：あえぐ必要がないということ）．哺乳類とトカゲ類の両方において，脳の視床下部は，行動を含む体温調節反応を制御するための重要な中枢である．これはヘビ類にも当てはまる可能性がある．

なぜヘビは体温調節するのか？

ヘビが体温を調節するのは，基本的に2つの理由による．(1) 生存を脅かす温度的に極端な状態を避けるため，および (2) 身体機能を最大化つまり効率化するためである．温度目盛の下限では，ヘビやほかの動物は凍死を避けねばならない．上限では，温度によりタンパク質の構造が破壊され，酵素には特に害が与えられる可能性がある．適切な構造を維持することで機能する酵素分子が，高温により変性し，構造を維持する能力を失うからである．即時に生じる事態のひとつは，神経系や筋肉系のような協調的なシステムが統制を失い，したがって応答の完全性を失うことである．その結果として，運動，呼吸，血液循環，およびその他の生命活動が混乱したり不全になったりするため，死に至る．

低温に対する耐性限界

ヘビが身体機能の協調性と運動性を失うほどの低温は，個体がその状況から逃れられないならば，潜在的に致死的である．実験室環境で測定されたそのような温度のことは，致死的低温限界（critical thermal minimum, CTMin）と呼ばれ，それ以下の温度からは逃れないとヘビは長期間生存できないという温度を表す．致死的低温限界は，おそらく約12ダースの種について測定されている．そして一般に氷点より高く，1℃以上2℃または数℃以下の範囲にある．凍りつく温度は脅威である．なぜなら，氷晶により細胞が潜在的な損害を被るためである．氷晶は細胞内液または細胞外液の中に形成され，細胞膜およびその他の構造物を物理的に粉砕あるいは破壊する．体液の凍結はまた，溶液の浸透濃度（osmotic concentration）を高める．これは，氷晶の形成中に溶質から水分が取り出されるときに結果的に生じるものである．これにより溶質に対する溶媒の相対的な量が減少し，残った溶液中に生じる浸透圧濃度が，細胞機能と，体の様々な部位における体液の分配を乱す．この効果は脱水症と非常によく似ている．

多くの爬虫類と一部のヘビは，氷晶を形成することなく全身を通常の氷点よりも低い温度に「過冷却」されることにより，氷点下の温度による致死的な効果を免れることができる．いくつかのナミヘビ科，コブラ科，およびクサリヘビ科の種は体温をおよそ−4℃から−7℃の範囲にまで過冷却されるということが，Charles Lowe 氏とその共同研究者らにより示されている．内部に氷が形成されなければ過冷却された後も生存することは，外温性の脊椎動物に広く見られ，おそらくヘビの間，特に，高緯度や高山で生き残ってきたものの間では，ごく一般的である．

寒い季節のある環境に生息する多数の動物は，細胞外液の凍結に耐える能力ももっている（細胞は凍結から保護されなければならない）．この現象は「凍結耐性」と呼ばれる．カエルおよびカメの何種かで研究され，それらにおいて最もよく特徴づけられてきた．コモンガーターヘビ（*Thamnophis sirtalis*）と北方のヨーロッパクサリヘビ（*Vipera berus*）は，短時間なら凍結温度にさらされても耐えることができるが，数時間以上にわたって約−2℃から−3℃の低温にさらされると死亡する．皮膚や筋肉組織におけるいくらかの周縁部の凍結にはおそらく耐えられるが，心臓などの中心的な重要臓器への氷の浸透には耐えられない．

凍結の過程はカエルとカメで研究されてきた．氷晶の形成は，皮膚などの周縁部位で始まり，方向性をもって体内へと波及する．氷はまず，腹腔といった臓器の外部の領域で形成される．その後，最終的には臓器が凍結する．解凍中は，融解が体の中心部全体で一様に起こり，臓器はそれを取り囲む氷より先に融解する．

両生類と，ヘビを除く一部の爬虫類では，いわゆる「不凍」タンパク質が体液中での氷晶の形成を阻害する．また，「氷核」タンパク質が細胞外液中における氷の形成を引き起こし，制御することがある．共通する適応のひとつは，グルコースといった低分子代謝産物に対するものである．これは，寒冷な天候の間に季節的に蓄積し，細胞内液および全身が凍結することに対する耐性を提供する．カメの研究からは以下のことが示された．すなわち，極度の寒さにさらされていると，血漿が凍結し，それに起因して血流と酸素が減少する．その有害な効果から細胞を保護する助けとなるタンパク質を，寒さに反応する遺伝子が産生する，ということである．しかしながら，凍結耐性についてのこうした生理学的および生化学的側面は，ヘビではまだ実証されていない．

高温に対する耐性限界

致死的低温限界に対応する上限の方の温度には，致死的高温限界（critical thermal maximum，CTMax）という用語があてられている．CTMax はまた，ヘビでは1ダースほどの種数について測定されており，典型的には37℃～44℃の範囲に収まる．中央値は40℃前後である．もしも体温がこの温度をほんの数度でも越えると，続くのは死である．ほかの多くの脊椎動物と同様で，行動中のヘビの体温は，その致死的低温限界によりも遥かに致死的高温限界に近い．少なくともその動物に選ぶことができるなら，それは確実なことである．しかし，ヘビはオーバーヒートを避けるように細心の注意を払わなくてはならない．なぜなら，彼らは腹側の体表を基質に接した状態で這っているからだ．環境温度が高い場合，そのことは体温調節を著しく困難にする．そのため，オーバーヒートに対するヘビの第一の防御策は，過剰な熱をヘビに伝えるかもしれない微環境を行動によって回避することである．暑い日中に，開けた場所，低高度の砂漠のような暑い環境下でヘビが這い回っているところを私たちが見かけることがないのはそのせいである．彼らは，より開けた環境の極端な温度がおよぶことのない，岩やほかの物体の下，穴の中などに隠れているのだ．

温度感受性，パフォーマンス曲線，およびトレードオフ

化学と物理学に精通している人なら誰しも，基本的な物理的および化学的過程は温度によって加速され，生化学反応速度は，ある極大値までは温度が高まるにつれて上昇するということを知っている．したがって，基礎となる生化学（呼吸，消化，成長など）に依存した生命現象の営みは，体温変化に敏感である．このことはまた，（多くの部分から構成されているが全体として作用する）協調的なシステムが温度変化に伴ってパフォーマンスを変化させることを意味する．ヘビやほかの外温性爬虫類に精通している人のほとんどは，ある個体が低温にあるときには移動中または舌のフリック中の動作が比較的ゆっくりである一方で，高い温度のときにはすべての行動がかなり速くなるのを観察してきた．

いわゆる「パフォーマンス曲線（per-

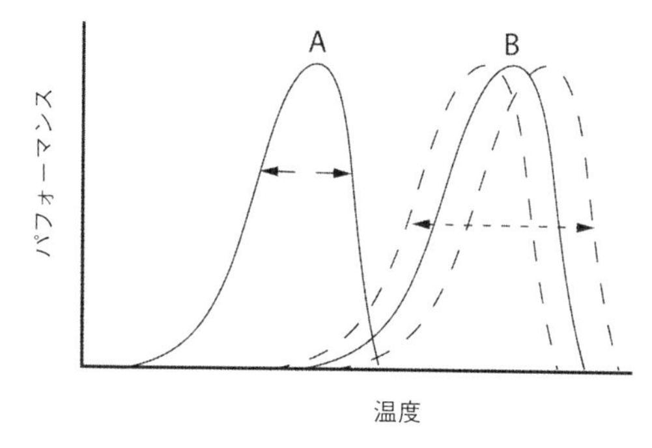

図 4.14
選択された変数（たとえば消化）が，温度によりどう変化するかを表す仮想的なパフォーマンス曲線．各パフォーマンス曲線の幅は横方向の矢印で表され，それらは，機能する範囲の大部分（たとえば95%）が収まる温度の限度を示す．曲線 A は，低温下での生活（たとえば高高度や高緯度）に適応し，曲線 B で表される種よりも寒い環境温度にさらされるヘビの種における仮想的なパフォーマンス曲線である．曲線 B は，より温かい温度での生活に適応した種（暖かい環境の種）のパフォーマンス曲線である．曲線 B（破線）に表された関数の変化や移動は，順応（acclimation または acclimatization）に関わる仮想的な変化を表す．すなわち，温度変化にさらされると，その変化が長引いた場合にはパフォーマンスが（より暖かい温度に対応して）上に移動するか（より冷たい温度に対応して）下に移動する．横方向の破線は，温度順化によるパフォーマンス帯の総増加を表す．環境の変化に対応して生じる生理状態やパフォーマンスのこうした変化は，表現型可塑性（phenotypic plasticity）と呼ばれる．著者作画．

formance curve）は通常，重要なタスクまたは機能の温度感受性のことを指し，そのタスクや機能を何らかの方法で定量化し，温度の関数としてプロットしたものである．例を図4.14に示す．この概念は，比較生物学において，特に表現型形質，パフォーマンス，そして適応度に関する文脈のなかで，広く使われている．当然ながら，パフォーマンス曲線には多大な変動があり，種によって異なること，そしてその個体が以前に暴露された温度環境に関係する順応の履歴によっても同様に異なることが予想される．それぞれのパフォーマンス曲線は，最適体温つまりパフォーマンスが最大化する体温と，所与の関数のパフォーマンス帯（performance breadth）を予測する．パフォーマンス帯とは，パフォーマンスがその生物にとって主観的な価値をもつ体温範囲の何かの尺度のことである．

温度感受性の根本的な仕組みや原因とは関わりなく，低温下でのパフォーマンス（たとえば寒冷地のヨーロッパクサリヘビにおける移動）への適応は通常，高温下でのパフォーマンスとのトレードオフを伴う．そしてその逆（たとえば温暖な環境の熱帯のヤスリヘビにおける移動）もまた然りである．言い換えると，低温下でうまく機能する遺伝型または表現型は通常，高温ではうまく機能せず，逆もまた然りということである．したがって，環境やその個体の適応的な特殊化に依存した制約が，パフォーマンスには存在する．しかしながら，順応のおかげでこうした制約をいくらか「回避」することが可能になる（図4.14）．

環境の影響に起因する表現型の変動を表すために一般的に使用されている別の用語は，表現型可塑性（phenotypic plasticity）である．そして，その個体の生息地に共通する環境条件の範囲のもとで動作する，特定の遺伝型によって発現される表現型の範囲のことは，反応基準（reaction norm）と呼ばれる．基本的に，こうした用語はすべて，動的な生息環境における変動に応答して構造，機能，行動を生存率を高めるために変化させる，その種の生得的な能力（遺伝的能力）に関連する．

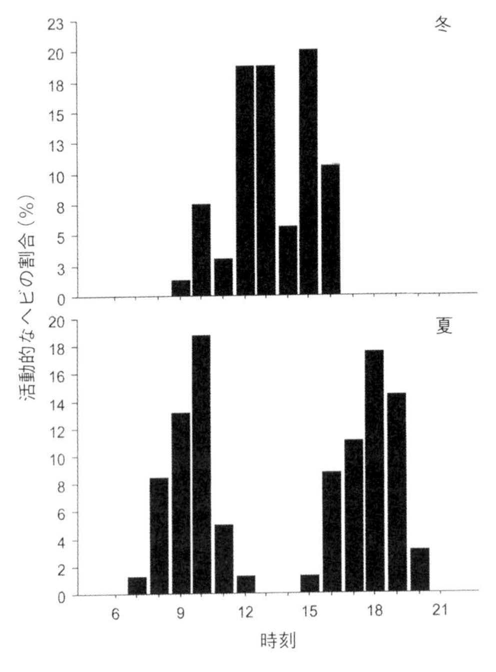

図4.15
活動的なブラックタイガースネーク（*Notechis ater niger*）の割合を2つの異なる時期について表す棒グラフ．南オーストラリアのフランクリン島での研究にもとづく．寒い時期である冬の間，ヘビは真昼により活発になるが，暑い夏の間は活動時間が早朝や夕方，夜に移動する事に注目．T. D. Schwaner, A field study of thermoregulation in Black Tiger Snake (*Notechis ater niger*, Elapidae) on the Flanklin Islands, South Australia, *Herpetologica* 45：393-401, 1989から著者が描き起したデータ．

生命現象の営みの温度感受性は，水の入手可能性といったほかの資源と同様に，時間と空間の両面からヘビの活動を制限する．そのため，温帯に生息する多くのヘビがどの時間帯に活動的になるかは，季節，および適切な体温を達成するためのヘビの能力に温度環境の日々の変化がどのように影響するかに応じて変動する．早春には日中に，夏の暑い時期には夜に行動するという切り替えは，そのような季節的変化の劇的な例である（図 4.15）.

体温の変動は，ヘビに対して潜在的に多くの影響をおよぼす．これは，同じく体温の変動するほかの外温動物に対してと同様である．安静時代謝率は一般に温度とともに指数関数的に増加するので，より高い温度ではエネルギー要求量が高くなるが，筋肉パフォーマンスの向上や採餌成功などの利点を伴う（当然ながら，何らかの上限はあるが）．一部のヘビは，その種における活動範囲に一致する体温帯において，代謝速度の「安定状態」を示す．このことは，エネルギー使用に関連するパフォーマンスを，個体の活動にとって最も好ましいこの体温帯において安定させるという適応があること示唆する．体温はまた，成長と発生にも影響をおよぼすが，そうした現象の研究はヘビでは驚くほど少ない．成長に発揮されるより高い体温の利点は，筋肉パフォーマンスの向上，採餌成功，および食べた物の急速な消化と吸収に，部分的に関係する．生態学の用語で言うと，体温が影響を与えるのは，摂餌頻度，採餌の方法，採餌に費やす時間，獲物の捕獲成功，摂取したエネルギーの処理，繁殖，捕食者の回避，そして生存におよぶ．たとえば，夏季におけるヘビの夜行性の行動は，活動時のヘビが露出する機会を減らし，そのゆえに猛禽類といった捕食者に捕獲される危険性を減らすことができる．

摂餌後に得られる化学エネルギーを増加させる行動的な温度選択は，ヘビによって選択される温度が重要な機能にどのように影響するかを示す興味深い例である．蔡添順（Tein Shun Tsai）氏とその共同研究者らは，タイワンアオハブ（*Trimeresurus s. stejnegeri*）の消化に関する経験的モデルを用い，摂餌後の短い期間に体温上昇（約 28℃）（第 2 章参照）を選択することが食べ物から得られるエネルギー量を一貫して最大化するということを実証した．

ヘビなどの外温動物における体温調節には，利益と同様にコストもあることを爬虫両生類学者は認識している．Raymond Huey 氏の支持するこの発想によると，高い体温を（たとえば日光浴によって）維持するヘビはまた，陰に隠れて行動する場合よりも捕食者に姿をさらすことになると考えられる．同等に，あるいはもっと重要なことに，高い温度は代謝速度を上昇させるため，体温が高いと，ヘビはより多くのエネルギーを使うことになる．この状況は捕食の成功で補償されていれば全く適切であるが，獲物が不足している場合のよりよい戦略は，高い体温でいる時間を減らすことによってエネルギーを節約することかもしれない．体温が，蒸発による水分損失，脱皮，繁殖，免疫反応，およびほかの多くの生命現象の営みと相互関係しているということを考慮すると，この「トレードオフ」の問題はずっと複雑なものになる．エネルギー平衡，水分平衡，繁殖，およびほかの要因に応じて体温調節戦略を調整しているヘビもいるという証拠がある．しかしながら，費用便益分析のモデルを一般化するより先に，より詳細な研究が必要とされている．自然界における多くのものについてと同じく，間違いなくヘビの行動が，私たちが通常信じているよりはるかに複雑で興味深いということを知ることに，私たちは満足を得ることができる．

Additional Reading　より深く学ぶために

Avery, R. A. 1982. Field studies of body temperatures and thermoregulation. In C. Gans and F. H. Pough (eds.)., *Biologyof the Reptilia,* vol. 12. New York: Academic Press, pp. 93- 166.

Bennett, A. F. 1984. Thermal dependence of muscle function. *American Journal of Physiology* 247: 217- 229.

Borrell, B. J., T. J. LaDuc, and R. Dudley. 2005. Respiratory cooling in rattlesnakes. *Comparative Biochemistry and Physiology* A 140:471- 476.

Cowles, R. B. 1939. Possible implications of reptilian thermal tolerance. *Science* 90:465- 466.

Cowles, R. B., and C. M. Bogert. 1944. A preliminary study of the thermal requirements of desert reptiles. *Bulletin of the American Museum of Natural History* 83:261- 296.

Dorcas, M. E., and C. R. Peterson. 1997. Head- body temperature differences in free- ranging rubber boas. *Journal of Herpetology* 31:87- 93.

Gillingham, J. C., and C. C. Carpenter. 1978. Snake hibernation: Construction of and observations on a man- made hibernaculum (Reptilia, Serpentes). *Journal of Herpetology* 12:495- 498.

Graham, J. B. 1974. Body temperatures of the sea snake *Pelamis platurus. Copeia* 1974:531- 533.

Gregory, P. T. 1990. Temperature differences between head and body in garter snakes (*Thamnophis*) at a den in central British Columbia. *Journal of Herpetology* 24:241- 245.

Hammerson, G. A. 1977. Head- body temperature differences monitored by telemetry in the snake *Masticophis flagellum piceus. Comparative Biochemistry and Physiology* 57:399- 402.

Heatwole, H., and C. R. Johnson. 1979. Thermoregulation in the Red- bellied Blacksnake, *Pseudechis porphyriacus* (Elapidae). *Zoological Journal of the Linnean Society* 65:83- 101.

Heatwole, H., and J. A. Taylor. 1987. *Ecology of Reptiles.* 2nd edition. Chipping Norton, New South Wales, Australia: Surrey Beatty & Sons

Huey, R. B. 1982.Temperature, physiology, and the ecology of reptiles. In C. Cans and F. H. Pough (eds.), *Biology of the Reptilia*, Vol. 12. New York: Academic Press, pp. 76- 98.

Huey, R. B., C. R. Peterson, S. J. Arnold, and W. P.Porter. 1989. Hot rocks and not- so- hot rocks: Retreat- site selection by garter snakes and its thermal consequences. *Ecology* 70:931- 944.

Huey, R. B., and M. Slatkin. 1976. Costs and benefits of lizard ther moregulation. *Quarterly Review of Biology* 51:363- 384.

Klauber, L. M. 1939. Studies of reptile life in the arid Southwest. *Bulletin of the Zoological Society of San Diego* 14:1- 100.

Landreth, H. F. 1972. Physiological responses of *Elaphe obsoleta* and *Pituophis melanoleucus* to lowered ambient temperature. *Herpetologica* 28:376- 380.

Lillywhite, H. B. 1980. Behavioral thermoregulation in Australian elapid snakes. *Copeia* 1980:452- 458.

Lillywhite, H. B. 1987. Temperature, energetics, and physiological ecology. In R. A. Seigel, J. R. Collins, and S. S. Novak (eds.), *Snakes, Ecology and Evolutionary Biology*. New York: Macmillan, pp. 422- 477.

Lowe, C. H., P. J. Lardner, and E. A. Halpern. 1971. Supercooling in reptiles and other vertebrates. *Comparative Biochemistry and Physiology* 39A:125- 135.

McGinnis, S. M., and R. G. Moore. 1969. Thermoregulation in the Boa Constrictor *Boa constrictor. Herpetologica* 25:38- 45.

Mosauer, W. 1936. The toleration of solar heat in desert reptiles. *Ecology* 17:56- 66.

Naulleau, G. 1983. The effects of temperature on digestion in *Viper aaspis. Journal of Herpetology* 17:

166-170.

Peterson, C. R. 1987. Daily variation in the body temperatures of free-ranging garter snakes. *Ecology* 68:160-169.

Porter, W. P., and C. R. Tracy. 1974. Modeling the effects of temperature changes on the ecology of the garter snake and leopard frog. In J. W. Gibbons and R. R. Sharitz (eds.), *Thermal Ecology AEC Conference 730505*. Oak Ridge, Tennessee, pp. 595-609.

Pough, F. H. 1983. Amphibians and reptiles as low-energy systems. In W. P. Aspey and S. I. Lustick (eds.), *Behavioral Energetics:The Cost of Survival in Vertebrates*. Columbus: Ohio State University Press, Columbus, pp. 141-188.

Scott, J. R., and D. Pettus. 1979. Effects of seasonal acclimation on the preferred body temperature of *Thamnophis elegans vagrans. Journal of Thermal Biology* 4:307-309.

Shine, R., and R. Lambeck. 1985. A radiotelemetric study of movements, thermoregulation, and habitat utilization of Arafura filesnakes (Serpentes: Acrochordidae). *Herpetologica* 41:351-361.

Shine, R., T. R. L. Madsen, M. J. Elphick, and P. S. Harlow. 1997. The influence of nest temperatures and maternal brooding on hatchling pbenotypes in water pythons. *Ecology* 78:1713-1721.

Slip, D. J., and R. Shine. 1988. Thermoregulation of free-ranging diamond pythons, *Morelia spilota* (Serpentes, Boidae). *Copeia* 1988:984-995.

Tattersall, G. J., W. K. Milsom, A. S. Abe, S. P. Brito, and D. V. Andrade. 2004. The thermogenesis of digestion in rattlesnakes. *Journal of Experimental Biology* 207:579-585.

Tsai, T. S., H. J. Lee, and M.C. Tu. 2009. Bioenergetic modeling reveals that Chinese green tree vipers select postprandial temperatures in laboratory thermal gradients that maximize net energy intake. *Comparative Biochemistry and Physiology A* 154:394-400.

Tu, M.C., H. B. Lillywhite, J. G. Menon, and G. K. Menon. 2002. Postnatal ecdysis establishes the permeability barrier in snake skin: New insights into lipid permeability barrier structures. *Journal of Experimental Biology* 205:3019-3030.

Van Mierop, L. H. S., and S. M. Barnard. 1976. Thermoregulation in a brooding female *Python molurus bivittatus* (Serpentes: Boidae). *Copeia* 1976:398-401.

White, F. N., and R. C. Lasiewski. 1971. Rattlesnake denning: Theoretical considerations on winter temperatures. *Journal of Theoretical Biology* 30:553-557.

第5章

皮膚の構造と機能

イチジクの木の林の中に花を探し求めても得られないように，存在の諸領域のうちに堅固なものを見いださない．かような修行者は，此の世と彼の世とをともに捨て去る．ヘビが脱皮して，使い古された皮膚を捨て去るようなものである．
— The Worn-out Skin : Reflections on the Uraga Sutta, *translated by Nyanaponika Thera*
(Kandy : Buddhist Publication Society, *1989*)

身体が外界と出会う場所

ヘビの皮膚は，非常に重要な器官であり，自然選択によって優美な色と模様に装飾されて信じられないほど美しくなっていることもある．皮膚の体色模様，およびその艶やかな外見は，多くの人にとって，自分たちの興味をその動物に集中させる最も重要な属性である．外被（integument）という単語は動物の覆いのことを指し，皮膚とその派生物，たとえば鱗，羽毛，毛皮，あるいは様々な種類の「角」などのことである．本書では，「皮膚（skin）」という単語をこの広い意味で使用する．したがって，ヘビの皮膚は通常，少なくとも質量の点では，体内で最大の器官になる．多数の機能，および環境との多数の相互作用をもっているという点でも，極めて重要である．私たち人間は，美しさは肌より深いところにあるという事実に安心するが，ヘビについては，私たちに見える美しさは事実上すべて皮膚にある．

ヘビの皮膚に対する人類の興味，そして爬虫類の皮膚がもつ機能についての推測には，長い歴史がある．ギリシャ神話における医術の神，アスクレーピオス（Aesculapius）の弟子たちは，ヘビを崇拝し，その定期的な脱皮を再生と復活の象徴として解釈した（図5.1）．アリストテレスは，旧世界のカメレオンがもつ色を変える能力に関心をもっていた．最近では，爬虫類はその角質化された皮膚のおかげで初めて乾燥した陸地を「征服した」という考えが，一般的な教科書に含まれるようになってきており，また一部の人は，皮膚に「鱗」があるおかげで有鱗目の爬虫類は基本的に防水性であると未だに思っている．爬虫両生類飼育者は，種内に現れる多くの珍しい体色模様に魅了され，飼育愛好家に人気のある特定の遺伝子系統を選抜してきた．残念なことに，世界中の様々な場所で多くのヘビが殺されており，彼らの皮膚は，革や宝石の様々な装飾品のためになめされている（図5.2）．しかし，ヘビ自体により関連している構造的な特徴と機能にもとづいた皮膚の考察に戻ろう．

何よりもまず，動物の外皮は内部環境と外界の間に障壁を提供する．それは，下層にある筋肉，血管，および内蔵をすり傷や身体的損傷から保護するための機械的な障壁である．それはまた，生理的学的な障壁としても機能し，水，イオンおよび体液のほかの成分が過剰に増減することを防ぐ．皮膚は，物質が入ってくるのも出てくるのも妨げる働きをする．そのため，皮膚は不要な化学物質の侵入，特に細菌と毒素の侵入を防ぐ働きをする．

図5.1
南インドのヒンドゥー教寺院敷地内にある，ヘビ崇拝の様々なものを描いた石の彫刻．右端の石は，ケーリュケイオン，つまりはギリシャ神話のヘルメスが持つ「伝令使の杖」に似ている．同じ杖は伝令使ら一般によっても運ばれることがあり，それを構成するのは杖とそれに巻きつく二匹のヘビである．このシンボルは占星術や錬金術に用いられ，また商業のシンボルとしても考えられるようになった．ケーリュケイオンはしばしば伝統的な医学のシンボルと混同される．そちらの方はヘビを一匹だけ持っており，アスクレピオスの杖を表している（挿入図）．この写真はRomulus Whitaker氏の厚意により提供され，また挿入図はShauna Lillywhite氏により描かれた．

皮膚が障壁として機能するのは周知の通りだが，この障壁は絶対的なものではない．そのため，皮膚はいくつかの物質の交換を制御する働きをするものの，それらの通過を全面的に妨げることはない．たとえば，部分的に皮膚呼吸をする水棲のヘビでは，呼吸ガス（酸素と二酸化炭素）がある程度交換される．それと同時に，呼吸ガスが透過できる皮膚は，水，イオン，そして毒素の交換の制御も行わなければならない．これは複雑な題目であり，本書の別の場所で再検討される．皮膚はエネルギー変換を行う表面でもある（変換器transducerは，それに衝突するエネルギーの形を変えるものである．より詳しい説明は第7章を参照のこと）．皮膚は太陽光を吸収するが，太陽光は熱に変換され，体を温めるために頻繁に使用される．別の例は，機械的振動が皮膚内の神経で感知される場合である．皮膚は，その機械的エネルギーを，皮膚から脳へ神経シグナルを送るのに用いられる生体電気エネルギーへと変換する．皮膚に衝突する太陽エネルギーは，ビタミンDの合成につながる化学反応を開始するのにも使われる．

この説明から判断できるように，皮膚は多くの機能をもつ器官である．しかしそれだけではない．脱皮は，化学シグナルを個体間で伝達する物質を放出する．一例として，様々な種のガーターヘビのメスは，巣穴つまり越冬場所を出てすぐに脱皮する．新しい皮膚はメチルケトンとして認識される特定の物質を帯びており，これが同種のオスに対して化学

図 5.2
インドのチェンナイ（旧マドラス）にある Bharat Leather Corporation の倉庫内にある何百ものヘビのなめし皮．ここは，1970 年代にヘビ皮の商取引が法的に禁止された後，今回限りでヘビ皮の在庫を一掃するという発想で設立されたヘビ皮の交換所だった．現在インドには合法的なヘビ皮産業はない．Romulus Whitaker 氏撮影．

誘引物質として働く．このような化学物質はフェロモン（pheromone）と呼ばれる．フェロモンは個々の生物によって産生され，同種他個体からの社会的反応を知らせる目的で環境中に放出される化学物質として定義される．ガーターヘビのフェロモンは彼らの這う地面に付着し，それを辿ることでオスはメスを見つける．したがって，皮膚は這い跡にフェロモンを放出することにより，個体間のコミュニケーションを仲介するのである（第 9 章も参照のこと）．

真皮と表皮の構造

人々が皮膚について知っていることの多くは，人間の皮膚に関係する臨床的，薬学的，美容的な文脈にもとづいており，人の皮膚は，ほとんどの実用的な目的においてかなり均質である（実際には複合臓器だが）．対照的に，ヘビの皮膚は非常に不均質であり，層状の膜のシステムから構成されている．さらに複雑で，皮膚の外側にある部位は表皮（epidermis）であり，基底膜（basement membrane）によってその下にある真皮と隔てられている（図 5.3）．最深部にある真皮は，大部分がコラーゲン線維からなる線維性結合組織によって主に構成されている．そしてその下にある体筋とは，ゆるい結合組織と脂肪によって隔てられている．理由は完全には分かっていないのだが，真皮とその下の筋肉の接着が非常にしっかりとしている種もあれば，かなりゆるい種もある．ヘビの皮を剥いだことのある人なら，おそらくこの違いに気づいている ことだろう．ほかの爬虫類（たと

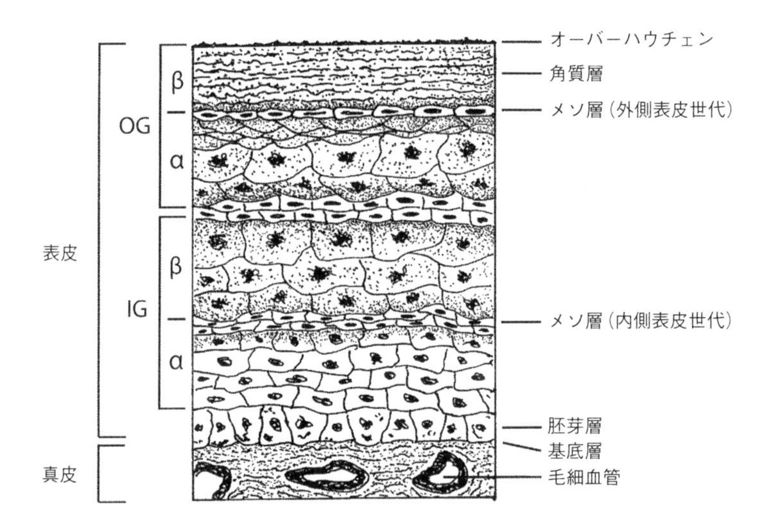

図 5.3
ヘビの一般化された皮膚構造の概略図．二世代の表皮が示されているが，これは脱皮中に体から剥がれ落ちる組織の外側世代層（OG）と，より古い OG が放出される前に形成される新しい表皮である内側世代（IG）を表す．最も外側の薄い β ケラチンの層はオーバーハウチェン（oberhautchen）と呼ばれ，本文の別のところで説明する微細彫刻（microsculpturing）をもっている．成熟した α および β ケラチン層は，合わさって角質層（stratum corneum）を構成し，それらは下の胚芽層（stratum germinativum）細胞群の生細胞に由来する．胚芽層細胞群は基底膜（basement membrane）に接しており，基底膜は，表皮（epidermis）を，それより下にある毛細血管（blood capillary）をもつ真皮（dermis）から区分する．メソ層（mesos layer）は，β ケラチンと α ケラチンを区分する特殊化した細胞の層であり，水透過障壁を構成する脂質を含む．別の特殊化した層（ラベルなし）が内側世代と外側世代の層を区分し，OG の脱皮の際にはその領域で分離する．Dan Dourson 氏作画で，H. B. Lillywhite, Water relations of tetrapod integument, Journal of Experimental Biology 209：202-226, 2006. の図 1 から引用した．

えば，ワニ，カメ，および一部のトカゲ）では，真皮は，ヘビにはない骨板やほかの構造物を生じる．ヘビの真皮は力学的強度と厚みを与え，その上にある表皮にとって重要な下支えになる．

ヘビの表皮は死細胞と生細胞の両方を含む層状の構造で構成されている．2つの主要な種類のケラチンが存在し，それぞれが鱗に覆われた表面に強度と剛性を与えている．ケラチンは，生細胞（ケラチン生成細胞 keratinocyte）が成熟し，タンパク質繊維を生成して死ぬと形成される，繊維状タンパク質である．生じたケラチン繊維のマトリックスは単にケラチンと呼ばれる．ケラチンという用語は，角質（corneous）や角質層（cornified layer）の同義語にもなっている．哺乳類の皮膚はひとつの型のケラチン（α ケラチン）しかもたず，それが爪や髪を生み出しているが，ヘビの皮膚は α ケラチンと β ケラチンの両方で構成されている．後者は，鳥の羽毛に特徴的な，非常に硬いケラチンに似ている．これら 2 種類のケラチンは，ヘビの皮膚の中で垂直に配置された，別々の水平な層の中にある．表皮における角質化された層（角質層 stratum corneum と呼ばれる）はすべて，真皮の上にある基底層（basal layer）から増殖する生細胞に由来する（図 5.3，5.4）．

β ケラチンの硬い層は，その下にある α ケラチンの比較的硬くない層に覆いかぶさっている．最も外側のケラチンは，β 細胞の単層に由来し，オーバーハウチェン（oberhautchen）と呼ばれる．これは，鱗竜類の表皮に特有の構成要素であり，鱗の表面を装飾する彫刻模様を生じさせる（下記参照）．オーバーハウチェンの下には，β ケラチンの細胞層がいくつか存在する．明らかに，総体としての β 層の機能は大部分が力学的なものである．こ

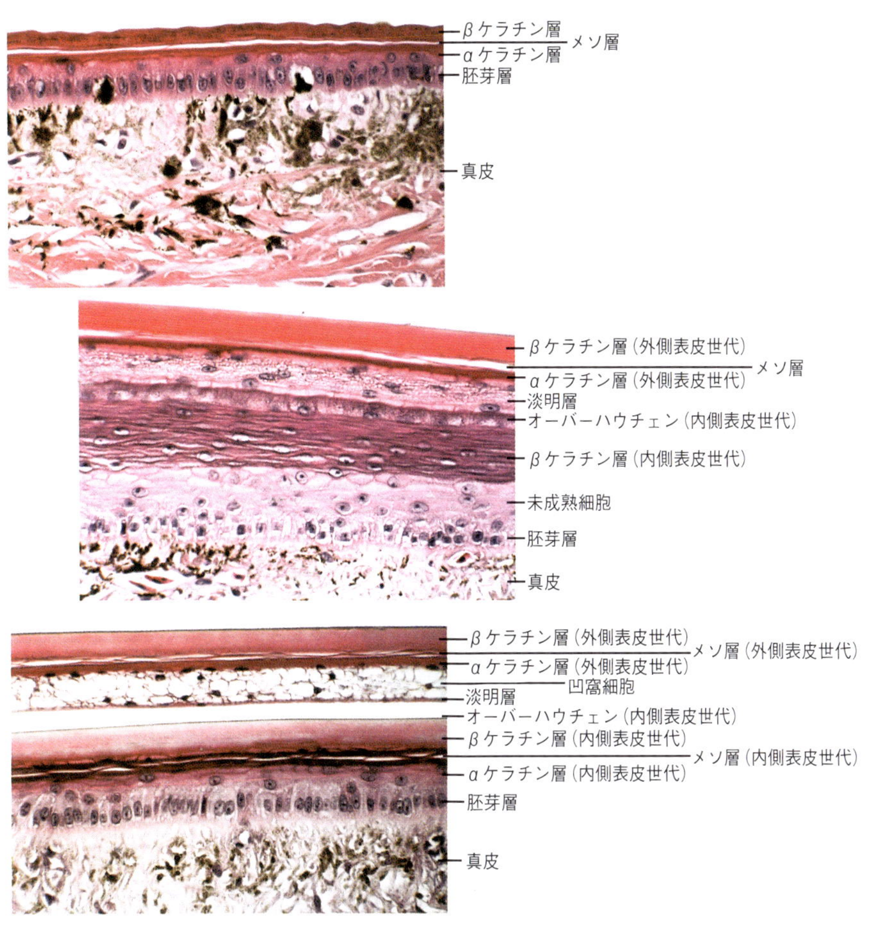

図 5.4
デュメリルボア（*Acrantophis dumerili*）の皮膚の組織学的特徴を取り上げた顕微鏡写真．上段の画像は，脱皮サイクルでの表皮更新前の休止段階中における皮膚中の細胞層を示す．αケラチンとβケラチンの層は，メソ層（mesos layer）により区分され，メソ層は，水分損失に対する透過障壁を形成する脂質の存在により，切片作成時に人為的に分離しやすい．胚芽層（stratum germinativum）は，その上にあるすべての角質化された細胞を生じさせる生細胞の層である．胚芽層の基底膜（basement membrane）は表皮をその下の真皮と区分する．中央の画像は表皮更新の初期段階を取り上げている．表皮のαおよびβケラチン層の外側世代と内側世代は，淡明層（clear layer）により区分されており，古い外側の表皮が新しい内側の世代の表皮が分離するときに淡明層は分離帯になる．内側にある更新中の表皮に関連して形成される細胞のオーバーハウチェン層が，淡明層のすぐ下に見られる．それは角質化し，新しい表皮となる予定のβケラチンの薄い最表層となる．新しい世代のαおよびβケラチンに寄与するであろう未成熟細胞が，胚芽層と，内側世代の新しく角質化されたβ層の間に見られる．下段の画像は，更新の後期段階，外側表皮を脱皮する約2日前に生検された鱗である．表皮分離領域（淡明層）のすぐ上に凹窩組織（lacunar tissue）が見ることができ，オーバーハウチェン，残りのβ層，およびケラチンのα層の多くは，内側表皮世代において成熟を完了しているので，胚芽層上にはわずかな数の未成熟細胞だけが見られる．Elliott Jacobson 氏撮影．

の硬直した型のケラチンの存在は，真皮の内部におけるコラーゲン線維の垂直支柱と水平材の複雑な配置から生み出される力と均衡する働きにより，鱗の形（下記参照）を維持するのに役立っている．

βケラチンは，メソ層として知られる紐状ケラチンの薄い層によって，より深いところにあるαケラチン層から分離されている．メソ層は，脂質に富む非常に特殊化した領域であり，水の移動に対する障壁を構成している．そのため，環境への過剰な水分の喪失に

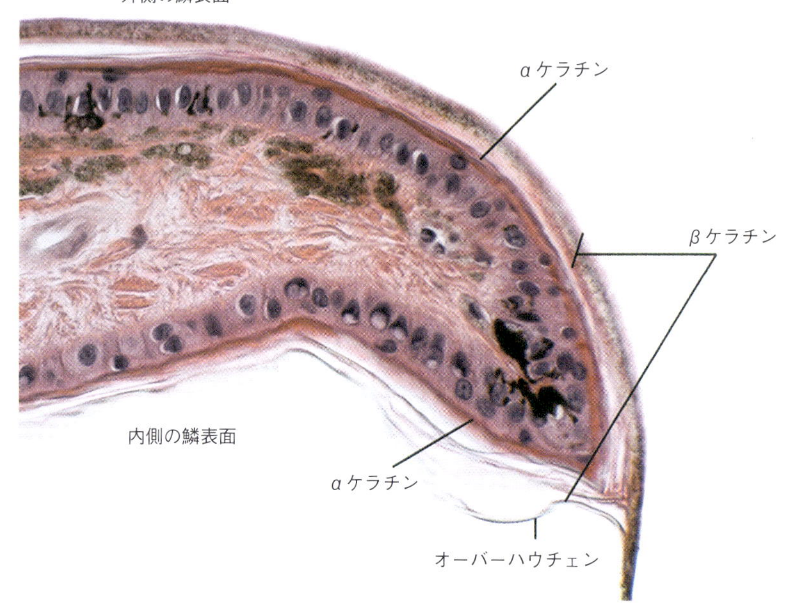

図 5.5
デュメリルボア（*Acrantophis dumerili*）の皮膚組織切片の顕微鏡写真．この切片は，ひとつ分の世代の表皮が存在する休止期の鱗の内外両領域を示している．βケラチンは外側の鱗表面ではより厚く，内側の鱗表面上では薄いオーバーハウチェンのみで表される．メソ層は，αケラチンとβケラチンの間にある紐状物質として，特に鱗の右端における分離のアーチファクトとして見ることができる．青みを帯びた有核細胞は，胚芽層を含む．組織染色はヘマトキシリン・エオジン（H & E）による．Elliott Jacobson 氏撮影．

図 5.6
枝の上で休むタイワンアオハブ（*Trimeresurus stejnegeri*）．腹板が，背中や体側の体鱗と比べて幅広いことがわかる．この写真は台湾の個体を写したもので，杜銘章氏の厚意による．

対する抑止として機能する．脂質の複雑な混合物が，特殊化した細胞小器官から細胞外の空間に分泌され，そこでその脂質は，ケラチン層を包み込み，またケラチン層と交互に重なる，平らな層へと組織される．メソ層のすぐ下にはαケラチンの層がいくつか存在し，まだ角質化していない未成熟の生きたα細胞が後に続く．これらのα細胞は，表皮の内部境界を標識する基底層とは区別される（図 5.4）．

鱗

各細胞型は体表面全体にわたって層状分布しているが，厚みの局所的な違いは鱗の構造に関連している．ヘビやほかの有鱗目の皮膚は，折り畳まれて鱗になる表面として胚の中で発生する．各折り目，つまり各鱗は，ヒンジ（hinge，蝶番）として知られる領域を作る外側と内側の表面をもつ．ヒンジ領域は内外いずれの鱗表面より柔軟性があり，ヘビが動くときに表皮を変形させることができる．飲み込んだ獲物で皮膚が広がるときにも，かなりの伸張が可能になる．確かに，食べた大きな獲物でヘビが満腹になるとき，露出するヒンジ組織の面積は，その間に現れる鱗のそ

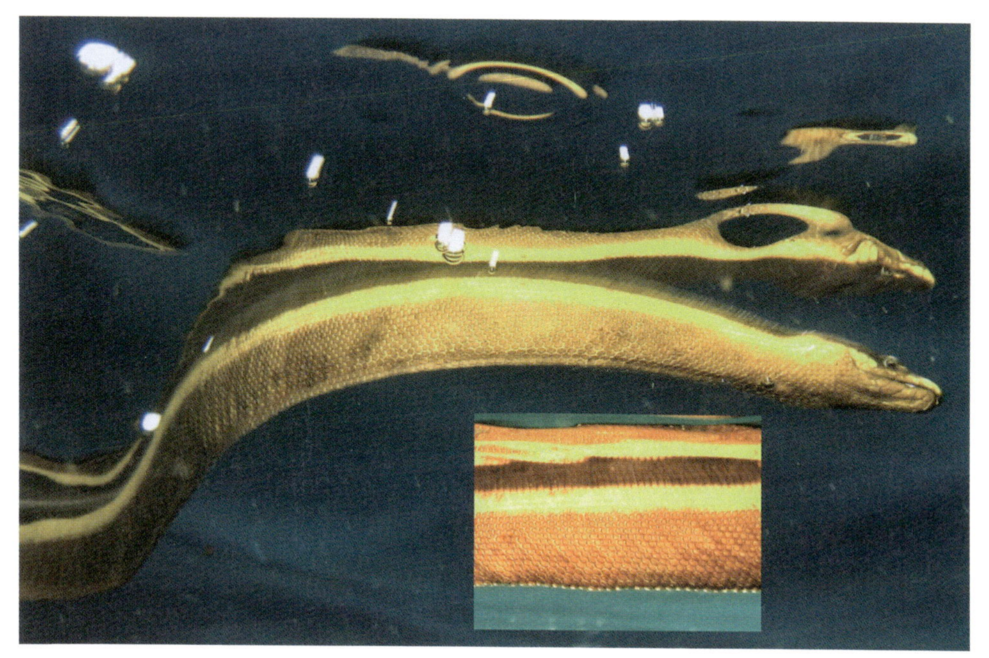

図 5.7
水中から見たセグロウミヘビ（*Pelamis platura*）が一列の腹板を示している．広い腹板を単に欠いている．これが水泳のための適応であることに疑いの余地はない．なぜなら，このヘビは，背腹面で体を平らにし，最下面（腹）を胴体のほかの部分にあるものと変わりない鱗の列をもつ，平らな竜骨（キール）にするからだ．挿入図は，腹部の竜骨をより詳細に示している．コスタリカにて Joseph Pfaller 氏撮影．

れを超えるかもしれない（図 2.19，2.31，2.32）．ヒンジ領域における表皮の覆いは，通常ほかの鱗の表面のそれよりも薄い．さらに，β層は，ヒンジと内側の鱗表面の両方において，外側の鱗表面と比較して薄くなっている（図 5.5）．

鱗の大きさ，幾何学的形状，および全体的な構造は，種によって，また体の領域によっても異なる．一般に，腹側の鱗（腹板 scute と呼ばれる）は幅広く，ひとつの単体構造として両側面の間に伸びている（図 5.6；図 1.6 も参照のこと）しかしながら，この形態には例外があり，ヤスリヘビ属（*Acrochordus*），多くのウミヘビ，およびほかのいくつかの分類群では，腹側の鱗は背中側のものよりはるかに小さいかそれと同等である（図 5.9；図 3.1 も参照のこと）．体幹の残りの部分の鱗はかなり均一な傾向があるが，種によって異なりがちである（図 5.8，5.9）．頭の鱗も種によってかなり異なる．

様々な分類群で，鱗は小さく粒状に（たとえばヤスリヘビ属やほかのいくつかの海棲種），大きく平らに（ボア類・ニシキヘビ類，様々なコブラ類やナミヘビ類），あるいは角質化したキール，突起，またはほかの構造物（クサリヘビ類やマムシ類）で厚くなるよう，進化してきた．比較的なめらかで，通常平らな表面をもつ鱗は平滑鱗（smooth scale）と呼ばれ，小さなトゲや中央の縦方向の隆起による目に見えて粗い外観をもつキール鱗（keeled scale）と対照的である（図 5.8，5.9；図 1.16，1.26-1.29，1.33，1.46-1.48 も参照のこと）．この専門用語は，肉眼で見た鱗の外見を厳密に指している．

ヘビの鱗で最も外側（オーバーハウチェン）の表面には，微細修飾物（microornamentation），微細皮膚紋理（microdermatoglyphics），微細構築物（microarchitecture），微細彫刻（microsculpture）などといった，様々な名前で呼ばれる微視的な彫刻模様があ

図 5.8

3 種のヘビの体鱗を写した写真．上段左の写真は，平滑鱗をもつフロリダのアメリカレーサー（*Coluber constrictor*）．下段の写真は，キール鱗を見せるフロリダアオミズベヘビ（*Nerodia floridana*）．上段右の写真は，粗い鱗をもつトゲブッシュバイパー（*Atheris squamigera*）の雌雄で，一緒に休んでいる．このヘビは目立つ中央の隆起と尖った先端のある非常に粗い鱗をもち，それは特にオスで顕著である（左側）．写真は，上段左と下段が Dan Dourson 氏撮影，上段右が Elliott Jacobson 氏撮影．

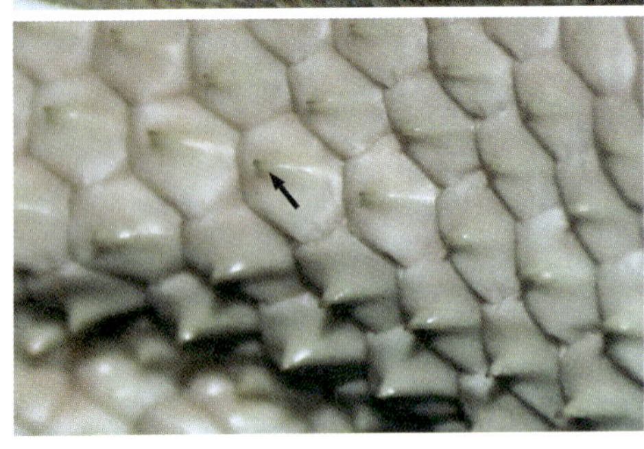

図 5.9

セグロウミヘビ（*Pelamis platura*；左上段），トゲウミヘビ（*Lapemis curtus*；左下段），およびヒガシダイヤガラガラヘビ（*Ciotalus adamanteus*；右）の皮膚表面の写真．セグロウミヘビの鱗は結節性でよく分離しており，表面が平らである．鱗表面の中心に小棘や点があることに注目（矢印）．これらはほぼ確実に感覚に関わる構造物だが，形態学的にも生理学的にも詳細には研究されていない（第 7 章参照）．トゲウミヘビ属のオスでは，中央に棘（矢印）のある顕著なキールが体側鱗に見られる．このような鱗の粗さを発達させるのは交尾期間中である．ガラガラヘビの鱗はキール鱗で，背側の鱗はそれぞれ全長にわたって中央に隆起，つまり「キール」をもつ．腹板が図の下部に示されている．腹板と体側鱗の間に，隆起をもたない移行的な鱗があることに注目．ヘビの向きは，左から右に向けて，頭から尾である．セグロウミヘビはコスタリカ，トゲウミヘビはオーストラリア，そしてガラガラヘビはフロリダで撮影された．すべて生体で，著者撮影．

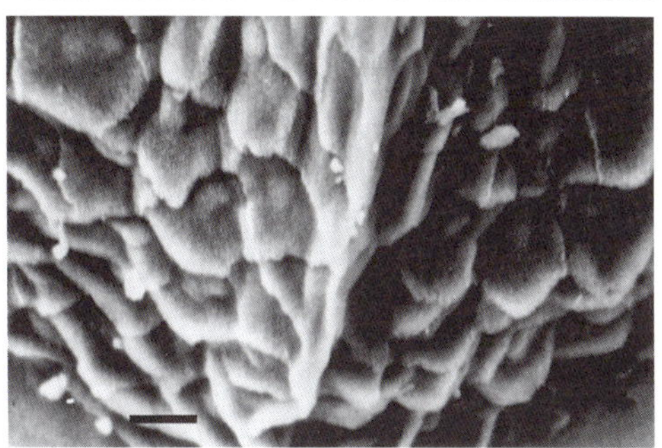

図 5.10
ヘビの鱗の表面の微細彫刻を示す走査型電子顕微鏡（SEM）画像．上段の写真はハラスジアレチヘビ（*Psammophis subtaeniatus*）の背側にある鱗の一部．本種のオーバーハウチェン表面は，三次の空隙と隆起で彫刻された浅い裂け目によって区切られた隆起のパターンを示しています．鱗の後端つまりヘビの尾端は，顕微鏡写真の右側に向いている．下段の写真は，ラッセルクサリヘビ（*Daboia russelii*）の背側にある鱗の後部を示している．本種の鱗におけるオーバーハウチェン表面は，それぞれが蜂の巣状の表面をもち，鱗の中央部でますます高くなる「キール」を形成する，かさ上げされたコブあるいは突起からなる．鱗およびヘビの後ろ側は，顕微鏡写真の下側である．黒いスケールバーはいずれも 10 μm で，顕微鏡写真は著者撮影．

図 5.11
上段の写真は，テルシオペロ（*Bothrops asper*）の表面で玉状に見える水滴を示している．ベリーズにて Dan Dourson 氏撮影．この現象の拡大像が，著者の撮影したエラブウミヘビ（*Laticauda semifasciata*）の脱皮殻の表皮で示されている（下段の写真）．鱗の表面は疎水性で水を弾く．そのため，表面張力により，水滴は，広がって平らなフィルムを形成する代わりに，ほぼ球形になる．

る．微細彫刻の模様は，走査型電子顕微鏡（SEM）によって明らかにされてきた．SEM は，物体の表面における微細な構造の拡大画像を生成する装置である．SEM により，様々なヘビにおいて鱗の表面が，複雑な模様の微細な隆起，棘，突起などで彫刻されていることが示された（図 5.10）．微細彫刻における特定の模様はヘビの特定分類群に特徴的であり，これらの特徴を識別形質として用いることが提案されている．これらの特徴が，

図 5.12
ゲバンデスラング属の一種（*Dipsadoboa flavida*）（上段）とニジボア（*Epicrates cenchria*）（下段）が，表皮表面の構造的特性（色素ではない）に起因する虹色の鱗を示している．鱗と頭板の縁における青や緑の発色が，照明の向きに依存した反射光のパターンによるものであることに注目．このような構造色は，脱皮直後に最も色鮮やかになる．Ron Rozar 氏の飼育個体で，著者撮影．

様々な彫刻模様を示すヘビの生活にとってどのように重要なのかについては，あまり知られていない．

微細彫刻の模様は，放射エネルギーの交換，熱，そして水分の蒸散に影響を与えそうに思われるが，これらの可能性はまだ厳密には調べられてはいない．いくつかの地中棲の種における微視的な表面形態が土砂の付着を防ぐ働きをすること，多くのヘビの鱗表面が疎水性で水を弾くということには，強い状況証拠がある（図 5.11）．ヘビの表皮表面における水濡れの防止は，ケラチン組織の水和から生じる膨潤の潜在的な問題の関連で重要であるかもしれない．そのような膨潤はメソ層を物理的に破壊し，それにより皮膚の透過性を損なう可能性がある．多くのヘビ，特に水棲種や半水棲種，あるいは多雨地域に生息するものは，かなりの期間，水にさらされる．さらに，ユウダ亜科のヘビには，巣穴の行き止まりで完全に水に浸かった状況で越冬するものが知られている．そのため，外側の鱗表面における疎水性には，そうでなければ皮膚に接触してしまう不要な水が内側に拡散するのを防ぐために部分的に機能する可能性がある．

鱗の形状，方向，および色素沈着も，放射熱交換の速度，ひいいては体温および蒸散といった皮膚の特性に影響をおよぼす可能性がある．しかしながら，水や温度のヘビとの関係が外皮の地形を形作ってきた必然的で重要な選択圧だとは，必ずしも推論されない．一方で，特徴的な微細彫刻の模様は，脱皮中に新しい表皮から古い角質層が分離することの単なる副産物であるとする，何度か議論のテーマにされてきた発想も違うように思われる．私自身が観察したところでは，眼球を覆うスペクタクルにおける外側の角質化した表面は，ほかの鱗表面のようには彫刻されておらず，光が遮られることなく入れるよう比較的なめらかになっている．したがって，領域ごとの違いを考慮すると，様々な鱗表面における微細彫刻の模様が，適応的な意味のない，単なる脱皮の産物であるはずはない．

しかしながら表皮には，構造が物理的に符合するように見える特徴がひとつある．新たに脱皮したヘビの外側の皮膚は，可視スペクトル放射と彫刻面との物理的相互作用から生じる虹色を帯びた，色とりどりなものになることがある．彫刻模様の不透明な角から特定のパターンで光が反射されると，微細彫刻の模様は解析格子として働き，スペクトルの色（監訳者注：波長で分解されて生じる虹色）を投影する（図 5.12）．これは付随的な構造色で，適応的な意味や意義とは関係ないようだ．この色の輝きは脱皮直後に最も強く，おそらくオーバーハウチェンの表面が徐々に摩耗したり細かいゴミをためたりすることにより，時間が経つにつれ褪せていく．

少なくともいくつかの種では，鱗表面の彫刻に性差があることが示されている．このテーマは，シドニー大学のCarla Avolio氏，Richard Shine氏，およびAdele Pile氏により，ウミヘビについてある程度詳細に研究されている．彼らが示してきたのは，鱗表面の粗さの性差が陸棲種より海棲種でより普通に見られること，その状態はオスでより顕著だということ，そして鱗表面の粗さが求愛中におけるオスの位置取りを助けるのかもしれないということである．棘や突出する構造物に特徴づけられる粗い表面は，高度に神経支配されており，触覚刺激に敏感な可能性がある．また，体が接触しているときには雌雄間の摩擦を強める．表面構造はまた，流体力学的な役割を果たし，体表の水流を変化させているかもしれない．彼らは，粗い鱗表面が体表の境界層を減らし，より荒れた乱流を生み出すということを実証した．このことが，求愛などの活動中における皮膚呼吸を強化しているかもしれないと，彼らは示唆している．

図 5.13
ハラスジアレチヘビ（*Psammophis subtaeniatus*）の腹板表面にある微細構造の突起．図の頭から尾への向きは画像の上から下である．下部の黒いスケールバーは5 μmである．ヘビの長軸と平行に走る，かさ上げされた突起の間の領域に微細な孔が見られる（矢印：監訳者注：おそらく図中にない）．著者による走査型電子顕微鏡（SEM）画像．

鱗表面上の微細彫刻におけるナノスケール構造は，移動にも重要な意味をもっている．腹板の表面は，列状に高度に組織化された微細線維の突起物，つまり「微毛（micro-hair）」を示す（図5.13）．これは，後方つまり尾部の方向を向き，鋭い溝で区切られている．ボア科のヘビでの測定値にもとづくと，微細線維のそれぞれは直径が百から数百 nm ほどである．これは鱗の摩擦特性に関して非対称を生じさせ，後退する動きよりも前進する動きに対して低い摩擦を示す（電子版の第3章も参照のこと）．

最後に，オーバーハウチェン表面を貫通する，微細孔の系もまた，観察されている．これは，表面に潤滑油を差したり，水分損失に対する耐性を増したり，あるいは求愛に関連する化学誘引物質を放出したりするかもしれない，脂質のための送出系であると推察されている．表面の注油を与え，水分損失への抵抗を高めるとともに，求愛に関わる化学誘引物質を排出するかもしれない，可能性のある脂質の輸送システムが推測される（第9章参照）．そのような孔の本当の機能は，しかし，実証されていない．さらなる研究が必要とされる．

脱皮：皮膚を脱ぐこと

ヘビは定期的に皮膚を脱落させる．この現象はすべての鱗竜類で起こり，脱皮（shedding, sloughing, ecdysis）と呼ばれる．脱皮は古代から知られており，それを題材にしたかなりの神話と民族伝承が存在する．ヘビの脱皮は，再生と復活の強力な象徴となった（図 5.14）．

一般によく知られているように，ヘビは脱皮の際，吻部や頭部を物体にこすり付けるということでその行動を開始し，それにより皮膚をほぐしてその下にある新しい皮膚から剥ぎ去る（図 7.4）．這い進むにつれ，ヘビは文字どおり古い皮膚から這い出ていく．古い皮膚は裏返しになり，この過程の途中で取り残される．このテーマには，確かにわずかなバリエーションがあるが，手順は全般的にすべてのヘビで変わらない．そして通常の状況では，古い皮膚はパッチ状には脱落せず，ひと続きのものとして取り残される．脱皮を助ける粗い物体が存在しない場所に生息する水棲のヘビには，自らをゆるい結び目へと縛り，自らの体を使って古い表皮を後方へと押したり引いたりすることによって，古い表皮を後方にやり，体幹や尾から離すものがいる．この行動はセグロウミヘビ（*Pelamis platura*）やヒメヤスリヘビ（*Acrochordus granulatus*）で観察されている（図 5.15）．

図 5.14
メキシコ，チチェン・イッツァのマヤ・トルテカ遺跡の一部．この壁は多くのヘビを描いた図像に覆われ，一番上の大きなものはマヤのヘビ神ククルカン，あるいは「Plumed Serpent（羽毛もつ蛇）」を表している．羽毛が，壁の最上部とその真下にある石を装飾しているのが見える．この石造りの建造物で表されているほかのヘビの多くは，明らかにガラガラヘビを表している．白い矢印は，これらの石のヘビの尾にあるラトルのいくつかを指している．杜銘章氏撮影．

脱皮した皮は，始めは柔らかくて湿っているが，すぐに乾いて比較的もろくなる．色は白っぽくて半透明で，よく見るとかなり薄い．というのも脱皮するのは成熟した世代の表皮だけであり，次の世代の未成熟な表皮やその下にある厚い真皮ではないからである．

Paul Maderson 氏は，脱皮サイクルを通してヘビの皮膚に起こる細胞の変化について，初めて詳細に記述した．その後の多くの研究は，特にその制御における内因的要素と環境的要素の相互関係という文脈において，サイクルの素晴らしい複雑性を強調している．脱皮サイクルの全貌は驚くほど複雑だ．そしてその制御支配は依然として非常に謎である．ここでは，関わりのある形態的変化の簡潔な概要のみを探っていくことにしよう．

成熟した表皮の世代（表皮世代 epidermal generation：図 5.3，5.4）は，角質化されたβケラチンの層からなり，微細彫刻されたオーバーハウチェンが，環境と接触する最も外側の表面を形成している．β層の総体は多数の細胞層に由来する．β層の下にはメソ層があり，上述したように，これは層状脂質の交互の層の間に挟まれた，ケラチンのいくつかの薄層から構成されている．角質化したαケラチンはメソ層の下に現れ，β層と同様に複数の細胞層から形成される．αケラチンの下には，成熟したケラチンが角質化の様々な段階にある未成熟のα細胞と融合する移行領域がある（図 5.4）．ここまでで説明したこれらの層に寄与するすべての生細胞は，表皮の最も内側の基部にある胚芽層（stratum germinativum）に由来し，下にある真皮を覆っている．

図 5.15
上：コスタリカで撮影された，沖合性のセグロウミヘビ（*Pelamis platura*）の結び行動．ウミヘビが結び行動をとるのは，ゴミや潜在的に取り付いている外部寄生者（たとえばフジツボ）を除去したり，脱皮の際に古い表皮を除去したりするためだと考えられている．写真の個体は脱皮しているわけではない．下：フィリピンで撮影されたヒメヤスリヘビ（*Acrochordus granulatus*）．ヘビが水中から出されているのは，脱皮で古い表皮を除くために使われていた「結び目」を示すためである．矢印は，きつい結び目（矢じりの上）によって体の一部が押し上げられている場所を指している．そこでは古い表皮が尾の方に向かって横滑りし，体から脱げていっている（矢じりの下）．古い表皮は，写真下部にあるしわのある皮膚としても見ることができる．緑がかった色は藻類の存在に起因する．皮膚の脱げたヘビの前方部分は，写真の上部で明らかにそれとわかる．セグロウミヘビは Joseph Pfaller 氏，ヒメヤスリヘビは著者撮影．

新世代の表皮は，脱皮直後から多かれ少なかれ今説明した状態になり，ある程度の期間そのままでいることがある．これは「休止期」として知られる．数週間から数ヶ月ののち，皮膚は「更新期」に入り，表皮の新しい内側世代（inner generation）が，表皮の古い成熟した外側世代（outer generation）の下に形成され始める（図5.4）．本質的に起こっていることは，細胞が基底の胚芽層から増殖し，外側世代と胚芽層の間に蓄積されるにつれて角質化し始めるということである．これらの新規増殖細胞による進行性の角質化は，脱皮のときまでにほぼ成熟する，表皮の新しい世代を生み出す．こうして，脱皮の際には，成熟した表皮の外側世代が，新たに形成されたが完全には成熟していない表皮の内側世代に覆いかぶさって存在することになる．新しい，内側世代のα層の発達程度は，脱皮のときにはかなり様々である．

これらの組織に関する，もうひとつの詳細については，解説が必要だ．内側世代に属する新しいβ層の形成に先立ち，外側世代の基部に，普通とは異なる細胞の層がいくつか形成される．これらの細胞は表皮を新旧２つの層に区分している．とはいえ，脱皮の際に消失するため，厳密に解釈すると古い外側世代の一部である．これは「凹窩細胞（lacunar cell）」と呼ばれ，新しい内側世代のオーバーハウチェンに覆いかぶさる細胞の単層は「淡明層（clear layer）」と呼ばれる．淡明層の組織は，（新しい）内側世代のオーバーハウチェンの彫刻面と互いに組み合わさっており，表皮の２つの世代が分離するとき，実際の脱皮過程で本質的にはその彫刻面から「ファスナーが開くようにアンジップされる」．こうして，脱皮の際にヘビから失われる「皮膚」は，凹窩細胞と淡明層を含む，外側世代のβ層（オーバーハウチェンを含む）とα層のケラチンから構成される．

脱皮の過程は，その際にこれらの組織に浸透する液体によって明らかに助けられているが，この液体の性質と制御についてはよく分かっていない．この「液体」は，おそらく水もしくは脂質，あるいはその両方を含むかもしれず，ヘビの体から脱げた直後の表皮の脱皮世代が一般に湿っているという性質を説明する．淡明層や凹窩組織（lacunar tissue）の一部を分解する酵素もまた，脱皮の際に存在する．

定期的な脱皮はすべてのヘビでおこり，表皮更新の一般的な特性はすべての種で類似しているようである．特徴として，表皮の更新と脱落は，パッチ状にではなく，全身にわたって同時に起こるイベントの同調的なサイクルである．ただし，周期は様々だ．年に１回か２回しか脱皮しないヘビもいれば，より頻繁に脱皮するものもいる（たとえばウミヘビ）．ヘビの鱗のケラチンは硬い物質なので，成長を可能にするには脱皮が必要だ．そのため，脱皮は一般的にヘビの成長と関連すると予想され，ほかのすべての要因が同じなら，食料の摂取量が多いヘビほど脱皮の頻度も高くなるだろうと予想される．

しかしながら，ほかの要因もまた，成長それ自体とは無関係に，脱皮の頻度に影響をおよぼしうる．ウミヘビは比較的頻繁に，ときには２週間から６週間の間隔で脱皮する．理由のひとつは，これらのヘビの外面で育ちがちな汚損生物の除去に関連すると考えられている．フジツボ，コケムシ，藻類はすべてウミヘビの皮膚上で育っているのが見つかっている（図5.16）．脱皮は，経時的に損傷を受ける可能性のある表皮を更新するために重要であるとも考えられている．おそらく損傷には，透過性障壁における微小な破損や破断が含まれる．そのため，脱皮の重要な機能は，水分平衡に対する環境の影響に関連した透過性障壁の更新，あるいはおそらく改善にも関連する可能性がある．

多くのヘビは，出生や孵化の後，数日以内に脱皮する．フロリダ大学の私の研究室での研究で，杜銘章（Ming-Chung Tu）氏と私は，カリフォルニアキングヘビ（*Lampropeltis californiae*）において，この最初の脱皮が蒸発による水分損失に対する皮膚の抵抗性を2倍にし，そしてこの抵抗性は2回目の脱皮でさらに高まるということを発見した．この現象は，ヘビの新生仔の行動を説明するかもしれない．新生仔は，（ある種のクサリヘビといった胎生の種では）親のところか，あるいは卵から孵化した場所に，最初の脱皮のときまで留まることが多く，その後で誕生した場所から分散していく．水分損失に対する透過障壁がまだ確立されていないのが明らかな，誕生の直後から最初の脱皮までの期間は，隠遁し続けることで，体内の水分の蒸発による損失を節約できているのかもしれない（第2章および第9章参照）．

体色：原因，模様，意義

色というものは素晴らしいものだ．そしてこれがなければ，ヘビの面白みははるかに減ってしまうだろう．もし，あなたが映画の中で遭遇する，あるいは見かけるヘビがすべてピンクやグレーといった冴えない同じ色だったらと想像してみよう．退屈？　だが現実には，ヘビは皮膚に無数の色と柄をもつ．そしてそのすべてが色素の発現によって遺伝的に決定されているわけではない．まずは着色の物理的な基礎を吟味し，それからその意義に関わるいくつかの興味深いトピックに目を向けていこう．

体色の物理的基礎

私たちが「色」と呼ぶものは，電磁波における特定の波長域を視覚的に知覚することで生じる．400 nm から 750 nm の放射波長は，人間の目における視覚能力に準拠して，いわゆる「可視スペクトル」の光を構成する．ヘビを含むほかの動物では，この範囲をある程度外れた波長域を知覚することができる．私たちが見る色は，物体（たとえば皮膚）から反射されて私たちの目に入る光の波長域に起因する．目では，どの波長域に「調律」されているかによって分類される視覚受容器が，光により刺激される．この視覚受容器の興奮は，相互接続したニューロン（neuron：単一神経細胞）の適切な経路に沿って通過する神経シグナルにより，視覚の解釈を担う脳の部位へと伝えられる．皮膚に吸収される，あるいは皮膚を透過する光波長は，いずれも私たちが見る色には寄与しない．私たちには，反射されて目に入る光の成分だけが見えている．

皮膚の色は，組織の化学的特性と物理的特性の複雑な相互作用から生じる．構造色（structural color）として知られているものは，色素以外の皮膚の物理的特徴に起因する着色の構成要素である．たとえば鱗表面の微細彫刻模様は，皮膚表面が新しく綺麗なとき，虹色を生み出す干渉波長のパターンを生み出す（図 5.12）．それは特に脱皮直後には際立つ．皮膚にあるケラチン組織の物理的特性と幾何学的形状は，どの波長域の光が選択的に吸収，屈折，または反射されるかを決定することができる．蛍光（外部光源からの放射を吸収した後に表面が発光すること）は，もしかしたらメクラヘビの一種（*Leptotyphlops humilis*）で起こっているかもしれないが，そうした示唆は不確かなものである．

しかし，ヘビの皮膚に見られる色の大部分は，「色素（pigment）」と呼ばれる化学物質の存在とパターンによるものである．関わる色素の大部分は皮膚の内部に固定されているが，一部のヘビの明るい皮膚領域は，皮膚を通って流れる血液の量に応じてピンクがかった色から白に変わることがある．この場合のピンク色や赤みがかった色の着色は，大部分が赤血球内のヘモグロビンからの光の反射に起因する．ヘモグロビンは呼吸に関わる色素で，体中に酸素を運ぶ（電子版の第6章参照）．それにもかかわらず，色を付与するその光反射特性のため，ヘモグロビンは色素と呼ばれている．

皮膚の内部に固定されている色素は，色素胞（chromatophore）と呼ばれる細胞で合成される．ヘビの着色に寄与する色素胞には，主要的なグループが4つある．なかでもより一般的で，幅広く存在し，よく知られるのは黒色素胞（melanophore）である．これは不規則な形をした細胞で，メラニンという色素を含んでいる．メラニンは，チロシンとジヒドロキシフェノール化合物の酸化生成物から派生する，黒化色素である．色は暗赤色から茶褐色や黒色まで様々である．メラニンは皮膚に存在するが，動物の内蔵の一部にも伴われているのが見られる．皮膚には2種類の黒色素胞がある．真皮黒色素胞は，真皮に現れる，幅広く平らな細胞である．一方で表皮黒色素胞（メラニン細胞とも呼ばれる）は，表皮の領域に色素を与える，薄くて細長い細胞である．色素はメラニン細胞内で産生されると，ある意味「包装」され，ケラチンを生成する表皮細胞（ケラチン生成細胞 keratinocyte）へと移送される．色素が真皮と表皮の間を移送されるかどうかは，全く解決されていない問題だ．

黄色素胞（xanthophore）と呼ばれる色素細胞は油分で満たされた小胞を含み，そこには黄色やオレンジ色がかった色合いのカロテンと呼ばれる色素が懸濁している．カロテンは食べ物から摂取され，ビタミン A と関連する．赤色素胞（erythrophore）と呼ばれる色素細胞は，プテリジン（pteridine）と呼ばれる複素環式化合物を含有する油分を含み，色が赤みがかっている．赤色素胞のことを，黄色いほかのものとは対照的に赤みがかった色をした黄色素胞の一種だと考える人もいる．虹色素胞（iridophore）と呼ばれる銀色の色素胞は，真の色素は含んでいないが，グアニン（guanine）の結晶を含んでいる．グアニンは，光を反射し，青みがかった，あるいは銀色がかった白の単色を与えるプリン（purine）である．その色は，光の散乱と皮膚にある周りの色素によって様々に変わる．周りの色素にはほかのプリンからの派生物が含まれていることもあり，光の回析，散乱，および反射によって生み出される色合いは，結晶の組み合わせの違いによって様々に決定される．色は構造色であり，真の色素に起因するものではない．異なる種類の色素胞が皮膚の中で連携し，光の反射とそれを干渉し合うことによって様々な色を生み出すことがある．

博物館標本のように液浸保存されているヘビでは，黄色素胞や赤色素胞に含まれている色素が，ホルマリンやアルコールに可溶なためにゆっくりと皮膚から浸出していく．メラニンは不溶性なので，時間が経つと，メラニンの分布に起因する模様を除いて標本の色は消えていく．

体色模様の機能

部分的にでもヘビの多様性に精通している人なら誰しも，ヘビが多様な体色と体色模様をもって現れるということを知っているが，初心者にとってその多様性は，様々であることの理由を理解するうえであまり合点のいくものではないかもしれない．砂漠棲のクサリヘビといったヘビには，砂を背景にした実に素晴らしいカモフラージュを見せるものがいる（図3.16）．そのため，ぼんやりした黄褐色はその目的に適合していると考えられるかもしれない．一方で，リング，バンド，あるいはブチの驚くべき模様で鮮やかに彩られているように見え，必ずしも隠蔽的（カモフラージュされている）ではないものもいる．さらに，上から見るとくすんだように見えるが，ひっくり返ったり尻尾を丸めたりして呈示されると明らかになる，鮮やかな色が下側についているものもいる．こうした様々な体色模様について知られていることをすべて考慮すると，それらの機能に関するいくらかの一般性が明らかになる．

ここでは，体色模様とは，何らかの方法でヘビを環境に「適合」させている表現型形質である，と考えることから始める．「目的」の文脈は，通常，対捕食者行動，社会的相互作用，あるいは物理的環境（たとえば体温に影響する相対的な熱吸収）に関わっていなければならない．Harvey Pough 氏，James Jackson 氏，および彼らの共同研究者らによる調査は，背側の体色模様と捕食者に対する反応の方法には相関があるということを示唆している．一様な色をもつヘビや，ブチ，斑点，不規則なクロスバンドの分断的な模様をもつヘビは，潜在的な捕食者に見つからないように隠蔽色に依存する傾向がある．優れた例としては，岩や粗粒土の上で見ると背景に溶け込む，ブチやまだらのクサリヘビ（図 1.25，3.16），緑色をした葉の間や，枝先および枝にそれぞれ隠れる，緑や茶色の樹上棲のヘビ（図 5.17；図 1.28，1.29．1.33，3.16）がある．これらの種の多くは，隠蔽が失敗したときには攻撃的な行動でも身を守る．そのため多くのクサリヘビは，人やほかの動物に見つかると，被食回避のために行方をくらますのではなく，とぐろを巻いて咬みついてくる．この行動は，すばやく這う能力の低さとも相関する傾向がある．しかしながらこれらは一般論であり，個体としても種としても多くの例外がある．

図 5.16
Olive-headed Sea Snake（*Disteria major*）の頭の頂上の皮膚内を皮殻で覆うフジツボ．下の写真は，このような2個のフジツボの拡大図である．Sara E. Murphy 氏撮影．

一方で，縦縞模様の体色や，上述のものよりさらに一様な色の模様をもつヘビには，より活動的で，潜在的な捕食者からは行方をくらますことで被食をすばやく回避する傾向がある．爬虫類学者の Edmund Brodie III 氏は，ノースウェストガーターヘビ（*Thamnophis ordinoides*）の個体の体色模様を調査した際に，種内においてもこの傾向が当てはまるということを見出した．本種の体色は，はっきりした縦縞模様から斑点模様まで，個体ごとに様々である．挑発後に逃走するヘビの傾向を測定すると，縦縞模様のヘビには攻撃者から逃走する傾向がある一方で，斑点模様のヘビには，逃走距離が短く，突如止まって静止姿勢をとる傾向があった．このような行動は「reversal」と呼ばれ，捕食者に見つかった後に行われる隠蔽における，行動面の要素を反映している．これは，速力に多くを頼ることのない防御戦略である．追われて逃げる動物が突然，急速に「消失」するとき

図 5.17
ジョージア州サペロ島の砂丘の上で休んでいるヒガシダイヤガラガラヘビ（*Crotalus adamanteus*）．遠くからでは（上段の写真），ヘビ（矢印）はほぼ完全に隠れていて見つけるのが難しい．適度に近づいても（中央の写真），ヘビは隠れたままである．観察者がヘビのすぐ上に来て初めて，ヘビははっきりわかるようになる（下の写真）．James Nifong 氏撮影．

（その動物が停止するとき）のこの行動は，捕食者を混乱させる．

動く体色模様と視覚採餌の捕食者に対するその効果により，錯視が生み出されることがる．物体の動きと速度を知覚する能力は，物体の色模様とそれが動く周囲の場に依存する，ということが研究により見出されている．縦縞模様のヘビは，ゆっくり這っているときには静止しているように見え，実際よりもよりゆっくりと動いているように見えることがある．捕食者には，逃走するヘビの特定の点に「目を留め」て追いかけることは難しい．その結果，縦縞模様は瞬間的には見えるが，突如として尾がパッと現れ，縦縞模様の物体が消え去るのだ！この錯視は，被食回避するヘビにとって明らかに有利であり，逃走が含まれるときの被食回避には，縦縞模様はほかの体色模様よりも効果的かもしれないということを示唆する．大きく成長するにつれ，ノースウェストガーターヘビの縦縞模様はよりはっきりしていく．そして歳をとった縦縞模様の個体では，脅威から一目散に逃げる傾向が強まる．

Edmund Brodie III 氏はまた，ノースウェストガーターヘビのひとつの集団において，体色模様と逃避行動の組み合わせに対する自然選択についても研究した．実験室で行動と体色模様をスコア化された新生仔が野外に放され，それらの生残が標識再捕獲法によって追跡された．最も生残率が高かったヘビには，縦縞模様のものでは一目散の逃走を実行する傾向があったが，斑点模様のヘビや縞のないヘビでは reversal を行い，まっすぐには逃走しない傾向があった．体色模様と行動の共変動は，本種の自然集団に見られる体色模様の変異を説明するのに役立つ．

ヘビの体色がもつ別の重要な機能に，捕食者への警告シグナルがある．この警告機能は警告色（aposematism）と呼ばれ，おそらくサンゴヘビ属（*Micrurus*）とセイブサンゴヘビ属（*Micruroides*）のサンゴヘビで最もよく知られている．これらのヘビは通常，赤，黄，黒のバンドで目立つよう着色されているが，これらの帯は，捕食性の鳥類に対する警告シグナルとして機能する．警告色は，その動物の背景色と強いコントラストがあるときに最も効果的であり，捕食したいがそうできない捕食者から避けられる傾向がある．このようなコントラストのある体色は，一部のウミヘビ，コブラ科の別のもの，ナミヘビ科のもの，クサリヘビ科のものでも，警告色であると示されているか，またはそう疑われている（図 1.14，1.41，1.52，および下記）．

図 5.18
上段の写真はチャイロツルヘビ（*Oxybelis aeneus*）の開口部を示しており，口腔内が紺色を呈していることがわかる．下段の図ではホソツラナメラ（*Gonyosoma oxycephalum*）の舌を彩る青色が見える．本種は威嚇のための防御ディスプレイで口を開くときにも，口腔内の紺色の染みを見せつける．ツルヘビはベリーズにて Dan Dourson 氏撮影，ナメラは著者撮影．

背側のジグザグ模様が警告的であることが示されているヨーロッパクサリヘビ（*Vipera berus*）は，警告色の非常に興味深い例である．このジグザグ模様はそれほど目立つものではなく，隠蔽的な機能と警告的な機能の両方をもっている可能性もある（図 1.25）．とぐろを巻いて静止している間は，背面の色は捕食性の鳥類に見つかる可能性を軽減できるが，ひとたび見つかると，非常に目立つ特徴的なシグナルに変わる．さらに，この模様は，移動中に「臨界融合（flicker-fusion）」という錯覚を生み出すことができる．この錯覚は，捕食者が動いているヘビに焦点を合わせることを困難にし，それによって被食回避の機会を増やす．多くのヘビには明るいバンドがあり，そしてすばやく這って移動している間，そのバンドは同じような効果を生み出すか，あるいは不鮮明になって，またも逃走による被食回避可能性を向上させる，一見一様な体色を生み出す．同様の効果は，多くがバンドをもつ，泳ぐウミヘビでも起こる（図 1.43，1.45）．

数多くの毒ヘビが強力なヴェノムと敏感な防御行動を備えているが，ヨーロッパクサリヘビのように隠蔽的な色をしていて派手さがない．このような，強い防御と組み合わされた弱い体色シグナルの使用は，一般的な現象である（John Endler による著書を参照のこと）．多くのヘビは主に鳥によって捕食されており，それらの鳥の多くはヘビを主に食べる専食者である．その着色ゆえに毒ヘビを避ける捕食者も，避けない捕食者もいるとすれば，ひとたび見つかれば警告するという機能ももちつつ，捕食者に見つからないように隠蔽色を含む体色戦略を採用しているというのは合点のいく話である．

警告的な体色のほかの例には，尾を丸めたり，腹側を見せつけたりするといったものがある（図 1.48，1.50）．腹側は，様々な種のヘビで鮮やかな色をしている．東南アジアに生息する樹上棲のホソツラナメラ（*Gonyosoma oxycephalum*）は，防御行動の際に捕食者に青い色を見せつける．これと同じ防御行動は，ほかの樹上棲の種でも進化している．青い色は，首が膨らんで体鱗の隙間が広がるとき，すなわち口が開いたり舌がフリックされたりするときに，あらわになることがある（図 5.18；電子版の図 6.19 も参照のこと）．

擬態

擬態（mimicry）という用語は，被食回避において有利になるという文脈のもとで生物が互いに似る現象を指す．特にサンゴヘビの研究は，無毒なヘビが体色模様でサンゴヘビに似せる，つまり「擬態」することにより，忌避を捕食性の鳥類に伝えることによる恩恵に与る，という擬態システムの存在を明らかにしてきた（図 5.19；図 1.14，1.52 も参照）．Edmund Brodie III 氏による野外研究は，モデルのヘビのバンド模様を捕食性の鳥

図 5.19
サンゴヘビとその擬態種．上段左はアメリカサンゴヘビ（*Micrurus fulvius*）で，同所的に生息する擬態種（上段右），スカーレットキングヘビ（*Lampropeltis elapsoides*）と対になる．中段左はチュウベイサンゴヘビ（*Micrurus nigrocinctus*）で，中段右は対になるクロミルクヘビ（*Lampropeltis triangulum gaigeae*）．そして下段左はカザリサンゴヘビ（*Micrurus decoratus*）で，下段右は中央アメリカの大半の地域でありふれているフトオビシボンヘビ（*Tropidodipsas sartorii*）．バンドやリングの模様の変異に注目．これらはいずれも，鳥類の捕食を避けるうえで普遍的に有利になりうる．アメリカサンゴヘビはフロリダにて Dan Dourson 氏撮影．ほかのヘビは著者撮影で，スカーレットキングヘビは南フロリダ，チュウベイサンゴヘビ，ブラックミルクスネーク，フトオビシボンヘビはコスタリカ，カザリサンゴヘビはブラジルのイタチアイア国立公園にてそれぞれ撮影したもの．

図 5.20
威嚇ディスプレイを見せるアカコーヒーヘビ（*Ninia sebae*）．このヘビは通常隠れており，見つかると決まって不動の姿勢を取る（この行動から，メキシコの一部では「眠れる頭」を意味する「dormiloma」という名を得ることとなった）．しかしながら，驚かされたり邪魔されたりすると，このヘビは首や体の一部を縦扁し，前方へと這い，頭を持ち上げることがある．このヘビはまた，赤い色の背面を潜在的な捕食者の方に向け，体をがくがくとのたうたせたり，動かしたりする．このような頭部や頸部のディスプレイは，この小ささ（最大で 40 cm）のヘビでは比較的珍しい．おそらく，このヘビをより大きくて脅威的な存在に見せかけるのに役立っている．ベリーズにて Dan Dourson 氏撮影．

図 5.21
Brazilian Hawkmoth（*Hemeroplanes ornatus*）と呼ばれるスズメガの幼虫は，潜在的な捕食者の恐怖にさらされると，自身をヘビに似せるよう体を膨らませる．このそっくりさは驚異的であり，このイモムシはさらに，より似せるべく体を左右に揺する．潜在的な捕食者は，この偽りのヘビが咬んでくるとすら思うかもしれない！ Lincoln Brower 氏撮影．

類が避けるという直接的な証拠を提供している．このように，サンゴヘビのものに似たリング模様に対する，自由移動する捕食性の鳥類による忌避は，一般的なようである．もっともらしいが実証の足りていない別の系には，シシバナヘビ類（*Heterodon* spp.；図 1.49 参照）などによる体型や体色におけるクサリヘビ科への擬態や，様々なナミヘビ類の間で見られるコブラのようなやり方で首を広げることが含まれる．多くのそのようなディスプレイは，しかし，適切なモデル種と同所的でないヘビにおいて生じ，防御戦略の収斂進化を表している可能性がある（図 5.20）．

ヘビに関わる擬態は，ほかの種類の生物にもおよぶかもしれない．たとえば，熱帯の昆虫にはヘビを擬態しているように見えるものがあり，洗練されたそっくりさは本当に注目に値する（図 5.21）．リング模様のある熱帯のヤスデにも，リング模様のヘビに似ていることに何かしらの有利さがあるかもしれないが，これは今のところ単なる憶測である．

黒化

黒化（melanism）とは，皮膚における過度の色素沈着や黒変のことを指し，通常遺伝的に決定され進化的な起源をもつ．いくつかの例では，黒化は一遺伝子座における潜性ホモ接合体により決定されている．黒化の意義は，19 世紀から生物学者の注目を集めてきた．ほかの爬虫類，鳥類，哺乳類と同じく，黒化はヘビでもかなりありふれたことである．場合によっては，個体における黒化は部分的なことがある．また，集団が黒化した個体と

図 5.22
ほぼ完全に黒い色をしたアリゾナクロガラガラヘビ（*Crotalus cerberus*）．その生息域と結びついている太古の溶岩流の一部である，黒っぽい岩の上で見ると，その色がこのヘビを隠蔽的にする．William B. Montgomery 氏撮影．

通常の色をした個体の混合を反映し，稀な，あるいは十分に確立した多型を示すこともある．その種の環境，生態，および行動に応じた，もっともらしい有利さが黒化個体には複数ある．

ひとつの明らかな有利さは，黒や非常に黒ずんだ個体は暗い背景と一致するときに隠蔽的になるということだ（図 5.22, 5.23）．前述した，暗色の溶岩流上で見られるシモフリガラガラヘビの一亜種（*Crotalus mitchellii pyrrhus*）と，太古の火山から流れ出た黒い溶岩付近の分布の限られるアリゾナクロガラガラヘビ（*C. cerberus*）（図 5.22）のそれぞれにおける暗色の個体が，その例である．隠蔽の別の状況には，皮膚の暗色が，野火によって焼け焦げた背景や物体に対して一致することが挙げられる．個人的な経験から，野火を頻繁に経験したきた歴史をもつ南カリフォルニア州の一帯では，ナンブニシカイガンガラガラヘビ（*C. oreganus helleri*，図 4.6）が強い暗色を呈する傾向にあると感じている．野火は一瞬の出来事だが，開けた生息地で採餌する傾向のある空中捕食者の出現が増えるため，おそらく 1 年から 3，4 年の間，自然選択が非常に激しくなる．さらに，焼け焦げた低木の幹は，何年間にもわたって黒ずんだままである傾向がある．最近焼けた生息地を歩いていてそれらをヘビと瞬間的に混同するということが，著者にはしばしばある．

黒化が適応的になるまた別の状況は，比較的寒い環境において迅速な体温上昇と体温調節のために発揮されると推測される有利さである．これが多くのトカゲの種で重要な役割を果たしているということは明らかにされており，ガーターヘビや黒化型のヨーロッパクサリヘビ（*Vipera berus*）でも同様である．Ralph Gibson 氏，Bruce Falls 氏，Tonya Bittner 氏らほかの実証によると，コモンガーターヘビ（*Thamnophis sirtalis*）の黒化型の成体は，同種の通常の体色型と比べ，1 日の寒い時間帯に際立って高い体温（＋約 1.3℃）を維持する．より高い体温は個体の代謝速度や成長速度に影響をおよぼし，繁殖の成功を高めることへとつながる．黒化型は，一年のうちでもいくぶん長い期間活動できるかもしれない．しかしながら，黒化型個体はよく目立ち，強い捕食圧を受けるため，特定の場所にしかいなかったり，集団中において中程度から比較的低い頻度でしか存在しなかったりする可能性がある（監訳者注：捕食圧の高さだけでは集団中に多型が維持されることを説明できないため，後者の可能性には別の機構も想定する必要がある）．捕食リスクが高いことは，Claes Andren 氏と Goran Nilson 氏により，ヨーロッパクサリヘビの島嶼個体群における黒化型について実証されている．

暗色の色素沈着がもつ別の機能は，有害な紫外線から生殖器やほかの重要な器官を保護することである．様々な種，特に強い日差しを受ける開けた場所に生息する種では，消化管を囲む体内の薄い膜組織（腹膜と呼ばれる），生殖器，そして毒ヘビの毒腺に，メラニンの密な層が見られる．皮膚に存在するものに加え，これらの体内メラニンは，紫外線の透過による有害な影響から繊細な内臓を保護すると考えられている．メラニンの量の変化とその皮膚全体への分散は，体壁を透過する放射線量に大きく影響する．色の変化しやすい砂漠棲のトカゲを用いて行われたWarren Porter氏とKenneth Norris氏の実証研究によると，皮膚の色を明るくすると，体癖を透過して腹膜に達する紫外線と可視光線の量が2倍になる．細菌に対する効果で判断すれば，これは，突然変異を潜在的に誘発する量である．したがって，いわゆる「黒色腹膜（black peritoneum）」は，入ってくる放射線を防ぐ重要な盾である．

体色模様の変化

ヘビの体色模様は一般に固定されており，個体内での色変化の不安定さ（特に短期間の変動）は，あってもカエル，トカゲ，魚といったほかの分類群で起こるものほど顕著ではない．しかし，幼蛇の示していたブチやバンド模様が成蛇になると単一色や縦縞模様に変わるという，発達の過程における体色模様の著しい変化は，ごく一般的である．体色模様の変化が行動の変化に呼応し，隠蔽や被食回避戦略と関連しているように思われる場合もある．たとえば，ヌママムシ（*Agkistrodon piscivorus*）の幼蛇は，オレンジ色もしくは茶色がかった色のブチ模様やクロスバンド模様をしているが，成蛇は茶色や黒のより一様な色をしている（図1.32；図2.28も参照のこと）．若いヘビは，落ち葉や地表植生のある場所で動かずに多くの時間を過ごしがちであり，こうした幼蛇の体色は，この採餌生態に関連した隠蔽を与える傾向がある．この採餌生態は，浅い水辺や，泥っぽい池や小川の土手で夜間に採餌する成蛇とは対照的である．別の言い方をすれば，ヌママムシの幼蛇における体色模様は，広葉樹林の落葉落枝の中でとぐろを巻くと非常に目立たなくなる近縁のカパーヘッド（*Agkistrodon contortrix*）における体色模様に多少似ている（図1.32）．残念ながら，ヌママムシの幼蛇が，成蛇の行動との比較において枯葉の中でとぐろを巻く傾向をもつということを確認できる定量的なデータは存在しない．

アメリカレーサー（*Coluber constrictor*）の研究でDouglas Creer氏が実証したところによると，新生仔と幼蛇は成蛇と比べて攻撃的行動を示しがちで，それは成蛇が逃走行動を特徴としたことと対照的であった．成蛇が青や茶色から黒まで幅のある一様な色を発色させるのと対照的に，若いヘビはブチの体色模様をもつ．しかしながら，個体発生に伴うヘビの体色変化にどういった意義があるのかは，一般にはよくわかっていない．

個体発生に伴う体色の変化には，実質的に日々変わることのない固定された色素パターンが関わる．そのため，幼蛇の模様から成蛇の模様への変化は，構造的体色変化（morphological color change）と呼ばれているものの例になる．構造的体色変化は個体の生涯にわたって起こる．すなわち，その種がもつ体色模様が比較的長い進化的時間にわたって変化してきた結果としての，進化的な変化の表れである可能性がある．一方で，色素胞がホルモン刺激や神経刺激を受け，個体の中で数分から数時間の短期間で起こることのある体色変化もあり，これは生理的体色変化（physiological color change）と呼ばれている．この生理的体色変化は，一部のほかの動物では一般的だが，ヘビでは比較的珍しく，起こらなくはない程度である．両者の違いは，生理的体色変化では色素（通常はメラニン）が真皮黒色素胞プロセスの内外に移動すること（内向きまたは外向きで，それぞれ暗色化または淡色化を引き起こす）を伴うのに対し，構造的体色変化では，皮膚の中にある黒色素

図 5.23
上段の写真は，最近の野火のせいで黒くなった花崗岩の露頭から現れたシモフリガラガラヘビの一亜種（*Crotalus mitchellii pyrrhus*）を示す．この生息地の焼け焦げた岩の色は，通常はピンクがかったオレンジ色であり，ヘビの体色と一致している．下段の写真は，その周囲の（野火にさらされていない）岩が通常のピンク色をしていることを示す．左側のヘビは，別個体のシモフリガラガラヘビの亜種で，右側はナンブニシカイガンガラガラヘビ（*C. oreganus helleri*）である．早朝に撮影したため，影が意図せず黒い色を誇張している．体を温めた後，シモフリガラガラヘビの亜種は岩によりしっかりと調和し，上段の写真のもとと同じように体色が明るくなる．一方でナンブニシカイガンガラガラヘビは，生まれつき非常に黒い．これはピンク色の岩と明らかに一致しないが，火事の後の黒くなった基質の上では比較的隠蔽される．カリフォルニア州サンディエゴ郡のラグーナ山地南部にて著者撮影．

図 5.24
フロリダヌママムシ（*Agkistrodon piscivorus conanti*）の皮膚．本種の実際の生息地（ローワー・サワニー国立野生動物保護区）に存在する乾いた泥の表面層によって色がつけられている．上段の写真では，脱皮の前（左）と後（右）の 2 匹の幼蛇が示されている．下段の写真にある皮膚は，同じ地域で採集された，より歳をとった個体のもので，脱皮の直前に古い表皮の一部が除去された状態を示している．より古い，外側の世代の表皮は，生息地の乾いた泥の層に覆われているが，一方でその下に現れる新しい皮膚は，付着する泥粒子で覆われる前は全く異なる色をしている．著者撮影．

胞の絶対数が増減することを伴うということだ．

生理的体色変化は，クサリヘビ科，ボア科，ドワーフボア科，ツメナシボア科，およびナミヘビ科を含むいくつかの科のヘビで記録がある．それは多くの場合で周期的で，活動周期や 24 時間の光周期に関係しているようだ．ほかの場合については，体色が季節的に変化しているかもしれず，人間の視覚系では検出が難しいかもしれない．Scott Boback 氏と Lynn Siefferman 氏はボアコンストリクターでこのような現象について研究し，メラトニン（melatonin）と黒色素胞刺激ホルモン（melanophore stimulating hormone，つまり MSH）を含む，深層のホルモンサイクルに構造的体色変化は関係している可能性があると示唆した．ヘビの体色変化のパターンは，おそらく，隠蔽，体温調節，および性的シグナルと関連して種ごとに進化してきた．

ガラガラヘビのなかには，体温や活発さの高まりに伴って体色が明るくなる傾向をもつものがいる．メラニン分散の相対的な状態に対するホルモン制御が，こうした変化を制御する機構を構成していると示唆されている．Hermann Rahn 氏による初期の研究は，高い体温がガラガラヘビの黒色素胞を収縮させることを明らかにした．また，明化の状態は，脳下垂体の外科的除去に応答して見られるものに似ていた．脳下垂体の除去は，下垂体ホルモンの黒色素胞分散作用を排除するものである．

アメリカ南西部のシモフリガラガラヘビ（*Crotalus mitchellii*）は，体色模様が特に変わりやすいように思われる．モハーヴェ砂漠の溶岩流の上または近くで捕獲された標本は，スレートグレー（ねずみ色）に近い色に見えるが，一方で，その近くの，砂や明るい基質の場所で捕獲された個体は，白っぽい外見をしていることがある．著者はまた，各自の生息地で優占する土や岩に全般的に一致する，濃い灰色や青みがかった色合いからより明るい，通常のピンクがかった色までの幅広い体色の変異を標本で確認してきた．さらにそれらのヘビは，基本的な地面の色だけでなく，生息地にある花崗岩の斑点状の外観にも合うように，背側の体色模様を変化させることができているように思われる．それにもかかわらず，これらのヘビの基本的な地色は，その個体発生の初期のどこかで「固定」されるように思われる（図 5.23）．

環境からの直接的な色の獲得

遺伝的な基盤をもつ体色模様は，ヘビがその環境中で直接接触する埃や泥の粒子の付着にも影響される可能性がある．一般にヘビの皮膚は，部分的には表皮の微細構造特性の疎水性のために，極めて清潔に保たれている．しかし，河川の土手といったよく泥だらけになる環境，あるいは埃や砂が風に吹かれている乾いた生息地にいるヘビは，通常の皮膚色の代わりとなる塵の薄い層を蓄積することがある．河川の土手や池に関わる泥だらけの表面を這うヌママムシの皮膚に泥が付着することは，そのひとつの例である（図 5.24）．

ヘビの配色の遺伝学

皮膚の色の遺伝学はヘビではよく研究されておらず，着色に関連する遺伝的な仕組および発現に関する知見の多くは，ほかの動物の調査から得られてきた．しかし，ヘビの体色に関する研究は 2 つの主要な関心事と関連して生じる．第一に，体色，進化の原理，または自然淘汰に興味を持っている進化生物学者は，ヘビが魅力的な色彩システムの多様性を提供していること，また自然選択圧の対象となっていることを認識している．この選択圧は，特定のパターンや変異性に関わる，その根底にある遺伝的機構を理解するために有用となる実験系を提供するものである．第二に，爬虫両生類の飼育愛好家らは，ペット業界で人気のある色彩変異体の様々な変異系統を繁殖させることに興味がある．様々な私的および商業的な繁殖プログラムにより，買い手の興味をそそる様々な血統や亜種において，色彩の基礎的なメンデル遺伝学に関する情報が得られてきた．こうした繁殖プログラムに関連する知見の多くは，科学文献で公表されてはいないが，関わっている様々な個人から入手することが可能である（図 5.25）．

ヘビやほかの脊椎動物の皮膚の色は，比較的迅速な自然選択の対象とされることがあり，また比較的単純な遺伝的機構によって表出されます．ヘビにおけるメラニンの生成は一対の遺伝子により調節され，その両方が潜性のときはアルビノ（albinism）を生じることがある．しかしながら哺乳動物とは異なり，アルビノのヘビは通常の量の赤色と黄色を皮膚に保持しているので，この状態はメラニン欠乏性部分的白化（amelanistic partial albinism）と呼ぶのがより適切である．さらに，この状態を生み出すことのできる遺伝的欠損は，おそらく多数ある．皮膚に存在する黒色の量には大きな変異があり，その量もまた複数の対立遺伝子（特定の遺伝子の代替型）によって制御される．体色模様に関係するメラニンが，皮膚全体に散漫と散らばっているメラニンとは異なる様式で遺伝するということが明確に示唆されている種もいる．

図 5.25
「VPI」として知られる Vida Preciosa International, Inc. での業務の様子．これは，テキサス州サンアントニオ近郊で David Barker 氏と Tracy Barker 氏によって所有，経営される営利事業である．VPI は，そのニシキヘビのコレクションと人工繁殖で最もよく知られる．Here Tracy 氏が，人工孵化のためにマレーアカニシキヘビ（*Python brongersmai*）のケージから卵を用意しているところが示されている．VPI における，様々なニシキヘビの種での人工繁殖の成功は，多数の色彩変異型を生み出した．その多くは，分類学的で地理的な天然の変異と結びついている．David Barker 氏撮影．

多くのヘビの種は，加齢とともに黒っぽくなる．たとえば，ノーザンブラックレーサー（*Coluber c. constrictor*）では成蛇になると非常に黒くなり，トウブシシバナヘビ（*Heterodon p. platirhinos*）では黒化個体が通常の色彩型であり，島嶼個体群のフロリダヌママムシ（*Agkistrodon piscivorus conanti*）では本土個体群の同種がそうなるより若くしてほとんど一様な黒色へと変わる（図 1.32 上段にある成蛇の色を参照のこと）．五大湖沿岸近くのイースタンガーターヘビ（*Thamnophis s. sirtalis*）には真っ黒で誕生するものがおり，これは一対の潜性遺伝子に起因しているということが初期の繁殖実験で示唆された．しかしながら，この仮説にはその後の研究から疑念が呈されている．Richard Zweifel 氏は，本種の黒化が遺伝的構成だけでなく環境の影響，たとえば寒い気温にも依存している可能性を示唆した．

ヘビの種間や個体群間には，体色模様の多くの正常な変異がある．それらは，個体差，個体発生に伴う変化，地域ごとの地理的変異，および集団内の二型や多型に関連している．体色の異常型は，ときどき爬虫両生類学者によって野外採集個体から報告され，また様々な異常模様は，遺伝子の突然変異や遺伝子発現の異常変化を反映している可能性がある．模様の二型性の古典的な例は，カリフォルニアキングヘビ（*Lampropeltis californiae*）で見られる．通常型の体色模様は，交互に並んだ黒と白（あるいは茶色と黄色）のバンドで構成されるが，別の型のものは，背中の中央を走る白い縦縞で構成される（図 5.26）．本種の生息地全域で多数派はバンド模様を示すが，サンディエゴ近郊では約 40% の個体が縦縞模様を示す．縦縞模様は遺伝的な突然変異として起源してきたため，どちらの型も同腹のヘビに表れ，自然な二型性を表す．

最後に，色彩多型の興味深い例にはセグロウミヘビ（*Pelamis platura*）がある．この沖

図 5.26
カリフォルニアキングヘビ（*Lampropeltis californiae*）における3つの異なる色彩型．縞模様型（上段）は，本種の野生集団における一般的な型である．縦縞型（中段）はそれほど一般的ではないが，サンディエゴ近郊ではある程度普通に見られる．斑点型（下段）は非常に珍しいが，本種の模様にさらなる変異があることを示す．これらの写真はまた，茶色から黒までおよぶ，地面の色の変異も示している．著者撮影．

図 5.27
コスタリカ，プンタレナスのドゥルセ湾の黄色型の個体群から採集されたセグロウミヘビ（*Pelamis platura*）．著者撮影．この個体群のほとんどの個体は全身が黄色いが，より「普通」の二色型のヘビが一匹，黄色い個体とだけでなく，黒い斑点が背面に散らばる個体とも対比するために，下段の写真で示されている．

合性の種は，ヘビの種の中で最も広い生息域をもち，体色と模様に広範囲の変異を示す．ほとんどの個体は黒や茶色の体色をしているが，それは背面に大きく限定され，腹面で主な色になっている黄色の斑点，縦縞，バンド，あるいはまだら模様が，そこに混ざる（図 1.44）．尾は通常，黒と，黄色もしくは白の組み合わせで，まだらになっている．コスタリカとパナマの特定の地域からは，全身黄色の個体が報告されている．特に，コスタリカ南方のドゥルセ湾には，全身黄色の個体で構成された局所集団がいるようである（図 5.27）．Alejandro Solórzano 氏は示唆したところによると，この個体群は湾内外における表面流の循環パターンのため，湾の内部に比較的隔離されている．暫定的な証拠によって示唆されるのは，海流によるそのような隔離が外洋の個体群と湾内の個体群の間の遺伝子流動を制限し，集団間の分化と思われるものに寄与したかもしれないということである．

色彩多型に関する結論

ヘビの体色における変異性は集団内の変異と種内の変異を含み，また多くの部分で環境との相互作用，特に捕食の脅威を反映するようである．ヘビは鳥にとって非常に魅力的な獲物であり，鳥からの捕食圧は非常に重要である可能性がある．種内の体色変異が多型を反映する限り，体色の「生態型」が遺伝子の共適応複合体を伴っていくことが，生態学的および進化学的な帰結により促進される．オーストラリアの有鱗目を対象にした，Anders Forsman 氏と Viktor Åberg 氏による最近の比較解析は，体色模様に変異のある種は生息域がより広くて，より多様な生息場所を活用しており，絶滅の危機にさらされていない傾向にある，ということを実証した．変異のある体色模様，つまり色彩多型性が，様々な環境を活用する能力とその生息域を広げる能力を高めることを通して，その種おける，環境中の資源を利用する効率の向上を可能にする．こうした理論的な予測を，これらの知見は反映しているようである．このように，着色の研究によって集団過程と進化過程に関わる重要な法則の解明が可能になる優れたモデルシステムを，ヘビは提供しているのである．一方で，根本的にヘビは絶妙にカラフルな動物であり，私たちの生の感情を刺激してくるその美しさを楽しむことに弁明を追加する必要はないだろう．

Additional Reading より深く学ぶために

Andrén, C., and G. Nilson. 1981. Reproductive success and risk of predation in normal and melanistic colour morphs of the adder, *Vipera herus. Biological Journal of the Linnean Society* 15:235-246.

Avolio, C., R. Shine, and A. J. Pyle. 2006. The adaptive significance of sexually dimorphic scale rugosity in sea snakes. *American Naturalist* 167:728-738.

Bechtel, H. B. 1995. *Reptile and Amphibian Variants: Colors, Patterns and Scales.* Malabar, FL: Krieger Publishing

Bittner, T. D., R. B. King, and J. M. Kerfin. 2002. Effects of body size and melanism on the thermal biology of garter snakes (*Thamnophis sirtalis*). *Copeia* 2002:477-482.

Boback, S. M., and L. M. Siefferman. 2010. Variation in color and color change in island and mainland boas (*Boa constrictor*). *Journal of Herpetology* 44:506-515.

Brodie, E. D., III. 1989. Genetic correlations between morphology and antipredator behavior in natural populations of the garter snake *Thamnophis ordinoides. Nature* 342:542-543.

Brodie, E.D., III. 1990. Genetics of the garter's getaway. *Natural History* 99:44-50.

Brodie, E. D., III. 1992. Correlational selection for color pattern and antipredator behavior in the garter snake *Thamnophis ordinoides. Evolution* 46:1284-1298.

Brodie, E. D., III. 1993. Differential avoidance of coral snake banded patterns by free-ranging avian predators in Costa Rica. *Evolution* 47:227-235.

Brodie, E. D.,III, and F. J. Janzen. 1995. Experimental studies of coral snake mimicry: Generalized avoidance of ringed snake patterns by free-ranging avian predators. *Functional Ecology* 9:186-190.

Creer, D. A. 2005. Correlations between ontogenetic change in color pattern and antipredator behavior in the racer. *Coluber constrictor. Ethology* 111:287-300.

Endler, J. A., and J. Mappes. 2004. Predator mixes and the conspicuousness of aposematic signals. *American Naturalist* 163:532-547.

Forsman, A., and V. Åberg. 2008. Associations of variable coloration with niche breadth and conservation status among Australian reptiles. *Ecology* 89:1201-1207.

Gibson, A. R., and J. B. Falls. 1979. Thermal biology of the common garter snake *Thamnophis sirtalis*

(L.). II. The effects of melanism. *Oecologia* 43:99-109.

Hedges, S. B., C. A. Hass, and T. K. Mangel. 1989. Physiological color change in snakes. *Journal of Herpetology* 23:450-455.

Hulse, A. C. 1971. Fluorescence in *Leptotyphlops humilis* (Serpentes: Leptotyphlopidae). *Southwestern Naturalist* 16:123-124.

Jackson, J. F., W. Ingram III, and H. W. Campbell. 1976.The dorsal pigmentation pattern of snakes as an antipredator strategy: A multivariate approach. *American Naturalist* 110:1029-1053.

Lillywhite, H. B. 2006. Water relations of tetrapod integument. *Journal of Experimental Biology* 209: 202-226.

Lillywhite, H. B., and P. F. A. Maderson. 1982. Skin structure and permeability. In C. Gans and F. H. Rough (eds.), *Biology of the Reptilia*, vol. 12, *Physiology C, Physiological Ecology*. New York: Academic Press, pp. 379-442.

Maderson, P. F. A. 1965. Histological changes in the epidermis of snakes during the sloughing cycle. *Journal of Zoology* (London) 146:98-113.

Maderson, P. F. A. 1984. The squamate epidermis: New light has been shed. *Symposium of the Zoological Society of London* 52:111-126.

Maderson, P. F. A. 1985. Some developmental problems of the reptilian integument. In C. Gans, F. Billett, and P. F. A. Maderson (eds.), *Biology of the Reptilia*, vol. 14, *Development A*. NewYork: John Wiley & Sons, pp. 523-598.

Maderson, P. F. A., K. W. Chiu, and J. G. PhiUips. 1070. Endocrineepidermal relationships in squamate reptiles. *Memoirs of the Society for Endocrinology* 18:259-284.

Maderson, P. F. A., T. Rabinowitz, B. Tandler, and L. Alibardi. 1998. Ultrastructural contributions to an understanding of the cellular mechanisms in lizard skin shedding with comments on the function and evolution of a unique lepidosaurian phenomenon. *Journal of Morphology* 236:1-24.

Niskanen, M., and J. Mappes. 2005. Significance of the dorsal zigzag pattern of *Vipera latastei gaditana* against avian predators. *Journal of Animal Ecology* 74:1091-1101.

Porter, W. P., and K. S. Norris. 1969. Lizard reflectivity change and its effect on light transmission through body wall. *Science* 163:482-484.

Pough, F. H. 1976. Multiple cryptic effects of cross-banded and ringed patterns of snakes. *Copeia* 1976: 834-836.

Rahn, H. 1942.Effect of temperature on color change in the rattlesnake. *Copeia* 1942:178.

Sheehy, C. M., Ill, A. Solórzano, J. B. Pfaller, and H. B. Lillywhite. 2012. Prehminary insights into the phylogeography of the Yellow-bellied Sea Snake, *Pelamis platurus*. *Integrative and Comparative Biology* 52:321-330.

Solórzano, A. 2011. Variación de color de la serpiente marina *Pelamis platura* (Serpentes: Elapidae) en el Golfo Duke, Puntarenas, Costa Rica. *Cuadernos de Investigación UNED* 3:89-96.

Tu, M.C., H. B. Lillywhite, J. G. Menon, and G. K. Menon. 2002. Postnatal ecdysis establishes the permeability barrier in snake skin: New insights into lipid barrier structures. *Journal of Experimental Biology* 205:3019-3030.

Zweifel, R. G. 1998. Apparent non-Mendelian inheritance of melanism in the garter snake *Thamnophis sirtalis*. *Herpetologica* 54:83-87.

第6章

体内輸送

※全訳は電子版に収録

ヘビの体内で血液がどのように循環しているか，肺が酸素の運搬をどのように助けているかについて考えを巡らす人はほとんどいないだろう．しかし，これらはヘビが生きるために不可欠な働きである．また，ヘビは細長い体をしており，摂餌方法や移動方法が独特なため，その循環系もほかの動物とは全く異なる適応に満ちている．本章では，ヘビの循環系に見られる特徴を扱う．ヘビの心臓はほかの有鱗目やカメのものとよく似ており，ワニ，鳥類，哺乳類のものとは大きく異なっている．ヘビでは心室が完全には仕切られていないため，肺から来る酸素を豊富に含んだ血液（通常は全身に送られる）と，全身を巡った後の酸素に乏しい血液（通常は肺に送られる）とを，心臓内で部分的に入れ替えることができる．このような現象はシャントと呼ばれ，水棲種においては水中での皮膚呼吸や深く潜水した後の減圧症の防止に役立っている．水棲種は体内を巡る血液の量や，血液中の赤血球の量が多いため，より多くの酸素を貯めることができる．頭を上にする姿勢で過ごすことが多い木登りをするヘビでは，心臓が頭に近い位置にあり，それによって重力に逆らって脳へ血液を送りやすくなっている．また，血管の周りの組織が密になっていることで，縦向きの姿勢でも体の下の方に血が溜まりにくくなっている．ほかの脊椎動物の多くが左右対称に対になった肺をもつのに対し，ヘビの左の肺は非常に小さいか完全になくなっており，右の肺が大きくなってガス交換の機能を担っている．ヘビの肺は細長い紡錘形をしており，ガス交換を行う部分（vascular lung）と，そうでない部分（saccular lung）から構成されている．後者には，換気を助ける，空気を溜める，水分の蒸発によって体温を下げるといった機能がある．また，現生する科のおよそ半分は，気管にもガス交換を行う構造（tracheal lung）をもっている．アジア産のヘビの30％以上は，気管に沿って連なる袋状の構造（tracheal air sac）を持っている．この構造は，ヘビが防御のために発する噴気音を反響させたり，頸を広げるディスプレイをするために使われていると考えられている．

第7章

感覚器の構造と機能
：ヘビは世界をどう感じているのか

野生のヘビに近づくと，侵入者たる自分の存在がヘビに認識されたという最初の証拠は，おそらくその舌によってもたらされる．目では表情を伝えたりやウィンクしたりすることができないし，前に向けて立てる耳もない．背景にとけ込む体色によって発見されないよう，ヘビは本能的に努め，不法侵入者に気づかれたと察知するまでは滅多に動かない．そしてフリックされる舌は，見知らぬ者を調べるために何らかの形で用いられる．その者の性格と意図について，何らかの兆しを与えるために．ごく最近まで，舌によって伝えられるイメージの本質と，それがヘビの意識に伝達される過程は，知られていなかった．今では，匂いを嗅ぐ唯一の手段ではないにせよ，舌は嗅覚の補助的なものであると信じられている．

—Lawrence M. Klauber, Rattlesnakes. Their Habits, Life Histories, and Influence on Mankind（*1956*), *396-97*

情報の必要性

草の中をスルスルと這っていったり，熱帯林の高い林冠の中を通ったり，サンゴ礁を横切って海を泳いだりするときに，ヘビが世界をどのように認識しているかを想像してみよう．頭の後ろには長くて細い体がある．外耳はないが，目は大きく，舌は規則的にちらつき，そして長い体は物理的環境の中で液体や物体を押しのける．ヘビには，驚くべき感覚があることがわかっている．その中には，私たちにはできない方法で世界を知覚する方法が含まれている．よく研究されている感覚もあるが，ほかの動物で知られているものと比較して無視されているものもある．確かなことは，ヘビの脳は，その外界についての豊富な種類の情報を受け取っているということだ．そしてこの情報は，集団としてのヘビの存続と成功にとって重要である．

脊椎動物の進化過程において，多くの異なる生息場所で生きていくための大型化と特殊化は，環境を絶え間なく監視するための能力の増大なしには起こらなかった．動物は，情報を処理して利用するための中枢神経系を発達させただけでなく，情報を取得するための感覚能力を増大させた．動物は，周りの環境中にあるものと適切な対処方法を知らなければならなかった．左右相称動物では頭部の先端が最初に環境に出くわすため，感覚器の配置は頭部あるいはその周辺に集中する傾向がある．このことはヘビにも当てはまるが，胴体もまた感覚に関わる構造物を数多く備え，環境に対する反応を待っている．本章では様々なモダリティで情報を取得する多様な感覚と器官について知られていることを考慮しながら，ヘビの感覚世界を探っていく．

モダリティ（modality）という用語は，刺激（stimulus）の質的な性質，つまり光，音，振動などの性質のことを指す．刺激は，受容器を興奮させるあらゆる形態のエネルギーのことを指し，受容器は刺激によって興奮し，刺激を変換する構造物として定義される．受容器は典型的には特殊化した神経終末だが，特定の刺激を受け取るために改変され，特殊な神経終末と結合しているほかの細胞のこともある．目の桿体細胞と錐体細胞がその例である．変換器（transducer）とは，ある形態から別の形態へとエネルギーを変化させる任意の（生物もしくは非生物の）装置のことである．それで，引き続き目を例にとると，桿体細胞と錐体細胞は，それらに降りかかる捕えられた光エネルギーを，神経膜に沿って伝わる生体電気信号に変換する．光，熱，音などといった刺激のモダリティにかかわらず，すべての刺激が同じエネルギーの形態に変換され，神経のインパルスとして脳に伝わると考えると，非常に驚くべきことである．神経経路および信号を受信する脳領域における特異性が，光や音といった，その個体の知覚する感覚を決定する．

視覚：目が見ているもの

ヘビは一般に優れた視覚をもっているが，ほかの多くのものより樹上棲のヘビでよく発達しており，穴を掘る種と，濁った水中に生息しているかもしれない一部の水棲種ではあまり発達していない．基本的には，物理的な特徴において，ヘビの目は人間を含むほかの脊椎動物の目と非常によく似ている（図7.1）．それはカップのような形をしている．頭の上に左右対称の一組があり，「眼球」は球形である．目に入る光は角膜（cornea）と呼ばれる透明な組織層を通過する．角膜は，強膜（sclera）と呼ばれる結合組織と連続している．強膜は，人間では「白目」と呼ばれるものを形成している．しかしながら，ヘビの強膜には，ほかの脊椎動物に見られるような密な繊維性，軟骨性，あるいは骨性の輪がない．入ってくる光は，次に眼房内部の液体を通過し，網膜（retina）によって吸収される．網膜は，桿体細胞および錐体細胞と呼ばれる視覚受容器を含む組織層である．角膜のすぐ後ろには虹彩（iris）と水晶体（lens）がある．虹彩は，瞳孔（pupil）と呼ばれる開口部を取り囲む色素性の平滑筋で構成されている．虹彩は縮んだり広がったりすることができ，それによって瞳孔の開口部を調節して入ってくる光の量を加減する．薄暗い光の下では虹彩は広がり，瞳孔が拡大し，そしてより多くの光が目に入るようになる（図7.2）．

図7.1
セグロウミヘビ（*Pelamis platura*：上段）とミドリニシキヘビ（*Morelia viridis*：下段）の眼．ウミヘビの眼の中の拡散した色素とニシキヘビの縦方向に楕円形の瞳に注目．上段と下段の写真はそれぞれ Coleman M. Sheehy III 氏と Nicholas Millichamp 氏撮影．

いわゆる「スリット型瞳孔（slit pupil）」をもつ種（図7.1，7.2，7.4，7.5）においては「スリット」の周りの筋肉の配置は，最小限の筋収縮で目に入る光の量を制御す

図 7.2
瞳の拡張の違いを示すクサリヘビ科の2種．上段の写真は明るい光のもとで撮影されたパレスチナクサリヘビ（*Daboia palestinae*）で，下段の写真は薄暗い光の下で撮影されたシンリンガラガラヘビ（*Crotalus horridus*）．両種ともに縦方向に楕円形の瞳をもつが，上段の写真の瞳は，より眩しい状況で通す光の量を絞るために相対的に縮んでいる．いずれもテキサス大学アーリントン校で飼育中の個体で，Carl Franklin 氏の許可のもと著者が撮影した．

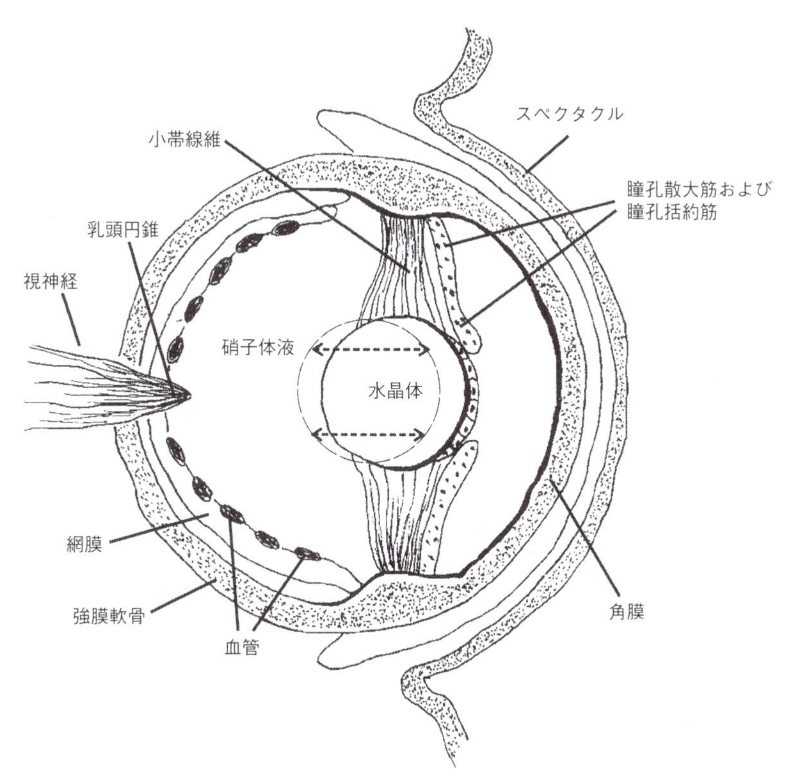

図 7.3
一般化されたヘビの眼の概略図．光は水晶体を通過し，網膜に並んだ光受容器を活性化する．ヘビは虹彩の筋肉を収縮させ，硝子液の内圧を高めて水晶体を前方に動かすことにより，光に焦点を合わせる．破線は水晶体のそうした動作を表している．Dan Dourson 氏作．

図 7.4
古い表皮を脱ぎ始めたエメラルドツリーボア（*Corallus caninus*）の頭．それまで目を覆っていたスペクタクルが脱げ，眼のすぐ後ろに見える（白矢印）．上唇の鱗の列に沿って並ぶひと続きの口唇ピット（labial pit）にも注目（黒矢印）．外鼻孔は写真の左手の頭の先にある．Elliott Jacobson 氏撮影．

るのをより容易にしている．スリット型瞳孔は薄暗い光の下では完全に丸い瞳孔に開くことができ，スリットは夜間の視覚には必要とされない．多くの夜行性の種はスリット型瞳孔をもたず，薄暗い光条件下でも十分に見ることができる．網膜が薄暗い光条件に適合しているものの明るい光条件にさらされる可能性もある，夜行性あるいは薄暮活動性の種においては，スリットは光の侵入のより精密な制御を提供するだけである．

水晶体は虹彩の後ろにあり，光を通過させるときに光線をお互いに向けて曲げる．このように光を曲げることは屈折（refraction）と呼ばれ，また屈折角は水晶体の曲率に依存する．角膜もまた光を屈折させ，水晶体によってもたらされるさらなる屈折は，単にその過程の「微調整」である．角膜と水晶体を通過した光線が収束する点は「焦点」と呼ばれる．鮮明な像を作り出すためには，光が網膜上にある焦点に収束しなければならない（図 7.3）．ヘビはこれを，虹彩にある筋肉を用いて網膜に対して水晶体全体を動かすことによって達成している．広がった虹彩の筋肉は硝子体液（vitreous fluid）に圧力を加え，それが硬い球面の水晶体を前に押し出す．水晶体は，これらの筋肉が弛緩すると受動的に後ろに戻る．このような，いわゆる遠近調節（accommodation）という方法はほかの脊椎動物との重要な違いであり，それらでは，ヘビの祖先において失われたと考えられる毛様体筋（ciliary muscle；「毛様体 ciliary body」とも呼ばれる）を用いて水晶体の曲率を変えることによって目の焦点を合わせている．現代のヘビに独特な，目の焦点を合わせるためのこの仕組みは，おそらくほかの脊椎動物とは独立に派生し，おそらく，祖先状態から退化した目の部分の，進化の結果としての「使用」を表している．

ヘビにはまぶたがなく，スペクタクル（spectacle）と呼ばれるものが，融合した角膜と強膜の，表皮を伴う組織から構成されている．スペクタクルは保護用で，まぶたと同じ役割を果たす．加えて，スペクタクルは目の屈折特性にも寄与していることが示されている．各脱皮サイクルで表皮が脱落すると，スペクタクルは更新される（図 7.4）．まぶたがないため，何を考えていようともヘビがあなたにウィンクすることはない．

脊椎動物の多くと同様に，ヘビの多くもまた網膜内に 2 つの重なり合う視覚系をもっている．ひとつは，薄暗い光に敏感で暗視に関与する，桿体細胞（rod）を含む．もうひとつは，明るい光条件下で色覚を提供する，錐体細胞（cone）を含む．桿体細胞と錐体細胞は，「オプシン（opsin）」と呼ばれる異なる視物質をもつことを特徴とする感光性細胞である．これらは，ビタミン A の，吸光性の誘導体と共役するタンパク質である．桿体細胞と錐体細胞の両方がある網膜は「duplex retina」と呼ばれる．

ウェイン医科大学眼科学分野の研究員である Gordon Walls 氏は，脊椎動物の目における適応性の多様性について早くに論文を書き，ヘビの目では錐体細胞と桿体細胞の比率に幅広い変異があることを指摘した．様々な程度で目が退化している穴を掘る種を除き，多くのヘビが色覚をもっていると考えられている．昼行性のヘビ，特にナミヘビ科とコブラ科の多くの陸棲種は，丸い瞳孔と，桿体細胞に対する錐体細胞の高い割合を特徴とする網膜をもつ．色覚は，色素間でのスペクトルの重なり具合に依存して制限されうるが，錐体細胞は，異なる色に対して敏感な色素をその細胞型ごとに含んでいる．昼行性のコブラ科とナミヘビ科の一部（たとえばコモンガーターヘビ *Thamnophis sirtalis*）は錐体細胞だけを含む網膜をもつということが示されている．そしてそこには，異なる視物質を発現する4つの異なる細胞型がある．存在する色素に応じて，昼行性のヘビは2色型色覚あるいは3色型色覚をもつ．明るさの穏やかな特定の条件下では桿体細胞の色素も活性化し，一部の人が「条件」形の色覚と呼んでいるものに寄与する可能性がある．

一方で，薄暮活動性のヘビ，夜行性のヘビ，あるいは穴を掘るヘビは，スリット型瞳孔と，専らもしくはおおむね桿体細胞をもつ網膜を，しばしば備える．ヘビにおいて視物質の分子特性が研究されるようになったのは，ごく最近になってからである．部分的に夜行性のボールニシキヘビ（*Python regius*）と，夜行性でかつ地中棲のサンビームヘビ（*Xenopeltis unicolor*）の2種のムカシヘビ類は，duplex retina をもっているということが明らかにされた．ただし，全光受容器の90%が桿体細胞に占められている．これらは初期に分岐したヘビの系統だが，その錐体細胞には祖先的な脊椎動物型錐体細胞の色素4種類のうち2種類があり，これらの種に2色型色覚を与えている．しかしながら色覚は，厳密に地中棲の種においては必要がなく，多くで完全に失われているようである．

刘阳（Yang Liu）氏とその共同研究者らは，ナミヘビ科のヘビにおいて，目の大きさの変異と，それが行動および生息場所にどう相関するかを調査した．眼径は，絶対的にも相対的にも，夜行性のヘビより昼行性のヘビで大きい．さらに，樹上棲のヘビは陸棲や水棲のヘビよりも眼径が大きい．陸棲のヘビの眼径は半水棲のヘビのものと似ているが，地中棲のヘビのものより大きい．これらの調査結果は，目の大きさの変異が特定の生息地，摂餌，およびその他の行動への適応を反映しているということを示唆している．

ヘビの頭部にある一対の目は，かなり様々な位置を占めている．通常は側面にあるが吻からの距離が様々で，ときには頭の上の方に位置する．たいていのヘビは広い視野をもっており，その範囲は100°強から160°にまで種により様々である．ヘビはまた両眼視（binocular vision）もできる．両眼視とは，2つの目の視野が重なっていることを指す（図7.5）．像の焦点は2つの網膜のそれぞれに同時に合わせられ，これが奥行きと距離の知覚を助ける．両眼視は，獲物を捕獲する際に距離と細かい動きを判断しなければならない，樹上棲のヘビの種で特によく発達している．アジアにいるナミヘビ科のオオアオムチヘビ

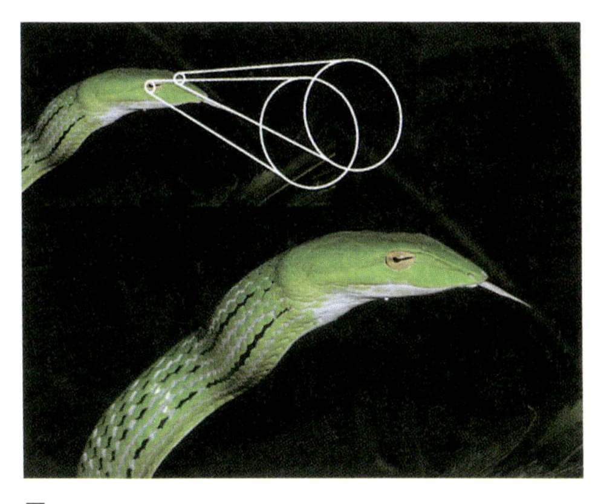

図7.5
鍵穴のような眼と，眼から鼻先にかけて延びる頭の側面の凹みを表す，樹上棲のオオアオムチヘビ（*Ahaetulla prasina*）の頭の写真．挿入図は，本種における両眼視と視野の重なりを示しており，それらは狭まった吻と相対的な眼の位置に関係する．伸びた舌の先が合わさっていることに注目．著者撮影．

図 7.6
高度に水棲になったミズヘビ科の2種がもつ，背側に位置する眼．左はフチドリミズヘビ（*Enhydris jagorii*）で，右はハイイロミズヘビ（*E. plumbea*）．タイにて John C. Murphy 氏撮影．

（*Ahaetulla prasina*）（樹上棲の種のひとつ）では，両眼視の範囲が約 45° であるのに対し，ほかのいくつかのヘビでは 20° から 30° である．本種含め，樹上性のナミヘビ類には吻の尖っているものがいる．これらの頭部の両側にある凹みは，頭部における鼻の面積を最小化し，それにより2つの目の視野の間で重複する範囲を広げている（図 7.5）．吻が細くなるのは，樹上棲のヘビの多くに特徴的であり，おそらく両眼視を向上させるための補助になっている．また，これらのヘビが獲物の方を向いていると，まるで「ポインター」として振る舞うかのように先を揃えて舌が伸ばされる．

おそらく，アジアとアフリカにいる1ダース以上のナミヘビ類（たとえばハナナガムチヘビ属 *Dryophis*，エダムチヘビ属 *Ahaetulla*，バードスネーク属 *Thelotornis*）が，両眼視できる前方の視野を拡大しつつ「広角」の視覚を提供する，水平な瞳をもっている．種によっては，瞳孔の形は，水晶体の中心に位置する「鍵穴」のようにもみえる（図 7.5）．これらのヘビは，非常に鋭敏な視力と，比較的鋭い，動作の検出力および距離の判断能力をもっていると考えられている．それらはまた中心窩（fovea centralis）ももっている．これは，比較的高密度の錐体細胞が存在し，それによって視覚の鋭敏さが最大になっている網膜上の凹みである．

水面に頭を浮かべて過ごす，水棲や半水棲の種には，頭部の高い場所に目がついているものがいる（図 7.6；図 1.23，4.8 も参照のこと）．このことにより両眼視できる視野の領域が拡大されシフトされるので，これらのヘビは，水中でも水面でも，上にあるものをよく見ることができる．ヤスリヘビ類（*Acrochordus* spp.）とミズヘビ科の一部の種（たとえばキールウミワタリ *Cerberus rynchops*）が例である．多くの底生魚もまた背側に両眼視領域をもっている．さらに，目が高い位置にあるほど，ヘビが水面にいるときに水上に突き出す必要のある頭の部分が小さくて済むため，視覚に頼る捕食者に対して目立たなくなる可能性がある．砂の中から目だけを出して過ごす，穴を掘るヘビや砂漠のヘビの一部でも，目が背側に移動している（図 1.20，図 3.16）．

ヘビの目の配色は，しばしば目を目立たなくすることに関連して，大きな変異を示す．眼帯（eye stripe）や，頭部におけるほかの様式の配色もまた，目を隠蔽的にするのに役立っている（図 1.29，1.32，1.36，1.43，1.48；図 7.8）．しかし，多くのヘビで目は非常に目立ちもする．これはおそらく，感覚器として必要とされる露出の，やむを得ない結果である．正直に言って，多くのヘビの目がなぜそのように色づけされているのかは不明であり，これらの色に機能的または適応的な価値があると考える必要は必ずしもない（図1.53参照）．

物体の方向を把握するのに，昼行性の捕食者である多くのヘビが視覚に強く頼っている．それらは潜在的な獲物を見つめ続け，トカゲが呼吸する動きや，昆虫の触角の動きのような，かすかな手がかりに反応することができる．両眼視や頭のすばやい移動によってひとつ以上の角度から同時に見ることにより，物体の位置と露出についての視覚情報は増加する．頭を揺らす動作は，多くのヘビにおいて獲物の捕獲に関連した状況で起こる．

聴覚，振動覚，および平衡感覚：耳の機能

聴覚と振動覚

音のエネルギーを収集して鼓膜に集中させるよう機能する，陸生哺乳類に特徴的な複雑な構造物に類する外耳は，ヘビにはない．鼓膜（tympanic membrane，eardrum）や，聴覚器である内耳に音のエネルギーを伝える外耳孔もしくは外耳道さえもない．言い換えると，かつて四足動物の主要な系統のすべてで独立に進化した鼓膜と中耳を，ヘビは（二次的に）失ったのだ．ヘビはこのように（おそらく地中棲あるいは水棲の祖先を反映して）解剖学的に独特なため，爬虫両生類学の歴史の中で長年ヘビには耳が聴こえないと思われていた．しかし内耳はよく発達しているので，それは振動刺激に反応するものと多くの爬虫両生類学者は仮定していた．最初に地面から頭の組織を通り，最終的に，ほかの脊椎動物では聴覚に関わる感覚受容器へと伝わる振動刺激に対してである．1970年代以来，生理学的研究と行動学的研究の両方から，ヘビが実際に地上，空気中，さらには水中で生じる振動刺激に反応することがわかった．したがって，ヘビは耳が聞こえないという一般的な見解は真実でない．ただし，聴覚は約50 Hzから1,000 Hz（Hz：一秒あたりの周期数）の限られた範囲の周波数に制限される．それに対して人間は，空気中を伝わる振動を20 Hzから20,000 Hzの範囲で知覚することができる．定義上，聴覚とは，その個体が接触している可能性のある地面や固形の物体によって伝達される非常に低周波の振動刺激とは異なり，空気中を伝わる振動の内耳による感覚的検知のことを指す．

ヘビは鼓膜をもたず，振動刺激の内耳への伝達に関わる要素は，耳小柱（columella）と呼ばれる一本の細い骨で構成されている．耳小柱は，哺乳類であぶみ骨（stapes）と呼ばれるものに相当する．耳小柱は，短い靭帯と，ときには軟骨性の構造物によって，方形骨につながっている．方形骨は上顎の後部要素であり，頭部の後方の角で下顎と関節している（図7.7；図2.5，2.6も参照のこと）．このようにして，ヘビの体に響く，空気中を伝わる音圧もしくは地面からの振動は，顎をとりまく組織，顎の骨および関節，耳小柱の長軸，そして最後に耳小柱の他方の端（耳小柱底 footplate）が取り付けられている内耳の液体へと伝達される．耳小柱を収容する空間は非常に縮退しており，隣接してこの構造物を包み込んでいるか，完全に失われている．

ヘビの内耳は，ほかの脊椎動物のものと基本的に類似している（図7.7）．それは，嚢

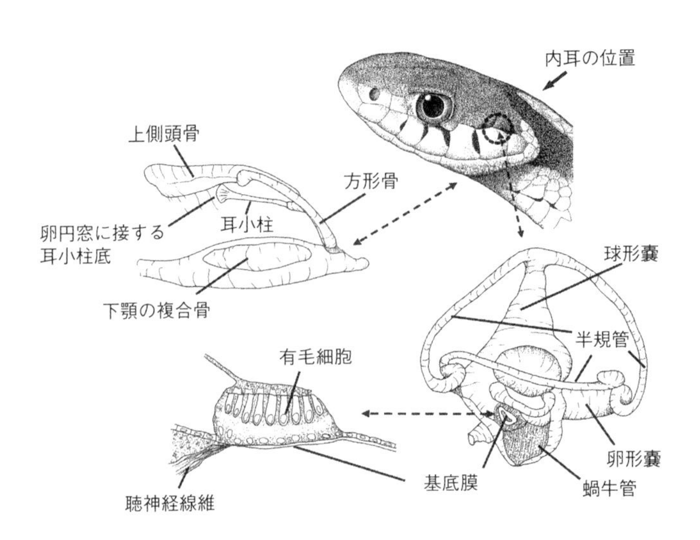

図 7.7
ヘビの聴覚装置の概略図．個々の構成要素は Dan Dourson 氏により描かれ，一部は，E. G. Wever, The Reptile Ear（Princeton, NJ：Princeton University Press, 1978）の図 20-12, 20-16, 20-21 にもとづく．

状の構造物群，半規管（semicircular canal），そして蝸牛管（cochlear duct，cochlear canal）の内部に含まれる，液体の迷路を囲む骨構造で構成される．蝸牛管は球形嚢の派生物で，細く伸びて渦を巻くことで哺乳類の蝸牛殻を形成する．その構造はヘビやほかの爬虫類では伸びていないが，哺乳類の蝸牛殻のように，基底膜（basilar membrane）と呼ばれる振動に敏感な膜の上に配列された感覚性の有毛細胞（hair cell）を含んでいる．基底膜は，振動刺激や音に敏感で，聴覚を提供する内耳の領域である．耳小柱の振動運動におけるエネルギーは卵円窓（oval window）という膜を動かし，動いた卵円窓は，蝸牛管の液体に振動波を生み出す．液体の中でのこれらの動きにより基底膜が動き，それが今度は有毛細胞の剪断変形運動（shearing movement）を生み出す．「刺激された」有毛細胞の細胞膜は，「音」が解釈される脳へと聴神経（auditory nerve）を通って伝わる神経信号として最終的に表現される生体電位を生み出す．

Christian Christensen 氏らは最近，ボールニシキヘビ（*Python regius*）が音による振動に敏感であることを実証したが，このヘビは空中音圧に対する感受性を失っている．空中音圧は，ほかの四足動物では鼓膜で感知されるものである．ヘビの体に入る，空中音と基質の振動の両方が，頭の組織を通る機械的な経路によって内耳に伝わる．耳は，組織を伝わる振動を，聴神経を介して脳に伝わる神経応答へと変換する．音や振動の元の刺激は，それがヘビのどの部分（頭，体幹，あるいは尾）に当たるのかに関わらず，応答を引き出すことができる．

ヘビの聴覚が，なぜそれほど狭い周波数帯に制限されているのかは，明らかでない．これには複数の要因が関わっている可能性がある．(1) 音響刺激が基底膜に到達するまでに伝わらなければならない組織の経路，(2) 哺乳類と異なるように圧力波を消散させる内耳液による振動刺激の減衰，(3) ほかの陸棲の脊椎動物のものとはいくぶん異なる挙動をする聴神経の性質，などである．周波数の制限に関係なく，振動と音に対するヘビの感度は非常に優れている．空中音や地面の振動に反応するニューロン集団は，大部分が重なっていると考えられており，実際には本質的に同じである可能性がある．

ヘビのもつ感覚のレパートリーを考えると，聴覚や振動覚がヘビにとって実際に有用であるかどうか，そして得られた音響情報が適応的に使われているのかどうかに疑問をもつ人もいるかもしれない．これが事実であることは明らかだ．その好例が，ヨコバイガラガラヘビ（*Crotalus cerastes*）における地面を伝わる振動の音源定位（auditory localization）である．Bruce Young 氏と Malinda Morain 氏は，このヘビが振動の手がかりのみを用いて生きたネズミの位置を突き止め，咬みつくことができるということを実験室での研究で示した．ネズミの足取りは砂の中で表面波の伝達を引き起こし，これが，下顎を砂の上に乗せて休んでいるときのヘビに感知される．入ってくる表面波は，左右2つある下顎の側面を独立に動かし，その振動刺激が方形骨と耳小柱を通って内耳へと伝達される．当然ながら，受信機は内耳の形をとって左右2つある．左右の下顎は独立に動くことができるので，砂に由来する右側からの振動波は，右側の下顎を左側のものよりわずかに早く刺激する．逆もまた同様である．耳に波刺激が到達する時間の左右間のわずかな違いは，ヘビの脳が振動源の方向を識別するのに十分である．

トゲウミヘビ（*Lapemis curtus*）の中脳が，水中における振動運動と圧力変動に電位で反応していることも，実験的に示されている．感度は低いが，水中で魚が生み出す動きを感知するにはおそらく十分である．ヒメヤスリヘビ（*Acrochordus granulatus*）とセグロウミヘビ（*Pelamis platura*）は，どちらも泳いでいる魚による動きに敏感である．振動している物体に接近して最終的に噛みつくという場面が観察されたウミヘビもいる．Bruce Young 氏はまた，アナコンダが泳ぎながら，泳ぐラットのたてる音を流している水面下のスピーカーに咬みつこうとすることも示した．

前庭系と平衡感覚

ほかの脊椎動物と同様にヘビも，内耳にある嚢状の構造物群（球形嚢 sacculus および卵形嚢 utriculus）と半規管の中に，有毛細胞のパッチからなる，いわゆる前庭系（vestibular system）をもっている．動物が空間内の位置を変えるとき，有毛細胞は，その先端についている固形構造物と流体の動きによって剪断変形される．聴覚ニューロンと同様に，前庭の有毛細胞とつながっている神経終末は，脳にメッセージを伝え，動きと方向の感覚を提供する．ヘビの前庭系を対象とした神経行動学的な研究はほとんど行われていないが，それはほかの脊椎動物のものと同様に機能すると考えられている．動きと方向もまた，筋肉，腱，および関節にある自己受容器（proprioceptor）からの適切な入力に依存している．これらの自己受容器は，体の各部位における位置と相対運動に関する感覚を提供する．

興味深いことに，特別な調査用飛行機を用いた放物線飛行によって瞬間的に引き起こされた微小重力に，シマヘビ（*Elaphe quadrivirgata*）が短時間さらされたことがある．放物線飛行において微小重力を機内に生み出す自由落下の最中に，ヘビが一時的に方向を失ったとき，表面接触の喪失と，筋肉および関節からの平常な自己受容刺激の喪失がおそらく原因となり，ヘビは攻撃的になって自分の体に咬みついた．

図 7.8
上段の写真：エダガシラヒラタヘビ（*Xenodon rabdocephalus*）による舌のフリック．ベリーズにて Dan Dourson 氏撮影．中段の写真：アオマダラウミヘビ（*Laticauda colubrina*）による舌のフリック．舌の突き出し範囲が 2 種間で異なり，ヒラタヘビ属（*Xenodon*）で例外的に長いことに注目．海棲のヘビの突き出し範囲は概して陸棲のヘビのものより少ない．スラウェシ島にて Arne Rasmussen 氏撮影．下段の写真：ズグロニシキヘビ（*Aspidites melanocephalus*）による舌のフリック．オーストラリアのクイーンズランド州北部にて著者撮影．すべての写真で舌の先が分かれていることに注目．

化学感覚：フリックする舌と嗅ぐ鼻

ヘビに精通している人なら誰でも，舌を突き出して物体に向けてフリックする傾向がヘビにはあるということに気づく（図 7.8）．民間伝承では，ヘビの舌は針であり，その針はアダーといった毒ヘビから必ず死を運んでくるものとされている．舌はまた，掃除道具や，精密な触覚を提供する触角構造物であるともされてきた．しかし今日では，ヘビの舌はフリックしている間に環境から揮発性の化学分子を得て，ヘビの行動を導くのを助ける感覚的補助になっていると，爬虫両生類学者の多くは見なしている．1920 年代から 1930 年代に活動していた科学者らは，舌のフリック（tongue flicking）と化学感覚の重要なつながり，すなわち舌によって獲得された分子は口蓋の上の鋤鼻器（vomeronasal organ）あるいはヤコブソン器官（Jacobson's organ）と呼ばれる化学感覚構造物を刺激することを示した．化学受容における舌の役割に多くの注意が向けられてきたものの，それはヘビの世界を作り上げる化学感覚の多彩な構造に対する補助的な貢献でしかない．ほかの感覚との相互作用および侵襲的な技術を含む，非常に注意深く制御された実験が要求されるため，化学感覚の機能的な区別は難しい．

匂いと鼻腔の嗅上皮

ヘビの鼻腔には，空中を漂う分子に敏感で，揮発性化学物質の検出を可能にする豊かな感覚上皮がある（図 7.9）．この鼻の受容器の活性化によって生じる嗅覚が，舌のフリッ

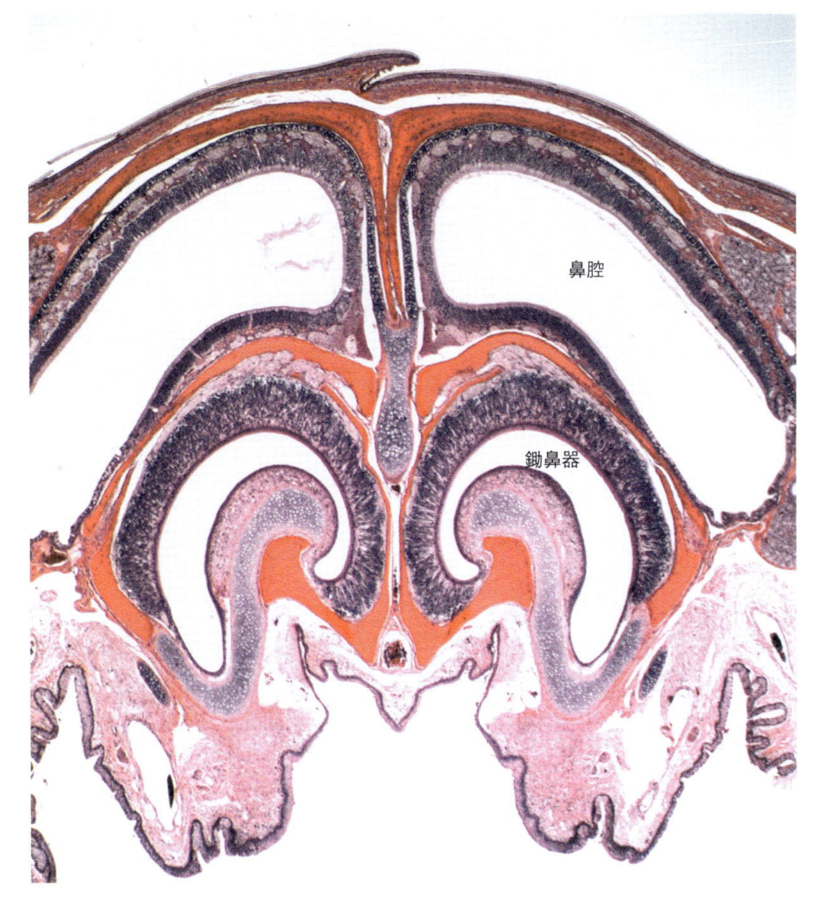

図 7.9
コーンスネーク（*Pantherophis guttatus guttatus*）の頭部前方における横断切片の顕微鏡写真．鼻腔（nasal cavity）と鋤鼻器（vomeronasal organ）は，いずれも感覚上皮の並ぶ部屋を一対もつ．組織染色は標準的なヘマトキシリン・エオジン（H & E）染色による．Elliott Jacobson 氏撮影．

クを誘発し，鋤鼻系に次いで重要であると，広く認識されている．しかし，嗅覚が優先的であるような行動的状況が存在し，また脳の嗅覚領域は比較的大きい．さらに，嗅上皮の方が鋤鼻上皮よりも化学的刺激に対して敏感であることを見出した研究もある．ここでの主な結論は，鼻腔を用いて揮発性の匂いを収集することによって，ヘビは匂いを嗅ぐことができるということである．ほかの感覚的な入力と関連してこの情報がどれほど有用であるかは，完全には明らかになっていない．またこの問題を私たちがよりよく理解するためには，もっと多くの科学的実験が成し遂げられる必要がある．明らかに，ほかの多くの脊椎動物と同様にヘビにおいても，匂い分子は鼻で吸入したり息を吸い込むことで嗅粘膜（olfactory mucosa）に運ばれる．刺激の分子は，揮発性でかつ嗅粘膜に吸着されるものでなければならない．

私はかつてガボンアダー（*Bitis gabonica*，図 1.28）をしばらく飼育していたが，その摂餌行動の一貫性に感銘を受けた．たいてい，そのヘビはケージに入れた箱の中に横たわり，ケージの床と同じ高さにある開口部から頭を半分ほど突き出していたものだった．私が生きたネズミやラットをケージの中に入れると，決まって完全な沈黙を続けたが，ネズミの存在を警戒していることのわかる2つの変化が例外的にあった．まず，短時間のすばやい目の動きがあった．次に，より早くそして浅く呼吸していることを体の動きが示した．ただし，ほかの多くの種では餌を提示されたときに特徴的な，舌のフリックは起こらなかった．咬みついて咥える前に，ヘビはネズミの頭が決定的な距離に来るまで待った．そしてネズミは牙にかかるのだった．この咬みつきの距離は驚くほど短かかった（ネズミの体長の約2倍）が，ヘビはネズミをすばやく捕獲して麻痺させることにいつも成功していた．舌をフリックしないのは，ネズミを待ち伏せている間の，ヘビの忍ぶ行動の一部ではないかと考えることができる．さらに，ヘビによる急速だが浅い換気により，ネズミから発せられて空気中に漂う匂いをサンプリングする速度が高められているように思われる．したがって，この状況でネズミからヘビへの化学感覚入力に関わっていたのは，鋤鼻系ではなく嗅上皮だった．

最近，岸田拓士氏率いる京都大学の二人の研究者により，嗅覚受容器に関わる遺伝子が，完全に水棲のウミヘビ（ウミヘビ亜科ウミヘビ族）では非常に減少しているものの，半陸棲のエラブウミヘビ（エラブウミヘビ亜科エラブウミヘビ族）ではまだ維持されているということが示された．陸棲の近縁系統から分岐した後に起こった，ウミヘビ族におけるこれらの遺伝子の比較的大規模な退化は，水中環境では嗅覚受容器がほとんど役に立たないという仮説を支持している．

化学感覚と鋤鼻系

鋤鼻系は非常に重要な感覚入力をヘビに提供し，その行動の多くに影響を与えているように思われる．鋤鼻器は，その由来である鼻腔の近くに位置する，対になった構造物からなる（図7.9）．しかしながら，鋤鼻器は発生中に鼻腔から隔離され，それぞれが内面に感覚上皮をもつ2つの球状の構造物を形成する．これらは開口し，口蓋にある2つの小さな別々の孔を通じて口蓋に連絡している．鋤鼻上皮を含む感覚細胞は，舌によって口の中に運び込まれる分子と接触して反応し，そして活性化された細胞は鋤鼻神経を介して脳の副嗅球（accessory olfactory bulb）に神経信号を送る．この神経経路は，鼻の嗅上皮に関連するものとは別のもので，分離している．

刺激分子は，舌と直接接触すること，もしくは舌鞘のすぐ前方にある口腔底の隆起部やパッドに接触することによって，鋤鼻器の開口部に運ばれる．そのため後者の場合，刺激分子は，鋤鼻器の開口部に運ばれる前にまず舌から舌鞘の前の組織に拭き取られる．鋤鼻器への粒子の移送に舌が関わっているという初期の証拠は，H. Kahmann 氏によって1932年に公表された実験から得られた．その実験では，カーボン紙を舌でフリックし，その後すぐに屠殺されたヘビでは，鋤鼻器の内腔に煤煙粒子が付いていた．同様に，獲物の抽出物にトリチウム標識されたプロリンを混ぜたものを，それに浸した脱脂綿を舌でフリックすることで取り込んだヘビでは，その後の屠殺とオートラジオグラフィーにより，嗅上皮にでなく鋤鼻器に放射性物質があることが示された．

一般に，ヘビがどの程度舌先を鋤鼻器の開口部に当てるか，あるいは単に隣接する組織を拭くのかは，明らかでない．多くのヘビでは，鋤鼻器の開口部に実際に入るには舌先が鈍すぎるように思われる．また一部のヘビでは，舌を突出した後，口を閉じる前に完全に舌を舌鞘に引っ込めることが観察されている．X線動画撮影とニシキヘビを用いた実験からは，探るような複数回のフリックの間，舌が鋤鼻器の内腔に入ることはないということがわかっている．

ヘビの舌は，フリックの際に環境から匂い物質を集めて輸送する．そしてその能力を向上させているように思われる形態的な特殊化を備えている．組織学的研究と電子顕微鏡による研究によって，舌の表面には微視的な乳頭状の突起と様々な大きさの浅い凹みがあるということが示されている．そしてナミヘビ科では，「マイクロファセット（microfacet）」と呼ばれる微視的な突起を多数備えた，改変された上皮細胞を二股の部分にもつものがいるが，同じ場所に，微絨毛に似た突起および細孔でできた，隆起を示すものもいる．これらは匂い物質粒子の収集と保持に役立つと考えられている．さらに，鋤鼻器開口部の下方にある口腔底上の組織は，表面にひだと細孔のある解剖学的構造を示す．これら口腔内の組織はまた，潤滑さを提供して物質の付着を増強する粘液腺を含んでもいる．口内分泌物はこの領域に滞留すると仮定されており，この液体は，匂い物質分子を吸収して鋤鼻器に輸送していると考えられている．

このように，ヘビの舌は，環境中の匂いをサンプリングするためのフリックに使用され，それによって化学物質の検出を補助している．舌が口から突き出ているとき，舌先の叉は通常広げられ，空中をさっと動くか，ヘビの前にある基質やほかの物体に触れる．そしてそうしている間に，環境中から化学物質を標本を収集する（図 7.10；図 5.8，5.12 も参照のこと）．舌は口の中に引っ込められ，それぞれの器官に通じる小さな管を介して化学刺激を鋤鼻器に運ぶ．すると匂い物質分子は，それぞれの鋤鼻器の内腔にある感覚上皮上の受容細胞に結合する．受容細胞の軸索は一緒に束ねられ，（別のより高次の神経細胞を介して）脳へと信号を伝達する神経を形成する．

図 7.10
ヨコバイガラガラヘビ（*Crotalus cerastes*）による舌のフリック．カリフォルニア州のアンザ・ボレゴ砂漠にて著者撮影．一度に数秒間突き出される舌が縦に弧を描いて振られるとき，舌の先は合わさっていることもある（上段の写真）が，通常は大きく広がっている（中段と下段の写真）．舌先が分かれるかどうかは，舌の筋肉による能動的な調節を反映している．一連の撮影の間，このヘビは防御姿勢をとっていた．物体をより直接調べるときには，舌を大きく縦に振ることなく物体に向けて突き出す．

それぞれの鋤鼻器からの信号は脳内で別々に処理されるように思われる．その結果，ヘビはそれぞれの舌先からの刺激を識別することができる．理論的には，これは２つの分かれた舌先からの対になった刺激を区別し，そしてヘビの環境における匂い分子の方向の違いを検出する能力をヘビに提供する．多くのヘビ（すべてではない）が，フリック中に舌先を大きく広げるので，匂い分子がサンプリングされ回収されるときにサンプリングポイント間の距離が広がる（図 5.12，7.8，7.10）．サンプリング点間の距離が大きいほど，単一のフリックで化学物質の勾配が検出される可能性が大きくなる．しかしながら，室内実験により，片側の鋤鼻神経を切断されたところでオレゴンガラガラヘビ（*Crotalus oreganus*）の追跡能力には何の変化も起こらないということが実証されている．ほかの文脈では，舌は先の叉を揃えて突き出されているのかもしれない（たとえば図 7.5）．

ヘビは鋤鼻系を使って獲物の匂いを探知することでよく知られており，この機構は求愛，配偶，摂餌，そして攻撃に関わる行動にとって重要であると多くの研究者が考えている．脳が鋤鼻受容器（vomeronasal receptor）からの入力を奪われると，少なくとも進歩的ヘビ類（具体的にはクサリヘビ科とナミヘビ科）では行動能力が低下する．興味深い例のひとつは，ガラガラヘビ類（*Crotalus* spp.）でよく研究されている捕食行動である．ガラガラヘビの脳は，両方の化学感覚系に関係する受容器からの入力，視覚情報，そして頬ピット（下記参照）からの赤外線刺激を受け取る．これらすべての情報が中枢神経系で統合され，適切な運動反応，たとえば獲物を捕獲するための咬みつき行動を生み出す．化学感覚系には収斂がある．つまり，嗅覚受容器と鋤鼻受容器からの情報を運ぶそれぞれ別のニューロンが，中枢神経系内で同じ細胞に刺激を運び込み，それらに影響するよう作用するということだ．しかし，脳が鋤鼻器からの入力を奪われると，咬みつき行動のパフォーマンスが低下し，咬みつき行動に続く追跡行動は完全に失われる．よって，嗅覚情報はこれらの 2 つの系の収斂にもかかわらず，鋤鼻器からの入力の喪失を埋め合わせることができないのだ．さらに，脳が化学感覚入力を奪われると，視覚と赤外線からの感覚情報には埋め合わせることができず，やはり捕食パフォーマンスは低下する．したがって，化学感覚情報（特に鋤鼻系のもの）は，狩りをして獲物を獲るといった複雑な行動を伴う，複数モードが連携する感覚系の中で非常に重要であると思われる．

ヘビに味蕾はあるか？

味わうことができず，味蕾をもたない，と断定的に述べているヘビについての情報源は数多くある．通常，これらの言明の後には，鋤鼻系と，ヘビの化学感覚能力におけるその重要性の説明が続く．全般に，ヘビの味覚を過小評価する，あるいは無視さえする傾向がある．これはおそらく，舌のフリックの明らかな振る舞いとその意義への強い関心のためである．ヘビの味覚に関する科学的文献は，矛盾しているとともに限られてもいる．

最近，進歩的ヘビ類（具体的にはガラガラヘビ属）とメクラヘビの一部には，口腔内の軟組織に味蕾があるということが報告された．これらの構造は，全く異なる 2 つの分類群間で外見が似ており，ほかの爬虫類で記載されている味覚器と類似している．味蕾は，どの種でも比較的数が少なく，鋤鼻器に隣接する口蓋の粘膜に限定されている．

味蕾であると目されている感覚乳頭もまた，ウミヘビ，およびシマヘビ（*Elaphe quadrivirgata*）からも記載されており，これらでは歯列に沿って存在することが実証されている．それぞれの感覚乳頭は単一の味蕾と上皮内にある自由神経終末から構成されており，その下で結びついている結合組織には小球体のような構造物がある．これらは，獲物からの化学的情報と機械的情報の両方を受容している可能性のある，複合的な感覚系になっているとみなされている．

舌の上にある味蕾が機能的に重要であるかどうかは，不明確なままである．なぜなら，味蕾の存在を肯定する報告があるのと同様に，種によっては否定する報告もあるからである．舌が口の中に引き戻される前に，舌の突出によって動作が引き起こされる，という状況を含んだヘビの行動を私は観察したことがある．つまりこのことは，舌自体が感覚に関わっていることを示唆する．入手可能なすべての情報を考慮すると，次のことにはほとんど疑いの余地がないように思われる．すなわち，獲物の化学的，機械的，そして（可能性として）熱的特性を含む，複数の刺激におそらくは反応する感覚受容器を，ヘビが口腔内にもっているということである．実際にヘビは，脊椎動物において知られているもののなかでも，より特殊化した有用な化学感覚系のいくつかをもっているということかもしれない．

熱と赤外線の感知

皮膚受容器と温度感覚

ほかの脊椎動物と同様に，ヘビは温度を感知し，温度の勾配と環境中の熱源に反応することができる．外温動物として，ヘビは熱源で温まることによって温度調節する（第 4 章参照）．その吸収される熱は，基質からの伝導によるか，または放射によるものである．その熱環境で効果的かつ効率的に機能するためには，ヘビは優れた温度感覚あるいは熱感覚をもっていなければならない．ほかの動物と同様に，熱や温度に関する感覚情報の大半は，皮膚にある自由神経終末でおそらく感知されている．したがってヘビには，環境からの熱流束（heat flux）の実態を体の長さに比例して感知できそうなだけでなく，温度の分布を自身の体に沿って感知できそうにも思われる．動物における温度受容器の特性については多くのことが知られているが，ヘビに直接当てはまるような情報はわずかである．代わりに，ヘビ類による熱感知への関心のほとんどは，ボア類，ニシキヘビ類，マムシ類における特殊化した赤外線受容器の理解に向けられている．

頬ピットとヘビの赤外線感知

赤外線つまり「熱」放射を感知する能力は，マムシ類と，ボア類・ニシキヘビ類のいくつかの分類群で，独立に進化してきた．解剖学的には，マムシ類（pit viper という英名の由来になっている）における顔面部のピット（facial pit）は，頭部の側面，通常は目と鼻孔の間にそれぞれ位置する，各個に顕著な一対のピット器官（pit organ）として生じている（図 7.11）．これらは頬ピット（loreal pit）と呼ばれることもある（監訳者注：頬窩と訳されることもある）．ボア類・ニシキヘビ類の一部では，複数の比較的小さな凹み（ピット）構造が鱗の中や鱗の間にあり，それらは上唇，およびときには下唇に沿って，様々な長さで整列している（図 7.4；図 1.17，1.22 も参照のこと）．マムシ類における頬ピットと対比して，これらは口唇ピット（labial pit）と呼ばれる（監訳者注：口唇窩と訳されることもある）．マムシ類における頬ピットはより高度であると考えられており，ボア類・ニシキヘビ類のものとは構造上の細部において一部異なっている．しかしどちらの

図 7.11
マムシ類のピット器官．上段の写真はフロリダヌママムシ（*Agkistrodon piscivorus conanti*）の頭部および鱗にある感覚器を示す．外鼻孔（external naris：n）とピット器官（pit organ：p）は，目より前方の頭部で際立っている．体鱗ひとつにつき一対のアピカルピット（apical pit）が，左下の矢印の先にいくつか見える．白丸は，おそらく感覚に関わる（もっともこれは著者の個人的な推測だが）頭部の鱗にある小さな突起を囲っている．下段の写真はヒャッポダ（*Deinagkistrodon acutus*）の頭部で，矢印のすぐ下にピット器官が示されている．ピット器官の膜が，その構造物の凹みの中に見えている．ヌママムシはフロリダ，ヒャッポダは台湾にてそれぞれ著者撮影．

場合も，ピット器官は，ヘビが熱のコントラストを検出することを可能にし（図 4.13），そして電磁スペクトラムの赤外領域内で環境からの放射に関連した空間イメージを形成することを可能にしている．赤外線結像系は熱環境の空間イメージを提供し，したがってヘビの視覚系を補完している．

マムシ類における個々のピット器官は，薄い膜がかぶさるように張られた深い袋状のポケットで構成されている．膜の奥は空気で満たされた小部屋になっているため，この膜は両面が空気に接していることになる．膜は高度に血管支配，神経支配されており，多くの熱感受性受容器をもつ．この受容器は，三叉神経の終末に形成されている．つまり，各受容器は三叉神経の一部であり，別々に変形した感覚細胞ではない．ボア類・ニシキヘビ類のピット器官は類似しているものの，膜は吊るされることなく，凹んだポケットの内側の突き当たりを裏打ちしている．マムシ類の膜の同様に，ボア類・ニシキヘビ類の膜は強く血管支配，神経支配されているが，その下に空洞がないという点で異なっている．おそらくこの理由によってマムシ類の赤外線検出はボア類・ニシキヘビ類のそれよりも敏感になっているということが，神経応答の電気生理学的研究と行動的反応の研究の両方において示されている．赤外線刺激を検出できる距離もまた，2 つの分類群間で異なる．すなわちクサリヘビ科で約 100 cm，ボア科で約 30 cm である．

走査型電子顕微鏡検査（SEM）とほかのイメージング技術を用いた研究により，ピット器官の角質層が，マイクロピット（micropit）やナノピット（nanopit）と呼ばれる微視的な小孔や凹みで覆われているということが明らかにされている．これらの直径は，ボア科とマムシ亜科のいずれでも，1-2 μm から 0.5 μm 以下まで様々である．ピット表皮に並ぶナノピットの平均間隔は 520 nm から 808 nm と決まっている．これは，赤外線の吸収に影響を与えることなく（太陽光に特徴的な）紫外線と可視光線を効率的に反射するのに必要な構造的間隔に近い．そのため，ピット器官の角質層表面におけるこの「超微細構造的（ナノ構造的）」特徴は，周囲光における高エネルギーの光量子束から赤外線結像センサーを保護し，赤外線を選択的に吸収することで，赤外線画像の解像度を向上させているのではないかと示唆されている．受容器の器官領域外では，表皮上のナノピットの間隔が異なっている（330 nm）．しかしながら，これらのピット器官のどこからその表皮が採取されたのかが正確には明らかでないため，このことの機能的意義は不確かなままである．

要約すると，鱗の表面とピット器官の形態が高解像度技術を用いて調べられてきた結果，これらの表面にあるナノ構造の三次元的詳細が明らかにされた．マイクロピットの寸法は，ヘビの体表上での位置によって様々であるということが示されており，ピット器官の表面は，同じこれらの構造をもつほかの鱗の表面とは異なっている．マイクロピットの寸法，間隔，および大きさの分布は，鱗の種類によって異なり，ピット器官に関連しているものは，ほかの体表面と比べて，可視光と紫外線を散乱させつつ赤外線の吸収を向上させているように思われる．ピット器官の膜におけるナノ構造的特徴がもつ，ほかのありうる利点は，表面の熱伝導性を低下させることである．これにより，熱のコントラストの検出が向上している可能性がある．熱のコントラストは，ピット膜への放射の衝突パターンに関連するものである．

マムシ類では，およそ100°の視野をもつ膜上に，およそ1,600個の感覚細胞が並んでいる．ピットの開口部は膜に比べて広く，ピットに入ってくる放射は膜上の多くの点に当たる．膜に当たる放射の強度が膜自体の出す熱放射より大きいとき，膜のその場所は局地的に加熱される．膜内の神経線維は，そのピット器官の受容野内にあるすべての対象物の平均熱放射によって決定される，低いペースで絶えず発火（活動電位，つまり神経の「インパルス」）している．局地的な刺激（図4.13）により神経線維の温度が「背景」を越えて高まると，神経は発火ペースを上げるように刺激される．そしてそれが，これら特定の線維とつながっている脳の領域に向けて信号を送るペースを増加させる．この神経線維は，少なくとも0.001℃刻みの温度変化に反応する感度をもつと見積もられている！　ピット器官からのすべての神経信号は最終的に脳の視蓋（optic tectum）に到達し，視蓋はまた，視覚系，運動系，そして聴覚系からの情報も受け取っている．視蓋の神経細胞には，赤外線と視覚の組み合わさった刺激に反応するものがあり，それが，前脳に中継される多重マップを生み出す．このように，ほかの感覚入力に加えて赤外線情報と視覚情報はひとつに融合され，私たちにはうまく想像できないような方法で，外界の像を形成する．

環境内の空間的な熱の分布は，ピット膜上に熱の像を生成するが，それはかなりぼやけている．しかしながら脳内では，情報を重ね合わせることによって膜上のぼやけた像を再構成することが可能になり，その結果，ヘビが赤外線で「見る」ものは，おそらく明瞭で三次元的になっている．このことが，ネズミなどの動いている獲物とその周囲との間の温度差を0.001℃刻みで検出できるという，驚くべき感覚を提供している！

ピット器官にある赤外線感受性の神経細胞が刺激に反応する方法のことを考慮すると，赤外線刺激を受けた受容器の加熱に応答して，ピット膜の豊かな血管系で血流が局地的に変化するという観察事実は，科学者らにとって興味深いものであった．加熱に応答して，ピット器官にある血管の平滑筋要素は局所的かつ直接的に作用し，集束レーザー刺激による局地的な加熱への応答として血流を増加させる．そのため，ピット器官に関わる豊富な血管系および血流は，（熱をもち去ることによる）冷却システムを構成し，それが像の解像度を向上つまりは微調整していると考えられている．

ピット器官を用いて獲物を結像し，狙いを定めるという，ボア科とマムシ亜科のヘビの

図 7.12
ミナミガラガラヘビ（*Crotalus durissus*）とヒャッポダ（*Deinagkistrodon acutus*）の頬ピット（顔面にあるピット器官）．これらのヘビでは，左右一対のピット器官，それと両目が前方に突き出しており，左右で感覚領域を重複している．そのことがこれらの写真から明らかである．著者撮影．

能力は，数多くの研究により実証されている（図 4.13）．これらのヘビは，赤外線の像を作成し，その情報を適応的に利用することが知られている唯一の動物である．実験的に盲目にされた，あるいは生まれつき盲目のガラガラヘビは，正確に獲物に狙いを定め，咬みつくことができる．同様に，ボア科のヘビにおいても，獲物を正確に狙うのに通常の視力は必要ない．ただし，片目で生まれたビルマニシキヘビ（*Python molurus*）が，見える側の獲物を好んで狙うことは興味深い．一方で，実験的にピット器官を閉塞されたガラガラヘビは，狙う距離が減少するものの，正確に獲物を狙う能力は失わない．ボア科とマムシ亜科のヘビはいずれも，電磁スペクトルの 2 つの異なる領域（赤外線と可視光）からの情報を用いて脳内で環境の空間的描写を形成する点で，動物の中でより独特である．目と視覚のように，ピット器官はしばしば，両眼視と似て環境刺激の重なった領域を提供するような様式で，前を向いている（図 7.12）．

赤外線の利用についての行動研究の大多数は，齧歯類のような内温性の獲物を狙うことと捕獲することに関するものである．しかし，ピット器官が，熱環境の空間的変動のすべてを調査するのにも使われうることは明らかである．また，その情報は，体温調節に関連した動きの判断に用いられる可能性がある．実際，ガラガラヘビが体温調節行動の手引きのために頬ピットを使っていることが実験で実証されている．Aaron Krochmal 氏と George Bakken 氏によって報告された一連の興味深い検証では，ニシダイヤガラガラヘビ（*Crotalus atrox*）は，暑い砂漠の生息場所という本来の環境を模した隠れ場所の選択肢を与えられたとき，比較的涼しい避難場所を選んだ．ヘビは約 1 m の距離から適切な人工の穴を見つけ出したのだった．しかし，ヘビの頬ピットが断熱ポリスチレンで塞がれ，熱放射を反射するためにアルミ箔で覆われていたときは，以前のようにより涼しい穴を見つけ出すことはできなかった．アルミ箔とポリスチレンが取り除かれると，再びヘビはより涼しい穴をすばやく見つけ出した．これらのヘビは，暑い環境に置かれると，明らかに頬ピットを使って熱からの避難場所を探していた．

ピット器官はおそらく環境を大まかに調べるために用いられており，視覚入力およびほかの感覚入力が統合されている赤外線画像は，様々な行動を手引きしているようである．今では，獲物の捕獲と体温調節の両方が，マムシ亜科における頬ピットの立証された機能であるとして科学者らに受け入れられている．しかし，赤外線のピット器官には接触にも反応するものがあり，温度感受性の神経細胞はまた触覚の神経細胞としても機能する．これらの絶妙な感覚器の進化的起源は，未解決の謎のままである．

クサリヘビ類の上鼻嚢

ボア科（ボア類・ニシキヘビ類）とマムシ亜科（マムシ類）のピット器官は，外的に目立つ構造であり，早い段階で興味と研究を誘ったのは全く自然なことである．しかしながら，ほかのいくつかのヘビにある，より目立たない構造物が，類似した機能を果たしているかもしれない．旧世界のクサリヘビ亜科（Viperinae）と夜行性のナイトアダー亜科（Causinae）の多くは上鼻嚢（supranasal sac）をもつ．これは，上鼻板（supranasal scale, internasal scale）と鼻板（nasal scale）の下に位置する凹みである．嚢は，目立たないスリット状の開口部をもち，ボア類・ニシキヘビ類における口唇ピットのものによく似た神経終末によって神経支配されている．嚢の内側の凹みには繊毛上皮と分泌細管があり，その細管は上皮の上に薄い覆いを形成する粘液を明らかに送出している．

クサリヘビ亜科のヘビにおける上鼻嚢は，言及されることが滅多にない．しかし，よりよく知られているボア科およびマムシ亜科のピット器官と同様に，それは熱検知器として機能している可能性があると示唆している研究者もいる．パフアダー（*Bitis arietans*）とラッセルクサリヘビ（*Daboia russelii*）は温かい物体に好んで咬みつくということが，研究室での行動実験によって示されている．さらなる研究はこれらの推定上の感覚器の構造と機能により光を当てるだろう．そして，ほかの分類群のヘビの顔面構造には，まだ発見されていない類似した構造がおそらく存在する．

アジアハブ属（*Trimeresurus*）のいくつかの種とほかのマムシ類の一部では，各鼻孔の中に小さなピットが記載されている．これらは，鼻孔内側の後壁に位置し，主鼻腔と溝接続することのない微小な小孔からなっている．この構造物は「nasal pores」と呼ばれているが，機能は調べられていない．

皮膚の感覚器

もう一度，あなたがヘビだと想像してほしい．あなたは手足のないとても長い体をもっている．体の長さに沿った感覚入力が生存のために重要な要件であるというのは，最も正当な結論と思われる．あなたの体が鱗に覆われていることにも注目してほしい．鱗の間の表皮層には，屈曲と移動性を可能にする角質化したシワがある．驚くことではないが，ヘビの鱗には，環境についての重要な情報とヘビの感覚を提供する感覚構造がある．感覚は，自身がどこにおり，環境に応じてどのように動くべきかについてのものである．皮膚覚機構は長い間知られているが，それでもその機能の詳細についてはほとんどわかっていない．

皮膚の自由神経終末は，温度および機械的刺激についての情報を中枢神経系に伝達することができる．これらはおそらくヘビの感覚世界にとって重要である．神経が付着し，感覚機能をもつことの示唆されるほかの構造物は，より顕著で特殊化しているように思われる．ヤスリヘビ類（*Acrochordus* spp.）は，鱗のそれぞれに顕著な表皮性の棘をもっている．そしてそれらは，豊富な血液供給，および神経との接続に関連づけられる．それらは水の流動を検出するために重要な機械受容器であると推測されている．ヒメヤスリヘビ（*Acrochordus granulatus*）は，水中での機械的刺激に対して非常に敏感であり，近くの魚によって行われる特定の動きに非常にすばやく反応する．このヘビは，魚の動きに反応

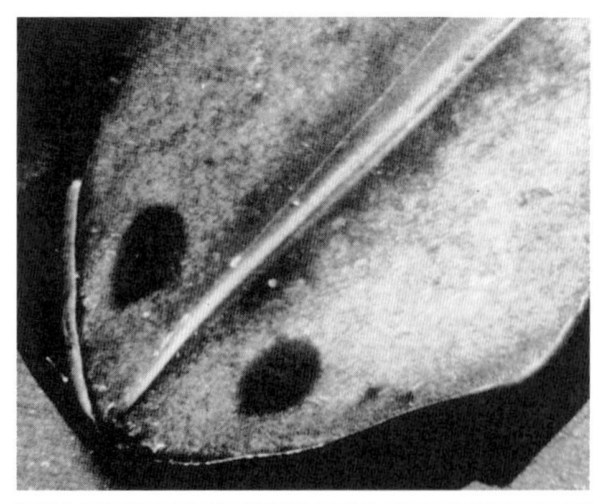

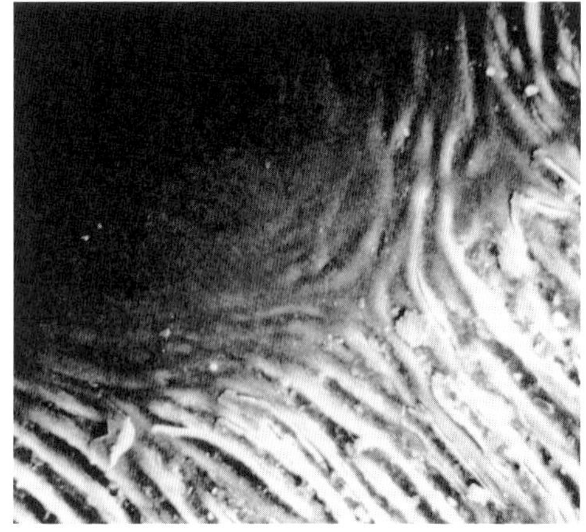

図 7.13
フロリダヌママムシ（*Agkistrodon piscivorus conanti*）のひとつの鱗上に見られるアピカルピット（apical pit）の走査型電子顕微鏡画像．上段の写真では，体鱗の尾側（後ろ側）の端に近いところに一対のピットがある．さらに 25 倍拡大した下段の写真は，彫刻のある通常の表面（写真の下面）からアピカルピットの平らでなめらかな凹み（写真の左上面）への，鱗表面における起伏の移行を示す．著者撮影．

して，極めて迅速に体や尾のとぐろで魚を包む．そのため，神経支配された棘が獲物を捕獲するのに効果的に使用されているように思われる．ウミヘビのなかには振幅の小さな水の動きに敏感なものがおり，鱗の構造と同様に，内耳の細胞が流体力学的刺激の検出に関与している可能性がある．一部のウミヘビ（セグロウミヘビ *Pelamis platura*）もまた，泳いでいる魚によって生じる水の動きに敏感であるということが，行動研究によって示されている．本種の鱗には小さな棘が見られることがあり，おそらく感覚に関わっている（図 5.9）．生理学的調査により，ヘビの皮膚にある，機械受容器および独立している温度受容器の両方から神経応答が生じているということが示されているが，これらの受容器の正確な性質と同一性は不明である．ヘビの機械受容器の一部（振動に反応する）は，哺乳類のパチニ小体（Pacinian corpuscle）にいくぶん似ている．それらは層状細胞の層をもつが，哺乳類に特徴的な小体の終末器官をもたない．

すべてのヘビの鱗は，表面に様々な微細構造的特徴をもつ（第 5 章参照）．これらには，髪の毛のような突起，ピット，小棘，および微細な穴に見えるものが含まれる．これらの特徴の一部は，環境からの情報の収集受信機あるいは変換受信機として働いている可能性があるが，まだ決定的な研究の対象になっていない．ほかの水棲動物で知られているように，神経支配された鱗の構造は弱い電場を検出するのに使われているのかもしれないとさえ提案する科学者もいる．

多くのヘビ（すべての分類群ではない）は，背側の各鱗の後端の近くにアピカルピット（apical pit）と呼ばれる構造物をもつ．これは，典型的には（鱗の正中線の両端に対して対称に）対をなす，なめらかな表面をもつ小さな凹みに陥没している感覚器であり，多くの種で肉眼で視認できる（図 7.11，7.13）．これは体全体と尾の鱗に生じる．様々な外観および分布をもつ同様の構造がヘビの頭の鱗に生じ，ヘッドピット（head pit）や頭頂ピット（parietal pit）として知られている．これらは，皮膚内に精巧な三次元構造をもっている可能性があり，感覚器でありうるように見える．しかしながら，表面に配置されているこれらすべての「ピット」の機能は全く知られていない．

Harold Heatwole 氏は，ある種のウミヘビの尾は光に敏感であることを指摘し，パドル

図 7.14
一対の機械感覚性の付属肢（「触角」）をもつミズヘビ科のヒゲミズヘビ（*Erpeton tentaculatum*）の頭．この構造物は水中の振動刺激を感知し，たとえば魚を捕獲するのに役立つ（第2章参照）．挿入図は，触角が表皮と鱗に覆われている様子をより詳細に示しており，また鼻孔の弁が閉じた状態も示している．John C. Murphy 氏撮影．

型の尾の皮膚に拡散光の受容器があると仮定している．オリーブミナミウミヘビ（*Aipysurus laevis*）は，夜にサンゴの裂け目の中に体を入れて休む傾向があるが，尾は露出したままでサンゴの外側へと上向きに伸ばされている．尾に光を当てるとヘビは攪乱される．このことは，皮膚の光受容器が刺激されたことによる行動的反応を示唆する．

最後に，水棲のヒゲミズヘビ（*Erpeton tentaculatum*）の頭部で吻側の縁から突き出ている，鱗に覆われたユニークな一対の付属物（図 7.14）について述べる．これらの触手は，水中の振動運動に反応する非常に敏感な機械受容器である．それらは密に神経支配されており，獲物である魚の居場所を検出するのに用いられている．獲物への咬みつき（第2章参照）は，視覚的または機械的な手がかりのどちらによっても手引きされるが，魚の位置は通常，視覚および機械感覚両方の手がかりが統合されることによって合図される．この統合は，脳内で行われる．ヒゲミズヘビは完全に水棲でほとんど魚しか食べない．触手のような付属物は，ヘビが濁った水の中にいるときや，獲物の位置を特定するのに視覚的な手がかりが役に立たない夜に摂餌するときに，おそらく最も役に立つ．

おわりに

私たち人間と同様のことがヘビにも言える．すなわち，私たちの感覚器は，私たちが周りの世界を知覚することを可能にし，私たちがそれをどのように見るかを決定している，ということである．驚くべきことは，光，熱，音など，刺激の感覚入力すべてが，同じ形式の信号に変換されるということだ．そして活動電位として（神経経路に沿って）ほぼ瞬間的に脳へと移動し，そこで解釈される．ヘビがその世界をどのように「見て」いるかは，私たち人間が私たちの世界を見ている方法とは全く異なる可能性がある．たとえば，私たちの周りの世界を，ピット器官で発生するシグナルから脳内で構築される熱画像として見るということがどのようなものか，考えてみてほしい．一方で，私たちの周りの世界に対する私たちの知覚は，おそらく，ヘビのそれとそれほど異なっていない．このことについて考えてみてほしい．

Additional Reading　より深く学ぶために

Amemiya, F., R. C. Goris, Y. Masuda, R. Kishida, Y.Atobe, N. Ishii, and T. Kusunoki. 1995. The surface architecture of snake infrared receptor organs. *Biomedical Research* (Tokyo) 16:411-421.

Bakken, G. S., and A. R. Krochmal. 2007. The imaging properties and sensitivity of the facial pits of pitvipers as determined by optical and heat-transfer analysis. *Journal of Experimental Biology* 210: 2801-2810.

Berman, D. S., and P. Regal. 1967. The loss of the ophidian middle ear. *Evolution* 21:641-643.

Bulloch, T. H., and R. B. Cowles. 1952. Physiology of an infrared receptor: The facial pit of pit vipers. *Science* 115:541-543.

Burghardt, G. M. 1970. Chemical perception in reptiles. In J. W. Johnston Jr., D. G. Moulton, and A. Turk (eds.), *Advances in Chemoreception*, vol. 1, *Communication by Chemical Signals*. New York: Appleton-Century-Crofts, pp. 241-308.

Burns, B. 1969. Oral sensory papillae in sea snakes. *Copeia* 1969:617-619.

Campbell, A. L., T. J. Bunning, M. O. Stone, D. Church, and M. S. Grace. 1999. Surface ultrastructure of pit organ, spectacle, and non pit organ epidermis of infrared imaging boid snakes: A scanning probe and scanning electron microscopy study. *Journal of Structural Biology* 126:105-120.

Caprette, C. L., M. S. Y. Lee, R. Shine, A. Mokany, and J. R Downhower. 2004. The origin of snakes (Serpentes) as seen through eye anatomy. *Biological Journal of the Linnean Society* 81: 469-482.

Catania, K. C., D. B. Leitch and D. Gauthier. 2010. Function of the appendages in tentacled snakes *(Erpeton tentaculatus)*. *Journal of Experimental Biology* 213:359-367.

Chiszar, D., C. Andren, G. Nilson, B. O'Connell, J. S. Mestas Jr., H. M. Smith, and C. W. Radcliffe. 1982. Strike-induced chemosensory searching in Old World and New World pit vipers. *Animal Learning and Behavior* 10:121-125.

Christensen, C. B., J. Christensen-Dalsgaard, C. Brandt, and P. T. Madsen. 2012. Hearing with an atympanic ear: Good vibration and poor sound-pressure detection in the royal Python, *Python regius. Journal of Experimental Biology* 215:331-342.

De Cock Buning, T., S. I. Terashima and R. C. Goris. 1981. Python pit organs analyzed as warm receptors. *Cellular and Molecular Neurobiology* 1:271-278.

De Haan, C. C. 2003. Sense-organ-like parietal pits found in Psammophiini (Serpentes, Colubridae). *Comptes Rendus Biologies* 326:287-293.

Ebert, J., S. Müller, and G. Westhoff. 2007. Behavioural examination of the infrared sensitivity of ball pythons. *Journal of Zoology* 272:340-347.

Fuchigami, N., J. Hazel, V. V. Gorbunov, M. Stone, M. Grace, and V. V. Tsukruk. 2001. Biological thermal detection in infrared imaging snakes. 1. Ultramicrostructure of pit receptor organs. *Biomacromolecules* 2:757-764.

Goris, R. C., Y. Atobe, M. Nakano, K. Funakoshi, and K. Terada. 2007. Blood flow in snake infrared organs: response-induced changes in individual vessels. *Microcirculation* 14:99-110.

Grace, M. S., W. M. Woodward, D. R. Church, and G. Calisch. 2001. Prey targeting by the infrared- imaging snake Python: Effects of experimental and congenital visual deprivation. *Behavioural Brain Research* 119:23- 31.

Hartline, P. H. 1971. Physiological basis for detection of sound and vibration in snakes. *Journal of Experimental Biology* 54:349- 371.

Hartline, P. H., and H. W. Campbell. 1969. Auditory and vibratory responses in the midbrain of snakes. *Science* 163:1221- 1223.

Hartline, P. H., and E. A. Newman. 1981. Integration of visual and infrared information in bimodal neurons of the rattlesnake optic tectum. *Science* 213:789- 791.

Jackson, M. K., and G. S. Doetsch. 1977. Functional properties of nerve fibers innervating cutaneous corpuscles within cephalic skin of the Texas rat snake. *Experimental Neurology* 56:63- 77.

Jackson, M. K., and G. S. Doetsch. 1977. Response properties of mechanosensitive skin nerve fibers innervating cehalic skin of the Texas rat snake. *Experimental Neurology* 56:77- 90.

Kahmann, H. 1932. Sinnesphysiologische studien an reptilien: 1.Experimentalle untersuchungen über das Jakobsonische organ der eideschen und schlangen. *Zoologische Jahrbücher Abteilung fürallgemeine Zoologie ünd Physiologie der Tiere. Jena.* 51:173- 238.

Kardong, K. V., and H. Berkhoudt. 1999. Rattlesnake hunting behavior: Correlations between plasticity of predatory performance and neuroanatomy. *Brain Behavior and Evolution* 53:20- 28.

Kardong, K. V., and S. P. Mackessey. 1991. The strike behavior of a congenitally blind rattlesnake. *Journal of Herpetology* 25:208- 211.

Kishida, T., and T. Hikida. 2010. Degeneration patterns of olfactory receptor genes in sea snakes. *Journal of Evolutionary Biology* 23:302- 310.

Krochmal, A. R., and G. S. Bakken. 2003. Thermoregulation is the pits: Use of thermal radiation for retreat site selection by rattlesnakes. *Journal of Experimental Biology* 206:2539- 2545.

Krochmal, A. R., G. S. Bakken, and T. J. LaDuc. 2004. Heat in evolution's kitchen: Evolutionary perspectives on the functions and origin of the facial pit of pitvipers (Viperidae: Crotalinae). *Journal of Experimental Biology* 207:4231- 4238.

Liu, Y., L. Ding, J. Lei, E. Zhao, and Y. Tang. 2012. Eye size variation reflects habitat and daily activity patterns in colubrid snakes. *Journal of Morphology*273:883- 893.

Molenaar, G.J. 1992. Anatomy and physiology of infrared sensitivity of snakes. In C. Gans and P. S. Ulinski (eds.), *Biology of the Reptilia*, vol. 17. Chicago: University of Chicago Press, pp. 367- 453.

Newman, E. A., and P. H. Hartline. 1982. The infrared "vision" of snakes. *Scientific American* 246: 98- 107.

Nishida, Y., S. Yoshie, and T. Fujita. 2000. Oral sensory papillae, chemo- and mechano- receptors, in the snake, *Elaphe quadrivirgata*: A light and electron microscopic study. *Archives of Histology and Cytology* 63:55- 70.

Parker, M. R., B. A. Young, and K. V. Kardong. 2008. The forked tongue and edge detection in snakes (*Crotalus oreganus*): An experimental test. *Journal of Comparative Psychology* 122:35- 40.

Povel, D., and J. van der Kooij. 1997. Scale sensillae of the file snake (Serpentes: Acrochordidae) and some other aquatic and burrowing snakes. *Netherlands Journal of Zoology* 47:443- 456.

Schwenk, K. 1994. Why snakes have forked tongues. Science 263:1573- 1577.

Schwenk, K. 1995. Of tongues and noses: Chemoreception in lizards and snakes. *Trends in Ecology and Evolution* 10:7- 12.

Sivak, J. G. 1977. The role of the spectacle in the visual optics of the snake eye. *Vision Research* 17: 293- 298.

Walls, G. L. 1967. *The Vertebrate Eye and Its Adaptive Radiation.* New York: Hafner Publishing. Facsimile of 1942 edition.

Westhoff, G., B. G. Fry, and H. Bleckmann. 2005. Sea snakes (*Lapemis curtus*) are sensitive to low- amplitude water motions. *Zoology* 108:195- 200.

Wever, E. G. 1978. *The Reptile Ear.* Princeton, NJ: Princeton University Press.

York, D. S., T. M. Silver, and A. A. Smith. 1998. Innervation of the supranasal sac of the puff adder. *Anatomical Record* 251:221- 225.

Young, B. A. 1990. Is there a direct link between the ophidian tongue and Jacobson's organ? *Amphibia- Reptilia* 11:263- 276.

Young, B. A. 1993. Evaluating hypotheses for the transfer of stimulus particles to Jacobson's organ in snakes. *Brain, Behavior and Evolution* 41:203- 209.

Young, B. A. 2003. Snake bioacoustics: Toward a richer understanding of the behavioral ecology of snakes. *Quarterly Review of Biology* 78:303- 325.

Young, B. A., and A. Aguiar. 2002. Response of western diamondback rattlesnakes *Crotalus atrox* to airborne sounds. *Journal of Experimental Biology* 205: 3087- 3092.

Young, B. A., J. Marvin, and K. Marosi. 2000. The potential significance of ground- borne vibration to predator- prey relationships in snakes. *Hamadryad* 25:164- 174.

Young, B. A., and M. Morain. 2002. The use of ground- borne vibrations for prey localization in the Saharan sand vipers (*Cerastes*). *Journal of Experimental Biology* 205:661- 665.

第8章

ヘビのたてる音

追い詰められたゴファーヘビやパインヘビは，復讐心に燃える危険な生物の典型である．ヘビはとぐろを巻き尾を震わせ，どんな侵入者に対しても突きを繰り出してくる．音を強める，喉頭蓋における独特の構造により，激しく噴気音をたてる．そっとしておくのが最善な，あまりにも凶暴な動物であることを，この恐ろしい態度は観察者に確信させるだろう．そしてそれこそが目的なのだ．

―*Lawrence M. Klauber,* Rattlesnakes（*1956*）*, vol. 1, p. 22*

ヘビは一般的に静かな生き物であり，偶然の出会いの際，あるいは動物園で見られたりテレビのドキュメンタリーで撮影されたりする際にはほとんど音をたてないと，おそらくたいていの人が考えている．限られた知識により，多くの人はまた，ヘビは聞くことができない，少なくとも耳がよくないとも思っている．この見解は，ヘビが外耳をもたないことを考慮することによって強化される．また多くの古い記述により，ヘビは地面を伝わる振動には敏感だが聞くことはできないと，明に暗に主張されている．本人にはよく聞こえていないかもしれないが，シューという音を出したりガラガラと音をたてたりするヘビは，それらに遭遇した人間に警告を与えるのに十分な大きさの音を出すことができる．

環境中の音

いわゆる「音」は，流体（通常は空気）を伝わり，感覚性の構造物（耳）に衝突する振動のことを指し，その構造物において振動のエネルギーは神経シグナルに変換される（第7章参照）．神経信号は中枢神経系へと伝わり，そこで脳の適切な領域（聴覚野）で解釈される．振動刺激が人間の耳と脳で知覚できる周波数帯にある場合に，その刺激は音と呼ばれる．人の耳は，周波数がおよそ20 Hz（ヘルツ；1秒間の振動数のこと）から20,000 Hzの範囲の空中振動を検出できる．

ヘビが外耳と外耳道をもたないことを除けば，同様の現象がヘビでも起こっていると期待される．したがって，ヘビは全く音が聞こえないと考える人がいるかもしれないが，それは真実ではない．外部にはっきりした耳をもたない動物は多いが，それらは，頭部の組織，内部の骨構造，あるいは魚類における浮き袋の振動のような別の仕組みを通じて，振動刺激を「聞く」ことができる．ヘビのおいては，第7章で述べられたように，振動は頭部の組織（耳小柱を含む）を通じて伝導され，内耳を刺激する．

低い周波数では，人間にとってさえ，「振動覚」と呼ばれるようなものと聴覚との間にある程度の重複（そして曖昧な区別）がある．ヘビが数十Hzから約600 Hzの範囲内の振動刺激にほぼ反応し，約1,000 Hzを超える刺激は全く，あるいはほとんど検出できないことを考慮すると，このことはヘビには特に当てはまる可能性がある．内耳とそれを取り囲む体の組織のいずれもが，地面を伝わる振動と空中を伝わる振動の両方に反応することができる（第7章参照）．そのためヘビには，少なくとも自分自身で生み出す音の多くを感知できるということがわかる．ヘビが様々な行動に関連してどのようにその情報を利用しているのかは，さらなる研究が必要な課題である．

体外で生み出される音

多くのヘビは，音を生み出すのに外側の体の表面を利用する．そして自分自身を動かすことにより，様々な状況下で様々な音を意図せず生み出す．そのため，ムチヘビやほかの大型のヘビが乾いた草の中を這うことで生じる「シュッ」という音（swishing sound），ヘビが（砂浜のような）湿った砂の上を動く「ブーン」という音（humming sound），そして大型のヘビが岩の間や上を這う「ジョリジョリ」という音（scraping sound），これらはすべて，ほかの動物にヘビの存在を警告し，潜在的にはヘビに自らの動きについて知らせる，検知可能な聴覚刺激を提供する．ほかの音は防御に関わる特定の文脈で生じ，それにはヘビの形態的に特殊化した特徴が使用されることもある．

鱗の摩擦

ヘビの体表の鱗は，多数の角質層によってその外側表面の防備を固められている（第5章参照）．この素材は生細胞から派生し，死んで相互に連結されたタンパク質の要素で構成されている．キール鱗では，表面の最も外側の層が，たいてい正中線に沿って隆起，あるいは突出している（図5.8-5.10）．こうした鱗は，物体に対してこすれたとき，あるいは互いにこすり合わされたときに，音を出すことがある．

特定のヘビにおいては，精密に調整された体の動きにより，鱗が意図的にこすり合わされ，防御的であると想定される音が生み出される．この行動は，ノコギリヘビ属（*Echis*），タマゴヘビ属（*Dasypeltis*），およびスナクサリヘビ属（*Cerastes*）で顕著に見られる．摩擦音はノコギリヘビ類で特によくたてられ，saw-scaled viper という英名はそのことに由来する．体の側面の鱗には顕著なキールがある（図8.1）．ゆるくとぐろを巻きつつ，くねくね動くと，胴体の部位同士が接触して反対方向に滑るように動き，互いにこすり合わされる．向かい合った鱗の摩擦は「ガリガリ」という音（raspy sound）を生み出すが，詳細は分析されていない．

図8.1
南インドのノコギリヘビ（*Echis carinatus*）．こすり合わせることで防御のための摩擦音（rasping sound）を生み出すことのできる，体側面の鱗（矢印）に発達した高いキールを示している．Indraneil Das 氏撮影．

ほかの2つの観察も注目に値する．まず，比較的顕著な鱗の隆起（摩擦の接触が起こるところ）が側面に位置しているということは，このキール鱗が，鱗をこする行動に関連して進化してきた，特異的な適応であるということを示唆している．次に，鱗の摩擦は，この行動の機能が防御的であることを示唆する状況でのみ起こる．

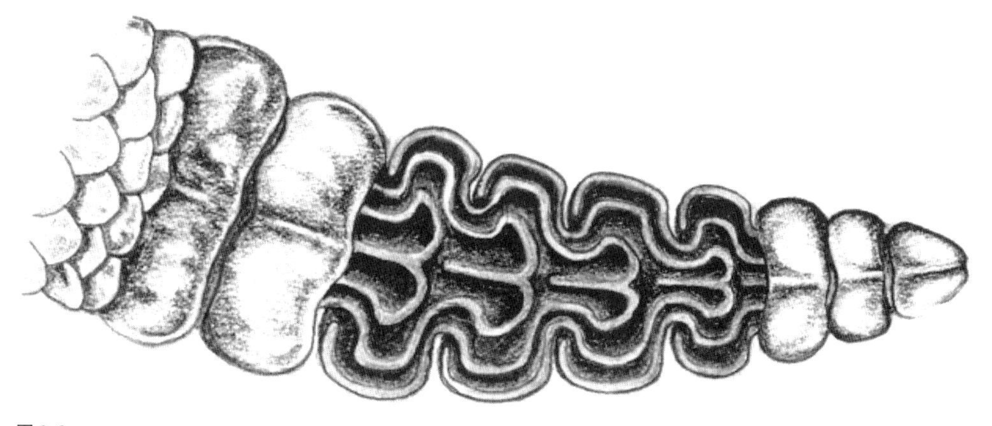

図 8.2
ガラガラヘビのラトルの絵．ラトル中心部で個々の節が互いにはめ込まれて連結している様子を示す．Amanda Ropp 氏作画．

尾の振動とラトリング

多くのヘビは，有毒無毒ともに，邪魔されたり脅かされたりすると，尾を振動させたり振ったりする．そのような尾の振動は，尾に接触している基質，振る速度，および尾の重量と性質に応じて，可聴音を生み出す．たとえばパインヘビやゴファーヘビ（*Pituophis catenifer*）の震える尾は，乾いた葉の間で振られると驚くほどの音を発するが，砂や湿った草の上で振られるとその音は大きく異なったものになり，弱まることだろう．音を生み出す尾の能力は，一部の種（ガラガラヘビ）では尾の先端にある突起や付属物にも依存するかもしれない．別の状況として，化学的防御と思われる応答で臭いを発散させるのに尾を振ることが役立っていたかもしれないのを，私は観察したことがある（たとえばヌママムシ *Agkistrodon piscivorus*）．

尾を振ることにおける，増強された音響シグナルの最も顕著な例は，ガラガラヘビ類（ガラガラヘビ属およびヒメガラガラヘビ属）のラトル（rattle）に関連するものである．ラトルは基本的な構造の点で，大きさを除き，すべての種で類似している．ラトルは表皮性の付属物であり，尾の先端の最も外側の角質層に由来する，増殖した硬い組織から進化してきたものと考えることができる（第 5 章参照）．ラトルは，それぞれがほかの中にゆるくはめ込まれた，ケラチンの連結した節からなる．そして新しい節が脱皮サイクルごとに追加される（図 8.2）．ラトルの先には，産まれたときにはプレボタン（prebutton）と呼ばれる節があるが，これは最初の脱皮で失われる．ラトルにおける最初の恒久的な先端部分はボタン（button）と呼ばれる（図 8.3）．二度目の脱皮をして初めて，ラトルは，音を出すことができる 2 つの連結した節から構成される．追加される各節は，ヘビが大きく成長するにつれて大きさを増していくが，成体になり成長がゆっくりになるにつれて，より均等になっていく（図 8.3）．ガラガラと音をたてる付属物は，その持ち主によって激しく振られると，ブンブンあるいはシューというような音（蒸気や加圧された空気が逃げる音に似ている）を生み出す．これは，「ラトリング（rattling）」に特化した尾の筋肉によって尾が激しく振られるときに，ラトルの連結した節が互いにぶつかり合うことで生じるものである．そのようなラトルの音は節が数個しかないときには弱いが，ヘビが大き

図 8.3
上段の写真はヒガシダイヤガラガラヘビ（*Crotalus adamanteus*）の幼体の尾の先にあるボタンを示している．これは，ヘビが成長してラトルの節が加わると，その末端の節になる．下段の写真はニシダイヤガラガラヘビ（*C. atrox*）の成体がもつラトルを示している．この個体では末端のボタンは失われている．どちらの写真も生体のもので，著者撮影．

くなり節がさらに追加されるにつれて大きくなる．

ガラガラヘビは一般に「騒がしい」動物だと思われているが，多くの人はラトルとそれを振る尾の優美な性質を正しく理解していない．ガラガラヘビのラトリングは脊椎動物による最も速い動きのひとつであり，ガラガラヘビの尾の中にあるいわゆる振動筋（shaker muscle）は，自然界で知られている最も速い筋肉のひとつである．この筋肉は数時間もの間，20 Hz から 100 Hz もの収縮の周波数を維持できるのだ！ 収縮の周波数，したがってラトルの振動の周波数は，気温に依存する．ニシダイヤガラガラヘビ（*Crotalus atrox*）の成体では，収縮の周波数は気温 10℃ で 15 Hz だが，35℃ では 85 Hz に上昇する．振動させる筋肉はグリコーゲンを多く貯蔵しており，疲れに対して強い耐性がある．筋肉内には多数のミトコンドリアと毛細血管がある．また筋肉を構成するのは，比較的わずかな収縮要素と，大部分の非収縮性の組織である．その結果として筋肉は，軟弱ではあるものの，軽いラトルの節を非常にすばやく振り，特徴的なガラガラ音を生み出すには，とても効果的になっている．

ニシダイヤガラガラヘビの尾には，各側面に大きい振動筋が 3 つずつある（これらは，ヘビの体における背最長筋 *M. longissimus dorsi*，腸肋筋 *M. iliocostalis*，肋上筋 *M. supracostalis* に相当する）．各筋肉は，同期して収縮する繊維をもつ，単一の運動単位のように見える．個々の収縮（単収縮 twitch と呼ばれる）は「全か無か」で，すべての収縮要素を含む．ルイジアナ大学ラファイエット校の Brad Moon 氏は，ラトルの節に用いられる筋肉の力は 2 つの動き，すなわち左右の振れとねじれを生み出すことを示している（図 8.4）．ねじれの動きは音の出力を向上させる．このことは，特に横方向の変位を大きく減衰させる長いラトリングにおいて，音の出力を維持するのに役立っている可能性がある．

Bruce Young 氏，Ilonna Brown 氏，Patrick Cook 氏らは，最近の研究でラトルを多次元の振動子にモデル化した．それを用いると，ラトルあるいはラトルの基部の節の大きさを測るだけで，ガラガラ音の音響プロファイルを予測することができる．互いにはめ込まれて隣接している節同士が，通常は前後左右に互い違いに揺らされることで音を出す（「振動子」）運動性の連鎖であると，ラトルはみなすことができる（図 8.4）．ラトルが振動している間の節の左右の振れは，先端で最も大きく，基部に向かって減衰する．ラトルの節を多くもつ個体では，尾の付け根に近い部分の節同士には大きさにほとんど差がない

(図 8.3). この大きさの一貫性に伴い, ラトリングの間に生み出される音の周波数に一貫性が生まれる.「典型的な」ガラガラ音は, 9,000 Hz 付近を主要な周波数とし, 約 2,500 Hz から 19,000 Hz にわたる広帯域をもつ音として記述される. この範囲がガラガラヘビに聞こえる範囲に重なっていないことに注目してほしい (第 7 章参照). 一定の気温での途切れのないラトリングでは, 音の周波数やテンポが変調することはない. 激しくラトリングをする傾向が特にはない一部のガラガラヘビでは, 尾が周期的にピクピク動いたり, 合間に休憩をとって短いラトリングをしたりすることがある.

図 8.4
ニシダイヤガラガラヘビ (*Crotalus atrox*) のラトル. 振動筋によって振られている最中に, ラトルの動き (矢印) に関わる力を示している. 著者撮影.

温度がラトリングの周波数を上昇させるにつれて, ラトリング運動の動力源となる筋肉の単収縮の頻度が上昇し, ラトルの節の運動はより強い力と加速度を必要とするようになる. それでもラトリングの単収縮あたりのエネルギーコストは, 単収縮の頻度とは独立しているということがわかっている. Brad Moon 氏, Kevin Conley 氏, Stan Lindstedt 氏による (節間での) 関節運動とそれに関連する力の記録が示唆するところによると, 単収縮の力の増加が各単収縮に要する継続時間の短縮によって相殺され, このことが, 幅広い気温および単収縮周波数帯において, 単収縮サイクルあたりのエネルギーコストをほぼ一定に保っている. また, 単収縮の周波数が上昇するにつれ, ラトルの左右の振れ幅が減少する. したがって, ラトルの節に働く力の増加はラトルの左右の振れ幅の減少によって相殺され, ラトルを振るために必要な機械的な仕事および力を低く保っている. ラトリングの周波数が高い場合, ラトルの左右の振れ幅 (尾の振れ幅) が減少することにより, 周波数が増加しても左右の振れ幅が一定のままであるときほど仕事と力の需要が増加しないようになっている. 基本的には, すべての筋肉の収縮のコストは, 収縮の力と継続時間に比例する. ガラガラヘビの振動筋では, 周波数の変化を伴う単収縮の力とその継続時間との間にトレードオフがあり, 単収縮あたりのエネルギーコストを一定に保っている. そのため, 温度が上昇するにつれて, 筋肉のより強い力がラトルをより速く加速させるが, 時間はより短く, 水平方向へのズレもより小さくなる. 左右の振れ幅が減少することにより, ラトルの運動と音の生成は非常にわずかな仕事で維持されている.

長時間にわたる振動筋のラトリングは, かなりの血流を必要とする. この血流は酸素を供給し, 筋肉の活動による不要な代謝物質 (特に乳酸塩) を取り除く. William Kemper 氏, Stan Lindstedt 氏, およびその共同研究者らは, ガラガラヘビの振動筋を通る持続的な血流のペース (筋肉 100 グラムあたりで毎分 450 ml 以上) が, 報告されているなかで比較的高レベルであり, 運動中の競走馬における骨や心臓の筋肉のものを上回っているということを実証した! ラトリングの間じゅう, 血流の増加, 振動筋を流れる血液からの酸素の抽出, および循環による乳酸塩の迅速な除去のすべてが, 高周波数でラトリングしている筋肉の疲労を回避するのに貢献している．異常に速い解糖系における乳酸の放出と，それに関係するATPの供給が，継続的な振動筋の収縮に要するATPエネルギー需要のかなりの部分を満たすのに役立っている．乳酸塩は酸素を必要としない代謝経路（筋肉内部の解糖系）でのATPエネルギーの産生によって生じる．ガラガラヘビの振動筋についてエネルギー論の観点からいうと，その機械的効率はほかの非常に高い周波数で作動する筋肉，たとえば昆虫の飛翔筋に匹敵する．

1956年に公表されたLawrence Klauber氏の初期の考えによると，「ラトルは警告シグナルとして使われる．これには経験上，議論の余地がない．もしそれが別の目的をもつなら（中略）それらは日常の観察でどうにかなる問題ではない」．様々な人が別の仮説や学説を提唱してきたが，確かに優勢なのは，それがラトルの唯一の使用法ではないにせよ，捕食者やヘビを踏みつけることができる大きな動物などの危険な可能性がある動物に対する防御であるように思われる．ガラガラヘビが常に邪魔者に対して攻撃の前にラトリングで警告しているという考えを含めて，ガラガラヘビのラトルの想像上の使い方には面白いものがある．1700年代から1800年代には，ヘビが咬みつく前にいつも三回ラトリングをすると信じていた人もいた！　ブラジルの一部の人々は，ガラガラヘビを含む毒ヘビは鳴き声を真似ることで小鳥類や哺乳類をおびき寄せると信じている．しかし，ガラガラヘビは防御的な状況でしかラトリングをせず，そしてそれは必ずしもヘビが咬みつく前とは限らない．

ガラガラヘビのラトルの複雑な構造は，すべての種で顕著に類似しており，爬虫両生類学者の多くは，この構造がガラガラヘビの進化の中で一度だけ進化したのだと考えている．ガラガラヘビの化石の年代にもとづくと，ラトルは少なくとも500万年は存在している．ラトルがどのようにした進化したかは未だ不明であり，基本的には推測と議論の問題となっている．

体内で生み出される音

噴気（hissing）は，ヘビが音を生み出す最も一般的な方法である．しかしながら驚くべきことに，ヘビの体の反対の端に関わって音を生み出す，別の斬新な方法もある．いずれの場合にも，音の発生には体内の貯蔵場所から空気を追い出すよう作用する圧縮力が関わっている．

噴気と関連する音

私は，当時親友だった人のことともに，少年の頃に生まれて初めて捕まえたガラガラヘビのことを思い出す．あの劇的な出来事は，12月に南カリフォルニアのアーバインランチ（今日ではカリフォルニア大学のアーバインキャンパスのすぐ近く）の岩の多い洞窟と露頭からなる場所で起こった．屋外での純粋な楽しみのためにしばしばするように，私たちはその地域を探検していた．かなり肌寒い季節だったので，私たちはヘビを採集することなど考えもしていなかった．しかし，巨大なアカダイヤガラガラヘビ（*Crotalus ruber*）が岩の割れ目の中に見えているのを発見したので，私たちはそれを棒でひっぱり出し，よく見ることのできる開けた場所に置いた．大興奮と呼ばざるをえない状態で！　ヘビはゆっくりとぐろを巻いたが，ラトリングはしなかった．私は気温を思い出せないが，尾の振動筋が冷えすぎていて効果的にラトリングできなかったために，防御行動が私たちの予想していたものと異なっていたのではないかと思う．ヘビはゆっくりと，何秒もかけて普段の二倍以上の大きさに見える胴廻りに膨らんだ．そして，やはりゆっくりと，一回の長々とした並外れたシューという音（噴気音）をたてながら，空気を少しずつ放出した．その防御的効果は非常に劇的で，二重の目的があった．まず，ヘビがより大きく見え，その大きさの知覚が，初めて毒ヘビに手を出した二人の少年に冷水を浴びせた．次に噴気音が，大きなヘビという形で目の前にある危険を私たちにはっきりと痛感させた．話の結論としては，私たちはガラガラヘビを捕まえ，家に持ち帰って一週間飼育した後，次の週末に野生に返した．

この話は，ある重要な考えを強調するのに役立つ．電子版の第6章で説明されるように，ヘビの細長い肺は，呼吸ガス，つまり酸素と二酸化炭素の交換という主要な仕事に加えて数多くの機能を授けた．あのアカダイヤガラガラヘビの場合，長時間の吸入によって肺容量が最大化され，大量に貯蔵された空気が長時間にわたる噴気音を可能にし，それによりすべての捕食者になりうるものに対して警告（それと，せいぜい恐怖）を喚起する効果を誇調した．

噴気

噴気は，接近する捕食者を驚かせる，あるいは警戒させる「声」をほかにもたないヘビにおける，重要な防御行動である．噴気音の最も重要な機能はおそらく，接近する動物を警戒させ，それによって追い払うか，少なくとも，進んでくる捕食者に用心を植え付け，ヘビに向かっての進行を遅くすることだろう．この遅れは，必要ならば逃げるため，あるいは咬みつき行動やほかの防御行動をとることのできる位置を最適化するための，さらなる時間的猶予をヘビに与える．

ヘビの噴気音は人間にはっきりと聞こえる．音は，低いしゃがれた音から，逃げる蒸気や筒から逃げる空気のうるさい噴出に似た鋭い音まで，様々である．しかしながら，ヘビの噴気音は，情報を表現する可能性が非常に低いと思われており，一般的に単なる防御的警告だとみなされている．多くの種間で，噴気には注目すべき音響的類似性があり，音の単純さは「ホワイトノイズ」と規定されるレベルに迫ると言われている．ほとんどの噴気音は，本質的に強度が高く，調整されていない換気の動的な流れである．これらは，周波数や振幅の変調がほとんどなく，また時間的なパターニングもほとんどあるいは全くない，一般的に単純な音響的構造に特徴づけられている．

ほとんどのヘビにおける噴気音の仕組みには，複数の要素が含まれる．第一に，音を発生させる動力の源は，肺の中の空気の動きと，気管や喉頭の開口部を通る空気の動きに起因すると思われている．噴気音に関連する呼気中の空気の放出は，膨張した肺および伸張した体壁の受動的な反動，周囲の筋肉による体および肺の能動的な圧縮，もしくはその両方によるものである．第二に，空気を逃した結果としての音の発生には，空気の動的な流れ，気管における空気の通り道の長さ，および気管の開口部（声門 glottis）を含む相互作用が関係している（図8.5）．噴気音の周波数は気管，喉頭，あるいはその両方の，長

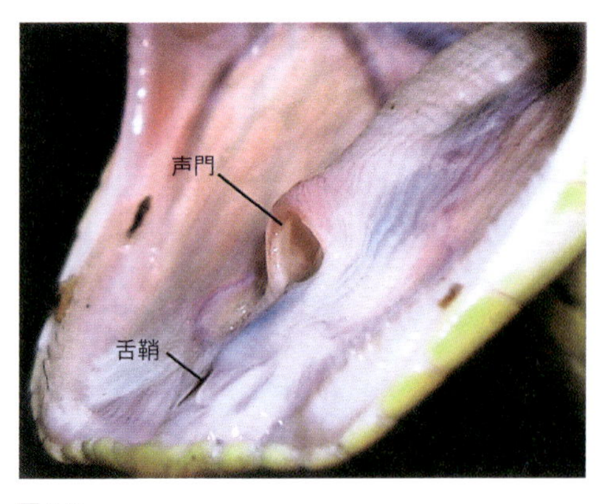

図8.5
チャイロフクラミヘビ（*Pseustes poecilonotus*）の口の下側．開いた声門と下方の舌鞘を示している．Dan Dourson 氏撮影．

さと直径の関係によって決まる．気管は，本質的には声門の筋肉の動きで開いたり閉じたりする，端をひとつもつ長い管である．気管から声門への空気の発散は，気管の中の空気の振動を引き起こす．そのような振動の周波数とそうして発生した音は管の長さに直結している．当然ながら，気管は（軟骨の）固い管ではなく，その周囲の一部に柔軟な膜を含んでいる（図 6.13，6.19）．したがって気管粘膜の振動もまた，生み出される音に影響を与えることがある．気管粘膜の振動は，気管の中の空気の振動と気管粘膜の張力に依存している．最後に，噴気音は肺の空気の吸い込みと吐き出しのいずれの際にも発生することがある．

現在マサチューセッツ大学ロウェル校にいる Bruce Young 博士は，彼の研究プログラムの多くでヘビの音の発生とその仕組みの評価に焦点を当ててきた．彼はヘビの噴気音を理解する良い比喩を提唱した．それは，私たちがフルートと呼ぶ楽器である．フルートはその長さによって分類され，フルートが長いほど低い周波数を生み出すことができる．どのフルートでも空気源から最も遠いトーンホール（演奏者の呼気の逃げ道）は，最も低い周波数の音を生み出し，一方で空気源に隣接するトーンホールは最も高い周波数をもつ音を生み出す．これらの特徴は，気管の長さと相対的な開口部の位置に機能上類似している（下記の「唸り声」の項も参照のこと）．

ヘビにおける換気の気流は肋骨の特定の動きによって生み出され，そのような行動は Herb Rosenberg 氏によって「肋骨ポンプ」と呼ばれた．一部のヘビでは，防御的な噴気音が（1）最初の吐き出しに伴う噴気音，続いて（2）短い移行のための中断，（3）吸入に伴う噴気音，そして（4）二度目の中断か休憩の時間，によって特徴づけられる 4 段階の時間のパターンを示す．肋骨ポンプはこのパターンを生成する原因であり，肺の器官系の役割はたいてい受動的である．肋骨の外転（中心軸から離れる動き）は肺に負の圧力を生み出し吸入を推進する，ときには結果として吸入による噴気音が生じる．肋骨の内転（中心軸に向かう動き）は反対のことをし，肺の圧力を高め，換気とそれに伴う噴気の炸裂を推進する．体の膨張（あるいは吸入）はヘビの防御ディスプレイの共通の特徴であり，気管，肺，環境の間の空気の交換は，しばしば噴気音を伴う．

噴気音は，およそ 3,000 Hz から 13,000 Hz の周波数にまたがる幅広い音のスペクトルである．7,500 Hz 周辺に主要な周波数があるが，種や体の大きさに関連する変化はほとんどない．ヘビが噴気音の振幅と時間特性を調節できると主張する爬虫両生類学者もいるが，そのような調節への説得力のある証拠はない．ヘビは声門の開口部の直径を変化させるのに働く 2 つの筋肉をもち，それらは気流の速さを変化させることで噴気音の性質を変えることができるかもしれない．そのような声門の開口部の能動的な調節は，ヒスの調節にひょっとすると利用されているかもしれないが，研究されているどの種においても，これが実際に起こっていることを確かめた者はいない．さらに，Bruce Young 氏によるパフアダー（*Bitis arietans*）を対象とした人為的な噴気の研究は，ヘビにとって音響的に複雑な噴気を生み出すことはほぼ不可能であり，本種の気管は吐き出される気流に何の音響的特徴も与えていないことを示唆している．たとえ咽頭括約筋（*Constrictor laryingis* muscle）を電気刺激することで声門が気流を強制的にふさいでも，喉頭には吐き出される気流の周波数を調節することは全くできない．

ナミヘビ科のヘビである *Pituophis melanoleucus* と *P. catenifer* の噴気音は，特に注目に値する．これらの種は，分布する地域と亜種に応じてパインヘビ，ブルスネーク，あるいはゴファーヘビと呼ばれる．これらのヘビが身を守るときに発する噴気音は大音響になることがあり，「耳障り」であると記述されてきた．ほかのヘビのほとんどとは異なり，*P. melanoleucus* の噴気音の周波数帯は 500 Hz から 9,500 Hz にわたる．

パインヘビ属（*Pituophis*）の喉頭は，次の２つの形態的特殊化を備えている点で特異である．すなわち（1）「喉頭蓋隆起（epiglottal keel）」と呼ばれることもある環状軟骨の背側伸張，および（2）喉頭の前部を分ける「咽頭隔膜（laryngeal septum）」と呼ばれる柔軟で水平な組織の仕切りである．これは，最初に記載されたヘビの「声帯」とみなすことができる．ほかの脊椎動物における対になった声帯と比べて独特な，対になっていない構造物であり，*P. melanoleucus* 以外のヘビでは見つかっていない．本種による音の生成を研究している Bruce Young 氏とその共同研究者らにより，咽頭隔膜が振動し，パインヘビ属の防御的な噴気音の和音の要素に寄与している一方，喉頭蓋隆起はこれらの噴気音の質にほとんど影響を与えていないということが実証された．倍音（harmonic）は周波数が基音の周波数の整数倍の音のことで，一部のカエル，コウモリ，およびその他の動物の鳴き声には存在する．パインヘビ属の咽頭隔膜の振動は，約 500 Hz を基本周波数とする倍音を生み出す．

いくつかのヘビの系統は気管を拡張する方法をもっており，それは噴気音の音響的性質を明らかに変化させることができるだろう．拡張手段は３つあり，（1）気管肺（tracheal lung）をもつこと（電子版の第６章参照），（2）気管粘膜の「プリーツ加工」，および（3）気管憩室 （tracheal diverticulum）である．気管憩室については，唸り声に関連して以下で説明される．気管粘膜の幅は，張力を受けていないときには膜内の大きなひだによって占められている．以下で説明される憩室の役割を除き，気管拡張の音響的影響は十分に研究されていないか，または文書化されていない．

咆哮

パインヘビ（*Pituophis melanoleucus*）の防御的噴気の際，喉頭蓋隆起は単に気流を分けるように機能し，明らかに，拍動的な質を音に与えるように振動してはいない．しかしながら，パインヘビによって生み出される一連の噴気音の始まりの際には，Bruce Young 氏とその共同研究者らが「咆哮（bellow）」と呼ぶ，音量が大きく（振幅が大きく），幅広い周波数の音の突発がある．咆哮は，振幅と周波数の両方に単純な変調がある点で噴気音と区別され，明らかに咽頭隔膜における気流と張力の不均衡によるものである．この咆哮の継続時間は短く，0.2 秒以下である．これは気流を排出するための声門の拡張と，関連する平滑筋による咽頭隔膜での張力の調節の間のタイムラグを表している．咆哮の音は，咽頭隔膜の振動から起こる時間的な変化と倍音の要素の両方を含んでいる．

咆哮はパインヘビ属に特有で，ほかのヘビのどんな種でも記載されていない．パインヘビにおける「声帯」（咽頭隔膜）の存在と咆哮と噴気音の複雑な放出は，このヘビの放出する変わった防御の音の逸話的な記録を説明しているように見える．私はかつて，経験上比類なく気性の荒いゴファーヘビにカリフォルニアで出会ったことがある．それは何度も咬みつき行動を繰り出し，それぞれの咬みつきの間に激しい勢いで前傾してきた．また，咬みつきのたびに伴った，非常に大きく耳障りな噴気音を私は覚えているが，ひょっとすると私が当時は知らなかった咆哮の要素を含んでいたのかもしれない．咬みつきと噴気は，ともに最も印象的で，多くのガラガラヘビやコブラの防御ディスプレイと同じくらい見事な見ものである．

唸り声

ヘビの気管の気道から放出される別の音は，Bruce Young 氏によって「唸り声（growl）」と記載されている．ヘビの唸り声は，隣接する気嚢，つまり気管憩室（電子版の第 6 章参照）につながる気管粘膜の開口部を，気管から吐き出される気流が通るときに放出される音である．これらの構造物はすべてのヘビで見つかるわけではないが，存在する種においては唸り声を出すことが可能になっている可能性がある．唸り声はキングコブラ（*Ophiophagus hannah*）で最もよく知られており（そして記録されており），ナミヘビ科のホソツラナメラ（*Gonyosoma oxycephalum*）でも記録されている．キングコブラでは，唸り声は 5,000 Hz（しばしば 2,500 Hz）を下回る周波数を含み，約 600 Hz に主要な周波数をもつ．放出される音の最初と最後のより激しい音は，キングコブラの唸り声には周波数が調節されている証拠である．ホソツラナメラの防御的な唸り声は，2,000 Hz を下回る周波数と約 625 Hz の主要な周波数からなる．いずれの種においても，唸り声は噴気音から区別される．

気管憩室（気嚢；図 6.19 参照）のモデリングは，それらが共鳴室として機能していることを示唆している，つまり本質的に，ほかの周波数を高める一方で，一部の周波数を減退させたり遮断したりしているということである．共鳴室の大きさと形が，生み出される周波数とそれに伴う発生した音の力のスペクトルを決定する．憩室が大きいほど，唸り声の主要な周波数は低くなる．特にヘビの大きさと行動によっては，唸り声と噴気音の両方が脅迫的になることがある．

鼻による噴気

ながらく観察者は，多くのヘビ，特にクサリヘビには鼻腔を通して噴気することができるという印象をもっている．その印象の大半は，口を閉めているときのヘビの噴気の観察からきている．ごく初期の実験で，1921 年に Frank Wall 氏は，ラッセルクサリヘビ（*Daboia russelii*）の噴気音が部分的に鼻孔を塞がれた後に異なって聞こえることを観察した．

今では多くのヘビで，排出される気流は内鼻孔を通ると信じられている．多くの種が絶対的に鼻で噴気していると考えられており，そこにはトウブシシバナヘビ（*Heterodon platyrhinos*），パフアダー（*Bitis arietans*），およびラッセルクサリヘビ（*Daboia russelii*）

図 8.6
ガボンアダー（*Bitis gabonica*）の頭部．複雑な外鼻孔を示す．挿入図は，鼻孔をさらに拡大したもので，鼻道に至る深い内側への開口部にかぶさる形で２段階のくびれがあることを示している．このヘビは噴気により非常に大きな音をたてることができるが，その際には鼻孔の外側への開口部が働いているかもしれない．著者撮影．

が含まれる．音の発生に伴う気流は，基本的に静的で，能動的に音を変調することのない鼻腔を通り抜ける．ニシダイヤガラガラヘビ（*Crotalus atrox*）やヒガシダイヤガラガラヘビ（*C. adamanteus*）の典型的な防御行動の最中には，気流は鼻腔の中だけで生じる．噴気音は吸気（息を吸うこと）の際に発生し，鼻腔を通る際に音響的に調節されている可能性がある．ほかの重い体のクサリヘビ科のヘビでは，外鼻孔は開口部が複雑で，様々に変化している（図 8.6）．外鼻孔は，空気の呼気（息を吐くこと）の際にヘビによって生み出される，非常に大きく顕著な噴気音に関して機能している可能性がある．

総排出腔ポッピング

ヘビがポップ音（popping noise）のような音を発しているが，その音が頭の先から出ていないところを想像してほしい．文献のなかには，ヘビが総排出腔を使って音を生み出せるという様々な逸話的な主張が存在する．そのような現象は，カギバナヘビ属（*Ficimia*），ハナエグレヘビ属（*Gyalopion*），セイブサンゴヘビ属（*Micruroides*），およびサンゴヘビ属（*Micrurus*）で報告されている．ヘビはポップ音を総排出腔の排泄の間に生み出せるし，排泄と独立しても生み出せる．その音は，主に総排出腔の筋肉組織による総排出腔の穴からの空気の急激な破裂によって起こる（主に総排出腔括約筋 *M. sphincter cloacae*）．

ヘビから記録された「総排出腔ポッピング」は，約 350 Hz から 15,000 Hz の限られた周波数帯の，小さい振幅の音（約 50 db から 70 db）からなっており，倍音の場合もある．音は短く（約 0.2 秒），独特な時間のパターンを示す．種内と種間の両方で，総排出腔ポップにはいくつかの音響的変異が存在する．総排出腔と関連する筋肉組織の相対的な大きさが，一匹のヘビから放出されるポップ音の振幅と周波数の両方に影響する．

頭を拘束しない限り，視覚刺激および接触刺激を用いてアメリカサンゴヘビ（*Micrurus fulvius*）から総排出腔ポッピングを引き出そうする制御された試みはたいてい失敗する．しかし，セイブハナエグレヘビ（*Gyalopion canum*）では軽い接触刺激によって引き出され，それは通常ばたつく動きを伴う．セイブサンゴヘビ（*Micruroides euryxanthus*）

では，総排出腔ポッピングは尾の持ち上げと湾曲とともに起こる．総排出腔ポッピングは，地中棲や隠匿性の習性をもつヘビに特徴的で，その現象は，ときに別の防御的行動を結びついている．そのため，Bruce Young 氏らは，この音発生の形式は防御的行動として進化してきたと結論づけた．このように，この様式の音発生は，自然史のほとんど知られていないほかの種でも起こっている可能性がある．

結びの言葉

ヘビは明らかにいくつかの非常に興味深い音を生み出すが，それらは主に防御に使われる．考察するべき非常に重要なことがいくつかある．第一に，その自然史，行動，生態に関して全くと言っていいほど知られていない多くの種が世界中に存在する．ここで記述したものに加えて，ほかの音や，音のほかの用途が，より広い範囲の種に関するさらなる研究によってこれから明らかにされるかもしれない．第二に，広く観察され，研究されてきた状況の多くにおいて，防御的な音の使用は合理的な結論であるように思われるが，別個体とのコミュニケーションを含む，ほかの用途もありうる．これらの２つの考えを念頭に置くと，いくつかのさらなる考えが生じてくる．

1．ガラガラヘビにおけるラトルの進化的起源についての，長い間考えられてきた理論は，こう主張する．いわく，警告しなければヘビを踏むことを避けられないかもしれない多くの草食動物に対する警告装置として，この構造は進化してきたと．もしこれが真実なら，なぜ，アフリカやオーストラリアの広大な平原に生息しているほかのヘビの系統で，ラトルやそれに類似した構造が進化してこなかったのだろうか？　さらに，ラトルが音響的な警告装置として進化してきたなら，中間段階での機能は何だったのか？　Gordon Schuett 氏らは，尾の先端のキャップが大型化することで（潜在的な獲物に対する）尾の誘引性が高まり，その後でラトルへと進化していったという可能性を提案している．しかしながら爬虫両生類学者のなかには，この見解に異を唱え，考えを支持する証拠がないということを指摘する者もいる．ラトルは複雑な構造物であるため，新規に生じたとは思われない．では，このヘビのクレードにおいて，最終的には尾の先端の複雑なラトルへと至った，表皮性の付属物の機能は何だったのか？　オーストラリアのデスアダー類（*Acanthophis* spp.）の尾の先端には複雑な鱗の突起がある，ということに注目すると興味深い．その突起は，ラトルの前身である可能性を示唆

図 8.7
コモンデスアダー（*Acanthophis antarcticus*）の成体の尾．尾の先はひとつの表皮性の突起物になっている．末端部の短い区間に棘状の表皮性付属物（矢印）が生えている．著者撮影．

するように見えるのである（図 8.7）．この付属物の機能は何なのか？　そして，完全なラトルを作り出すためには，遺伝的な変異を含む，どのような追加のステップが自然選択に必要なのか？　Ximena Nelson 氏らは，コモンデスアダー（*Acanthophis antarcticus*）の尾による誘引に関わる動作が無脊椎動物に擬態しているということを実証した．ヘビは，この騙すようなシグナルをアガマ科のトカゲを惹きつけるのに用いるのである．おそらく，デスアダーの尾にある表皮の構造もまた，無脊椎動物（たとえばコオロギの脚）に擬態している．このことは，擬態に使われる尾の構造が，Schuett 氏らが提唱したようにラトルの進化に先立って起こった，という可能性をより強固なものにしている．これらとほかの多くの興味をそそる疑問が，アメリカのガラガラヘビの尾を飾る，この素晴らしい音響的な付属物と進化と利用に関連している．

2．かつて，故 Fred White 博士は，ガラガラヘビが種内コミュニケーションのためにラトルを利用しているということには確信があると私に言った．彼がそう言ったのは，合衆国中西部（コロラド州だったと思う）にある，セイブガラガラヘビの共同の巣穴への訪問から帰ってきた後のことだった．当時，彼と同僚は，冬期におけるこのヘビの個体間の，熱的関係および集団越冬のエネルギー的帰結に関する研究に着手していた．私はこの特定の発言についての Fred 氏の説明を知らないし，私の知る限り，彼はその考えを公表しなかった．しかし，巣穴の場所で行っていた研究に関連するほかの話と併せて彼がこの件に言及したときに，彼がどれほど確信しているように見えたかを，私はよく覚えている．この考えについてのひとつの問題は，ガラガラヘビのラトルによって生み出される音が，ヘビの可聴域と重複していないことである．しかしながら，Fred 氏が観察したものに視覚的な手がかりが関わっていたか，あるいは，同時にラトリングをしていた多くのヘビが，ヘビの感覚系（内耳に加えて皮膚受容器）によって検出できる振動刺激を生み出していた可能性がある．

3．ウミヘビのように完全に水棲のヘビは水中環境で生きているが，そこでは振動の情報は非常に重要である．そしてそのヘビらが機械刺激に非常に敏感であることが，皮膚の構造からだけでなく行動からも示唆される（図 8.8；図 7.14 も参照のこと）．ウミヘビ（およびほかの水棲種）の聴覚や，多くの人が現在想像している以上に豊かで便利な音響的世界にウミヘビが生きているのかどうかについては，ほとんど何もわかっていない．

4．振動と同様に音は，地中生活をしている穴を掘る種にどのように影響しているのか？　そしてそれらの種には，同種他個体と通信するかもしれない音を生み出しているものもいるのか？　私たちがまだ気づいていない，あるいは記録していない，ヘビによって生み出される音は，地下や海中にあるのか？

図 8.8
オーストラリアで新たに発見されたウミヘビ（*Hydrophis donaldi*）の皮膚の写真．本種はカーペンタリア湾の河口域で最近見つかったが，そこでは水が濁って不透明だったかもしれない．皮膚は激しく棘状で，個々の鱗には顕著なキールや尖った小瘤がある．それらは感覚に関わっている可能性がある．Kanishka Ukuwela 氏撮影．

ヘビの生物学のほかの領域と同様に，これらのヘビによる音の生成と使用は，さらなる研究を必要としている．未解決の問題を適切に調査するために，物理学の関連分野に対して関心と訓練の両方を備えている科学者が不足しているということもまた事実である．うまくいけば，これらの状況が将来改善され，私たちはヘビの世界に存在するもっと多くの音響上の秘密を発見するだろう．

Additional Reading　より深く学ぶために

Conley,K. E., and S. L. Lindstedt. 1996. Minimal cost per twitch in rattlesnake shaker muscle. *Nature* (London) 383:71-72.

Cook, P. M., M. P. Rowe, and R. W. Van Devender. 1994. Allometric scaling and interspecific differences in the rattling sounds of rattlesnakes. *Herpetologica* 50:358-368.

Fenton, M. B., and L. E. Licht. 1990. Why rattle snake? *Journal of Herpetology* 24:274-279.

Gans, C., and P. F. A. Maderson. 1973. Sound producing mechanisms in recent reptiles: Review and comment. *American Zoologist* 13:1195-1203.

Kemper, W. F., S. L. Lindstedt, L. K. Hartzler, J. W. Hicks, and K. E. Conley. 2001. Shaking up glycolysis: Sustained, high lactate flux during aerobic rattling. *Proceedings of the National Academy of Sciences* (USA) 98:723-728.

Klauber, L. M. 1997. *Rattlesnakes: Their Habits, Life Histories, and Influence on Mankind.* 2nd edition. 2 vols. Berkeley: University of California Press.

Martin, J. H., and R. M. Baghy. 1973. Properties of rattlesnake shaker muscle. *Journal of Experimental Zoology* 185:293-300.

Moon, B. R. 2001. Muscle physiology and the evolution of the rattling system in rattlesnakes. *Journal of Herpetology* 35:497-500.

Moon, B. R., J. J. Hopp, and K. E. Conley. 2002. Mechanical trade offs explain how performance increases without increasing cost in rattlesnake tailshaker muscle. *Journal of Experimental Biology* 205:667-675.

Moon, B. R., T. J. LaDuc, R. Dudley, and A. Chang. 2002. A twist to the rattlesnake tail. In P. Alerts, K. D'Aloût, A. Herrel, and R. Van Damme (eds.), *Topics in Functional and Ecological Vertebrate Morphology*. Maastricht, The Netherlands: Shaker Publishing, pp. 63-76.

Moon, B. R.,and A. Tullis. 2006. The ontogeny of contractile performance and metabolic capacity in a high-frequency muscle. *Physiological and Biochemical Zoology* 79:20-30.

Nelson, X. J., D. T. Garnett, and C. S. Evans. 2010. Receiver psychology and the design of the deceptive caudal luring signal of the death adder. *Animal Behaviour* 79:555-561.

Rosenberg, H. I. 1973. Functional anatomy of pulmonary ventilation in the garter snake, *Thamnophis elegans*. *Journal of Morphology* 140:171-184.

Schaeffer, P. J., K. E. Conley, and S. Lindstedt. 1996. Structural correlates of speed and endurance in skeletal muscle: The rattlesnake tailshaker muscle. *Journal of Experimental Biology* 199:351-358.

Schuett, G. W., D. L. Clark, and F. Kraus. 1984. Feeding mimicry in the rattlesnake, *Sistrurus catenatus*, with comments on the evolution of the rattle. *Animal Behaviour* 32:625-626.

Young, B. A. 1991. Morphological basis of "growling" in the King Cobra, *Ophiophagus hannah*. *Journal of Experimental Zoology* 260:275-287.

Young, B. A. 1992. Tracheal diverticula in snakes: Possible functions and evolution. *Journal of Zoology*

(London) 227:567-583.

Young, B. A. 2003. Snake bioacoustics: Toward a richer understanding of the behavioral ecology of snakes. *Quarterly Review of Biology* 78:303-325.

Young, B. A., and I. P. Brown. 1993. On the acoustic profile of the rattlesnake rattle. *Amphibia-Reptilia* 14:373-380.

Young, B. A., and I. P. Brown. 1995. The physical basis of the rattling sound in the rattlesnake, *Crotalus viridis oreganus*. *Journal of Herpetology* 29:80-85.

Young, B., J. Jaggers, N. Nejman, and N. J. Kley. 2001. Buccal expansion during hissing in the Puff Adder, *Bitis arietans*. *Copeia* 2001:270-273.

Young, B. A., K. Meltzer, and C. Marsit. 1999. Scratching the surface of mimicry: Sound production through scale abrasion in snakes. *Hamadryad* 24:29-38.

Young, B. A., K. Meltzer, C. Marsit, and G. Abishahin. 1999. Cloacal popping in snakes. *Journal of Herpetology* 33:557-566.

Young, B. A., N. Nejman, K. Meltzer, and J. Marvin. 1999. The mechanics of sound production in the puff adder, *Bitis arietans* (Serpentes: Viperidae) and the information content of the snake hiss. *Journal of Experimental Biology* 202:2281-2289.

Young, B. A., S. Sheft, and W. Yost. 1995. Sound production in *Pituophis melanoleucus* (Serpentes: Colubridae) with the first description of a vocal cord in snakes. *Journal of Experimental Zoology* 273: 472-481.

第9章

求愛と繁殖

ウミヘビの幼蛇は特定の時季に非常に多く見つかる．そして，妊娠したメスが仔を産むため，遮蔽された湾に一斉に集うことは，かなりありうることである．

— *William A. Dunson*, The Biology of Sea Snakes（*1975*）, *p. 22*

一年のうちの適切な時期（一般に北半球の温帯域では夏の終わり頃）には，様々な人が非常に多く幼蛇を狭い範囲で見かけることがある．それらは，同じ近辺にいるに違いない同種のメスらによる，繁殖の素晴らしい産物である．腹で這う手足のない動物が，どうやって恋をしてこんなに多くの子を生み出すことができるのか．人によっては，これはそんな想像を喚起するものかもしれない．幸いなことに，少なくとも私の考えでは，たとえ初めての状況であってもヘビらは互いに異性の個体を見つけ出し，求愛し，交尾し，繁殖することができる．しかしながら最近の研究により，多くの人が立ち会ってきたことが確認された．つまり，両生類やほかの多くの動物と同じように，ヘビの個体数が世界的に減少しているのだ．ヘビの消滅や希少性の高まりは，この興味深い生き物がどのように繁殖しているのかを理解することの重要性を非常に強く訴えかける．

ヘビは，多様で複雑で魅力的な方法で繁殖する．そして，民間伝承から科学的調査，売るためにヘビを殖やす飼育愛好家の経済的関心に至るまで，この主題には多くの人の関心が集まっている（図 5.25）．古代から，世界中でヘビは象徴的で神話的な価値があるものとみなされてきた．「serpent」という単語はラテン語起源で，ヘビ，または這うもののことを意味している．したがって，serpent（ヘビ）は神話において最も古く，広く普及した象徴のひとつであり，そして繁殖は多くの多様な文脈において重要なもののひとつである．

インドはヘビの崇拝者が多い土地であり，そこにはヘビを復活，死，および死の運命を表すとみなす，豊かな伝統がある（図 5.1）．アジアにはコブラに捧じられた寺院がいくつかのあり，そこでは，ヘビは多産の象徴であり，加護を与えるものだと信じられている（図 9.1）．同様に，西アフリカとハイチでは「虹蛇（rainbow-serpent)」が多産の精霊である．虹蛇は，オー

図 9.1
ミャンマー（以前のビルマ）の中央にあるポパ山の仏教寺院．多頭のキングコブラが傘となって仏像を守っている．Indraneil Das 氏撮影．

図 9.2
ヘビは，オーストラリアのアボリジニー芸術や神話ではありふれたモチーフである．このアボリジニの絵画では，ヘビに囲まれた人々が描かれている．ヘビは水，大地，豊穣，生誕，（動植物の）豊富さ，社会関係，そして加護と強く関連している．ヘビは人類の創造者であり，その命を与える力は受胎のための魂をすべての水場に届ける．つまるところ，ヘビは再生と繁殖の力を自然と人間の中に受肉させる．これが多くの儀式における主な特徴である．この絵画は Gavin Delacour 氏によって描かれた．彼はイサ山に生まれ，今もオーストラリアのタウンズビルに住むアボリジニの画家である．

ストラリアじゅうのアボリジニの人々にとっても神話的な存在であり，そこでは創造神話の一部になっている（図 9.2）．フィジーには，地底の世界を支配し，果樹を咲かせるヘビの神がいる．環になって自身の尾をくわえているところを描かれているヘビは，多くの異なる宗教や伝統に共通する象徴である．これは，生命と復活を象徴している．古代ギリシャでは，ゼウスはヘビの形をとり，アレキサンダー大王を生み出したと言われている．そしてキリスト教において，禁断の知識の約束でイブをそそのかしたのはヘビであり，このことは，彼女が死ぬ運命と，彼女がアダムとの間に子供らを宿す運命を最終的にもたらした．

繁殖の本質

当然ながら，繁殖はあらゆる生き物の核となる本質的な属性のひとつであり，生物学の入門書で見つけることのできる生命の定義の一部である．生き物は，DNA すなわち生き物の構造や機能に関する分子の青写真が表出したものである．したがって，ある個体が別の個体の子であるためには，DNA が複製されて第一世代の個体（G1）から第二世代の個体（G2）へと受け継がれなければならない．クローン繁殖で見られるようにG2がG1の正確なDNAの複製物ならば，両者はまったく似通ったものになるが，それは，DNA内部において偶発的な天然の変化（突然変異）が生じたり，環境が変化して第二世代におけるDNAの発現に影響したりすることがないとしたらの話である．実際には，そのような変化が個々の生物を改変し，私たちが見ている生命の多様性に貢献している．しかし，性のために生物の多様性はさらに大きなものになる．すなわち，同じ種の異なる二個体は，DNAを多少なりとも均等に二世代目の個体に与える．そして，その二個体（一個体のオスと一個体のメス）の形質が組み合わされ，新しい個体には新しい形質の変異が生み出される．この過程が続くにつれて，何千もの遺伝子，つまりDNAから構成される個々の遺伝単位が様々に組み替えられ，ヘビを含む有性生殖する生物の間に多様性を生み出すのである．

性

特定の種に属する個体は（大きさと色は様々なものの）多かれ少なかれ似ているように見えるが，個体群にはオスとメスが含まれている．爬虫両生類学者は，ヘビの性別を識別する方法を開発させてきた．それには，尾の付け根を探査したり触診したりする方法が含まれる．若いヘビほど，これらの手法は困難で不確実な場合がある．しかし，多くの種の成蛇では尾の形の違いがあり，目視で性別を特定することができる．オスは，尾がメスと比べて長くなる傾向があり，尾の付け根にあるポケットに収容された内なる交接器のために肛門の付近が比較的太くなっている（図9.3）．交接器があれば，それを裏返しにして外部に露出させることができる（図9.4）．あるいは，交尾中に交接器を外転させることを可能にする通路にブラント・プローブを挿入することもできる．したがって，ブラント・プローブを穏やかに尾の付け根（正中線を挟んだいずれかの側）に押し込もうとすると，メスの尾には入れられないが，オスの交接器を収容するポケットにはある程度滑り込むことだろう．

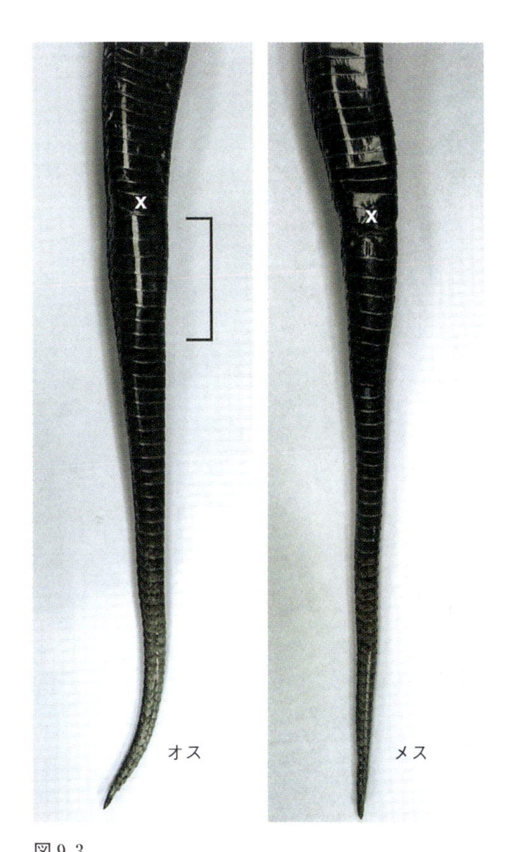

図 9.3
フロリダヌママムシ（*Agkistrodon piscivorus conanti*）の腹側の尾部形態．オスの尾（左）は基部の近くがいくぶん膨れているが，メスの尾（右）は見た目ではあまり「膨らんで」いない．オスの状態は，内部のヘミペニス（角型括弧で示した領域）によるものである．ヘミペニスは，交尾中は総排出腔の真下に外転される．総排出腔の開口部は，各写真で白い「x」印の付いている，最下部の腹板のすぐ下にある．これらのヘビは軽く麻酔をかけられている．著者撮影．

オスの交接器は対になっており，ヘミペニス（hemipenis）と呼ばれている．そう，人間ではペニスと呼ばれる構造が，ヘビで

図 9.4
一対の構造を示している外転したエラブウミヘビ（*Laticauda semifasciata*）のヘミペニス．それぞれが血液で膨張し，交尾の際にはメスの総排出腔の中での内部接続を助ける溝と棘状の末端を示している．メートル法の定規がスケールのために示されている．台湾にて Coleman M. Sheehy III 氏撮影．

は対になって2つあるのである．それぞれが個別にヘミペニスと呼ばれている．多くの種では，ヘミペニスは高度に装飾されており，外観がフック状であったり，二裂していたり，あるいは球根状であったりしていることがある．これらの構造の末端部分は，トゲトゲしていたりささくれ立っていたりしており，表面の質感はざらざらしている（図 9.4）．これらの特徴は，交尾中にメスの総排出腔の内部での接続を確実にする．また，その種間での変異は，分類学上の特徴として有益である．通常，交尾にはひとつのヘミペニスだけが使われる．勃起するときには，内部の静脈洞が充血し，総排出腔から押し出されながら裏返る．交尾後，ヘミペニスは後引筋（retractor muscle）によってオスの体内に引き戻され，その過程でヘミペニスは外側を巻き込む．交尾するときには，勃起したヘミペニスがメスの総排出腔に挿入され，精子がヘミペニス上の狭い溝を通ってメスの総排出腔や膣（輸卵管の一部）に移動する．

性腺

ヘビの性腺は腹腔にある一対の器官であり，通常，腎臓の前端部に近接した，胆嚢の後ろに位置している．オスの性腺は精巣（testis）であり（図 9.5），メスのは卵巣（overy）である（図 9.6）．オスでは右側の精巣は概して左側のものよりも前方にあり，どちらも一般になめらかで細長い．しかし，ホソメクラヘビ属（*Leptotyphlops*）のメクラヘビ類では，精巣に複数の葉（よう）がある．精巣の体内での位置は哺乳類とは異なっている．またこの器官は，胚の内部において腎臓との綿密な結びつきの中で発生する．

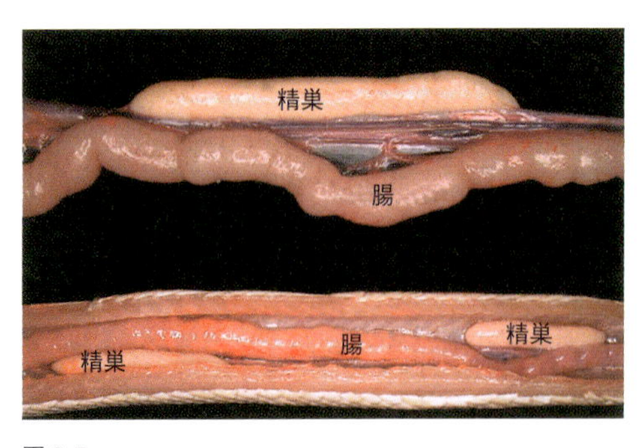

図 9.5
腹側から見たコーンスネーク（*Pantherophis guttatus*）の体腔内部．上段の写真は，細長くて小腸に隣接している左精巣を示している．下段の写真は両方の精巣を示しており，右精巣は左精巣よりも頭部側にある．頭の方向（ヘビの頭に向かう方向）は，どちらの写真でも左である．Elliott Jacobson 氏撮影．

精巣の大きさは季節的に変動することがあるが，それは精子形成（spermatogenesis）と呼ばれる精液の生産を示唆する大きさの増大に伴うものである．精子は精細管（seminiferous tubule）内の生殖細胞から産生される．螺旋状で精巣の内部を構成している精細管は，繊毛細胞と平滑筋が並んでいる輸出管の前部と連続しており，そこに向けて精子を注ぐ．輸出管は，射精までの長期短期にわたって精子が溜め置かれることになる精巣上体へとつながる．精子は，最終的には交尾中にヘミペニスに移される．

メスの生殖管は，対をなす卵巣（ovary）と，それぞれに結びついて対をなす生殖輸管（reproductive ducts）から構成されている．卵巣の位置は様々であるが，通常は胆嚢の近くにある．各卵巣は細長く，発達，縮退，再吸収の様々な段階にある卵胞（ovarian follicle）を含んでいる（図9.6）．.卵黄形成（vitellogenesis）は卵胞での脂肪の沈着，つまり卵黄の蓄積のことを指し，卵黄形成期卵胞（vitellogenic follicle）は，卵巣の内部で「卵黄化」しつつある発達中の卵子である．卵黄の前駆物質は肝臓で合成される．卵黄形成期卵胞は段階が進むにつれて大きくなり，ますます黄色くなる（図9.6）．精巣のように，それらの状態は季節に影響される可能性があり，卵黄を溜めた卵子を産生するのにかかる時間は種によって様々である．したがって，小さな前卵黄形成期卵胞（pre-vitellogenic follicle）は，季節性の繁殖を示す多くの種における，年間の大半の期間にわたって静止期の卵巣を特徴づける可能性がある．卵胞は，春に行われる交尾の直前に急速に成長することができる．最終的には，個々の卵胞はそれぞれ卵子を放出（排卵 ovulation）するか，縮退する．

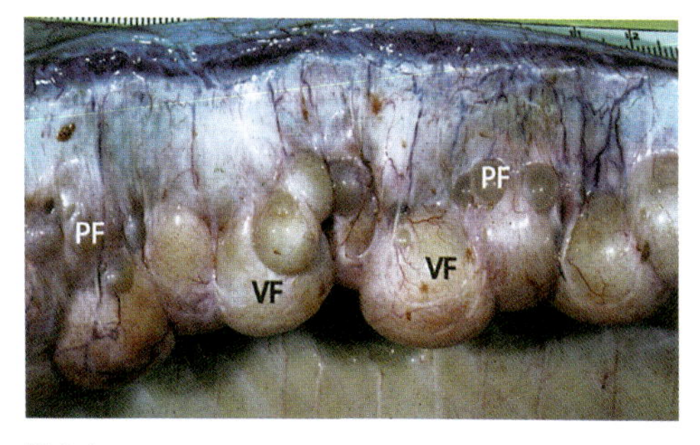

図 9.6
アミメニシキヘビの卵巣．複数の前卵黄形成期卵胞（previtellogenic follicle；PF）と卵黄形成期卵胞（vitellogenic follicle；VF）を示している．Elliott Jacobson 氏撮影．

排卵により卵胞から放出された卵子は成熟しており，受精のための準備が整っている．残りの卵胞は黄体（corpus luteum）を形成する．黄体は内分泌組織となり，出産や産卵の後に縮退するまでホルモンを放出する．排卵された卵子は，卵巣から総排出腔に延びる狭い管である輸卵管（oviduct）に入る（図2.35）．輸卵管には，平滑筋，繊毛性および非繊毛性の粘液細胞，そして様々な腺が並んでいる．腺は，発達中の卵子を包み込む様々な膜を産生し，その活動はメスの生殖状態によって変動する．産む前に卵を保持する輸卵管の中央部には，卵殻を構成するフィブロースやカルシウムを産生する腺がある（下記参照）．またここは，胎生の種が胚を育てる部位でもある（下記参照）．輸卵管の中央部は子宮と呼ばれるが，これは哺乳類の子宮と相同なものである．

受精

ヘビを含むすべての爬虫類では，受精は体内で起こる．輸卵管の上端すなわち頭側の端において，排卵の後，かつ個々の卵を最終的には包む膜構造群が付着する前に，精子は卵と融合する．受精が起こるのは，交尾後比較的早くにか，あるいは精子がメスの生殖管に長期間蓄えられた後かもしれない．一部の種のメスは，精子を受精嚢（seminal receptacle）に貯めておくことができる．これは，輸卵管の特定の分節（主に頭側の領域）に結合している，ポケット状の構造物である．しかしながら，精子の凝集は，一部の種では輸卵管の後部にある管腔や深い溝と結びついている（図2.35）．精子の位置選定に関するひとつの仮説は，精子は交尾の後，輸卵管の後部に入り，様々な期間そこに滞留し，そして輸卵管の前部にある貯蔵場所に引き寄せられるというものである．一回以上の交尾で得られた精子が貯蔵場所で維持され，そして育まれる．精子が生きたまま精巣の管の中に蓄えられ，オスの体内で長期間生き続けることができることもまた，評価されるべきである．

メスのヘビは，数ヶ月から何年もの間，精子を貯めておくことができるため，交尾と受精がぴったりと同時に起こるとは限らない．たとえば，いくつかのヘビは夏の終わりから秋に交尾するようだが，メスは再び交尾することなく次の夏に卵を産む．さらに，メスは2つ以上の同時出生集団（cohort）を一回の交尾から産むことができる．この能力は個体群がまばらに分散しており交尾の機会が比較的少ない環境で有利になりうる．交尾や精子の貯蔵や，まだよく研究されていない種のヘビの野外個体の受精の時期には疑いなくかなりの変異がある．

精子の貯蔵の例は，主に飼育下のヘビでの繁殖の報告から知られている．いくつかの例はとても長い間オスから隔離されたメスに関するもので，そのメスから健康な子ヘビが産まれて飼い主が驚いたという話である．驚くべきことに，明らかに生存可能な発生中の胚が，7年間単独で飼われたのちに死んだアラフラヤスリヘビ（*Acrochordus arafurae*）の体内から見つかったのである！

単為生殖

生物学がこうも魅力的である理由のひとつは，ほとんど常に，いわゆる一般則には奇抜な例外が存在することである．したがって，ほかのあらゆるヘビに特徴的と思われるような，性的な方法では繁殖を行わないヘビが，一種いる．ブラーミニメクラヘビ（*Indotyphlops braminus*）は，もともとはインドや東南アジアにいた小さな地中棲種だが，身を隠す習性と小さな植木鉢の土の中にも隠れられる能力のために，ほかの多くの地域に偶発的に移入されてきた（図1.11）．このため，本種は「flowerpot snake」とも呼ばれている．すべての個体がメスであり，成熟すると，その個体のクローンとなるメスが産まれてくる卵を産む．卵の発生に他個体からの精子を必要としないため，これは単為生殖（parthenogenesis）として知られる無性生殖の一例になる．単為生殖はいくつかの種のトカゲでも知られているが，ヘビの中ではブラーミニメクラヘビに特有かもしれない．

繁殖様式

大多数の種のヘビは卵を産み（産卵 oviposition と呼ばれる），そしてこの繁殖様式は卵生（oviparity）と呼ばれる（図9.7）．輸卵管の分節を裏打ちする特殊な腺が，卵を包む繊維状の構造物を生み出す．その構造物には，カルシウム塩の添加された表面層が含まれることもある．これは，卵にいくらかの剛性を与え，カルシウム源になりそうなものを発生中の胚に供給するためのものである．これらの構造物は卵殻（eggshell）および卵殻膜と呼ばれ，母親

図9.7
プエーブラミルクヘビ（*Lampropeltis triangulum campbelli*）と生みたての卵．写真の中央付近にある白い卵は，皮膚が伸びているのが見える総排出腔から，今まさに出てきているところである．David Barker 氏撮影．

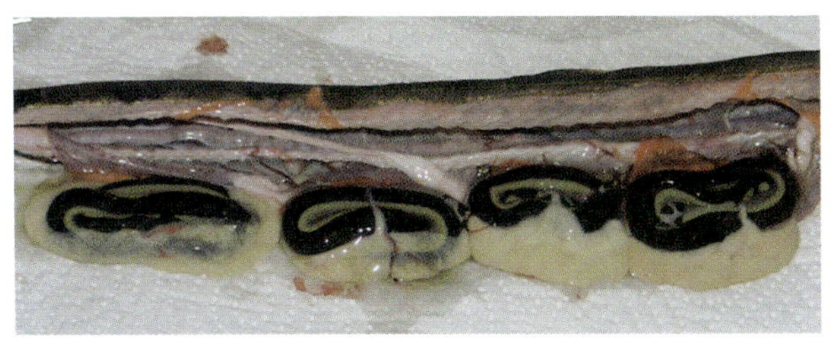

図 9.8
上段の写真では，母ヘビの体内で出生直前の状態にある 4 個体のセグロウミヘビ（*Pelamis platura*）の胚が示されている．母体組織との胎盤によるつながりが右側の 3 つの胚で見られる．下段の写真は，母親の体長に対するこれらの同じヘビの発生状態を示している．これら 4 個体の新生仔は，この特定のメスの一腹子数を表している．この母ヘビは，著者がコスタリカでこれらの写真を撮影する直前に，明白な理由もなく不注意で死んだものである．

の体外において，発生中の卵の中身を保護する．卵の「殻化」に先立ち，卵生種の輸卵管は組織の増大を示すが，それらは卵殻腺の発達，および子宮を包むことになる結合組織と筋肉組織の肥厚に関連している．輸卵管と子宮は，産卵が起こるまで卵に水と酸素を供給する．産卵の後，胎発生はメスの体外で継続され，卵黄が胚発生に必要なエネルギーと栄養を供給する．

図 9.9
飼育下のセグロウミヘビ（*Pelamis platura*）の新生仔とその母ヘビ．コスタリカにて著者撮影．

発生が完了するまで，輸卵管内に胚が保持される種もいる（図 9.8）．この場合は，卵生の場合とは対照的に，子ヘビは発育が進んだ状態で産まれる（図 9.9）．このような繁殖様式は胎生（viviparity）と呼ばれる．栄養と呼吸ガスは胎盤を介して交換され，血管によって豊富に供給される．この胎盤は，胚体外膜（漿尿膜 chorioallantois）と，母親の輸卵管（子宮）組織との綿密な結合（並置）によって形成されている（図 9.10）．胎生のヘビの胚は，水と栄養の摂取によって質量を増す．

栄養供給を胎盤に依存する程度はさまざまである．一部の種では，発生中の子ヘビは卵黄によって栄養を与えられる．孵化，つまり卵膜を破るのは，産まれる直前，産まれる最中，あるいは産まれた後のいずれかである（図 9.11）．

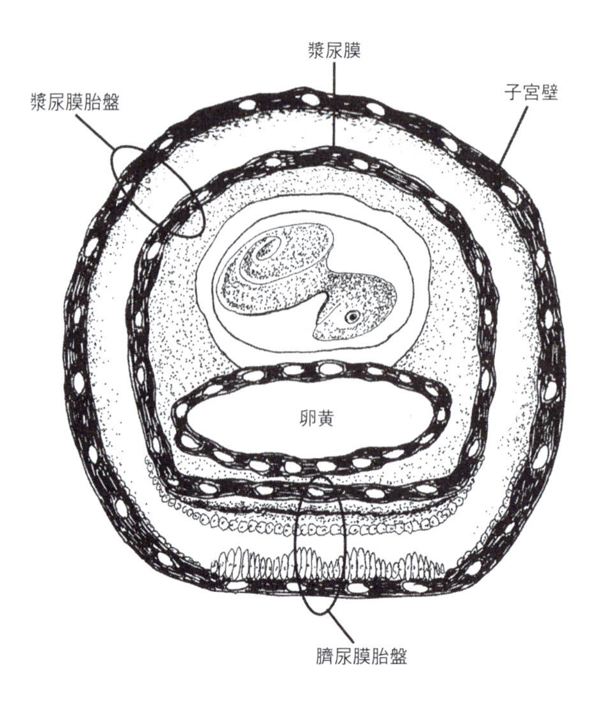

図 9.10
ヘビの胚を包んでいる胎盤膜の模式図．胚形成が成熟したときには漿尿膜胎盤（chorioallantoic placenta）は胚の大部分を囲み，臍尿膜胎盤（omphalallantoic placenta）は卵の腹壁を形成する．各胎盤は，胎膜と子宮内膜の結合によって形成される．発生中の胚が図の中央に示されている．ユウダ亜科のラフアーススネーク（*Virginia striatula*）の胎盤膜にもとづく Dan Dourson 氏による作画．（Stewart, J.R., and K. R. Brasch, Ultrastructure of the placentae of the natricine snake, *Virginia striatula*（Reptilia：Squamata）, Journal of Morphology 255：177-201, 2003, and fig. 5.6 in R. D. Aldridge and D. M. Sever（eds.）, Reproductive Biology and Phylogeny of Snakes, vol. 9 of Reproductive Biology and Phylogeny, B. G. M. Jamieson, series editor（Enfield, NH：Science Publishers, 2011）

その種が卵生か胎生かは，進化史と地理によって決まっている．胎生は，14 の主要なヘビの系統で収斂的に進化しており，ヘビが利用する実質的にすべての生息場所を網羅している．胎生はメスの運動性を低下させ，摂餌行動を減少させ，そして一腹子数や繁殖頻度を制限する可能性がある．一方で，胎生は体温調節の恩恵に与ることができ，そのおかげでヘビは，卵を産む場所が限られていたりなかったりする環境を利用することが可能になる．胎生の進化は，温度に関係するそのような利点と因果関係があると思われる．

図 9.11
中央にいるアルビノの個体が目を引く，生まれたばかりのボアコンストリクター（*Boa constrictor*）．この子ヘビは誕生時には発生が完了し，血管が見える卵膜に暫定的に包まれている．子ヘビは生まれた直後にこの膜を突破する．Tracy Barker 氏撮影．

陸棲の胎生種は，気温の低い場所であることが象徴的な，高標高や高緯度の地域に見られる傾向がある．子ヘビを体内で運ぶことには，母ヘビが暖かい場所で日光浴することにより，発生中の胚を温かく保つことができるという利点がある（第4章参照）．このような妊娠中のメスによる体温調節は，胚発生を促進し，子ヘビが早く産まれることを可能にする．それにより，寒い季節が始まるより前に，子ヘビは摂餌したり環境について学習したりすることができる．これに対し，初霜が降りる前に孵化に至ることができるほどの，十分に温かな温度に発生中の卵をさらすことができる場所は，ほとんどない．この説明で重要な点は，発生中の子ヘビを母ヘビの体内で運ぶことにより，天候の変動で胚が命を落とす可能性が減るということである．なぜなら，母ヘビは温度の変化に行動的に対処することができる一方，卵は，それが産み落とされた微小環境に完全に依存するからである．そのため，胎生は寒い環境での子ヘビの死亡率を低下させると考えられている．非常に寒い生息地（高度や緯度での極地）に生息するヘビの種は，すべて胎生である．

繁殖様式と地理について，類似のパターンがトカゲで生じている．胎生は，ヘビとトカゲで合わせて100回以上，独立に世界中で進化してきた．そのため，寒い気候は，有鱗目の多くの系統において胎生の進化を誘発してきたようである．胎生種の割合がトカゲよりもヘビの方ではるかに高いことに，私は言及しなければならない．たとえばDonald Tinkle氏とWhit Gibbons氏は，北米の爬虫類では，胎生のヘビの割合が同程度の緯度にいるトカゲのものの2倍から5倍高いと見積もった．このパターンの理由は明らかではない．大きな体やヴェノム器官はトカゲよりもヘビをより特徴づけるものだが，そうした防御能力によって胎生の進化が促進されたのかもしれないとRichard Shine氏は示唆している．最後に，完全な水棲のウミヘビがすべて胎生であるということに注目するべきである．この理由は，明らかに，海水にさらされたが最後，外に産み落とされた卵には発生するのに適した場所が存在しないことである．

胎盤構造の進化は，ヘビでは胎生の進化と協調して起こる．子宮が機能するためには，卵殻が薄くなることと，卵殻構造の変化が必要になる．結果として，胚胎膜（fetal membrane）と輸卵管の内層は密接に結合することになる．組織のそうした重要な結合が，母体から胚への酸素と栄養の輸送のための，その後の特殊化をもたらした（図9.8，9.10）．

卵

卵生のヘビの卵は，大きさや形がかなり様々である．一般に楕円体だが，典型的には球形ではなく細長い（図9.12）．卵殻は，多くの卵生種では一般に革質で柔軟性があり，2つの主要な層から構成されている．内側の層はタンパク質性で弾性のある繊維の薄い網目構造を含んでおり，その網目の大きさと向きは種によって異なる．この繊維は卵の強度を高めるが，胚が成長したり発生中に卵が水分を吸収したりするにつれて，広がることもできる．この繊維の網目に覆いかぶさるのは，炭酸カルシウムの結晶が散りばめられた被覆からなる，無機質の層である．この石灰化した層は厚くて密度が高く，これがある卵は「rigid-shelled egg」と呼ばれる．これは，多くのカメとワニ，および一部のトカゲにおける特徴である．しかしながら，ヘビの卵では石灰化した層がすかすかで繊維が散在しているため，卵殻はより柔軟で変形しやすいものになっている（図9.13）．

たとえば鳥の卵と比べて，ヘビの「flexible-shelled egg」は非常に透過性がある．それ

図 9.12
ガイアナ産のキイロオクリボー（*Drymarchon corais corais*）のメス．飼育下で産んだ一腹卵と一緒に写っている．上段写真の挿入写真は一腹卵のすべてで，その数は 14 個である．下段の写真は，卵殻から現れたばかりの 2 個体のクリボーの新生仔である．下の右側の卵殻にスリットがあることに注目．これは，卵内にいる新生仔の卵歯によって作られたものである．Elliott Jacobson 氏撮影．

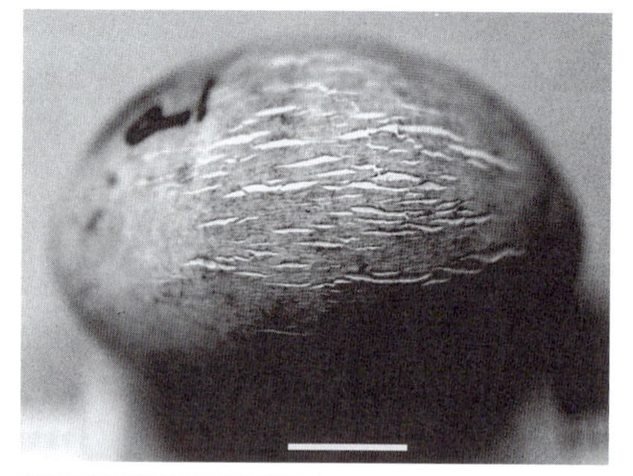

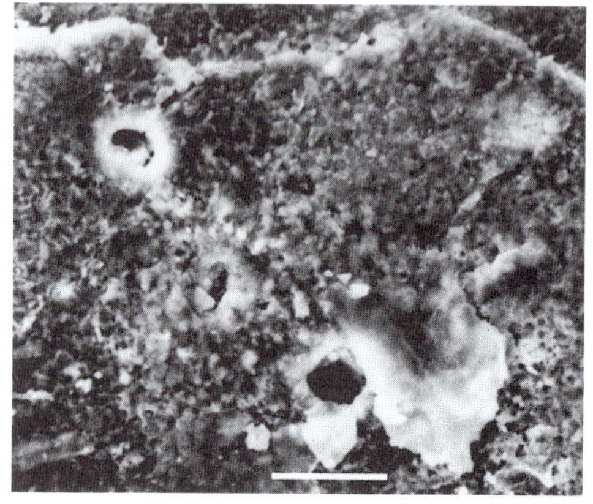

図 9.13
上段の写真は孵卵の 80％が完了したセイブネズミヘビ（*Pantherophis obsoletus*）の卵を示す．石灰質成分を含む外殻層には，水分の吸収による卵の膨張のために亀裂が入っている．下段の写真は卵殻表面の電子顕微鏡写真で，細孔のある石灰質の層をあらわにしてる．この細孔は，おそらく卵殻を透過するガス交換を促進している．スケールバーは上段が 1 cm，下段が 50 μm である．著者撮影．

は，発生中に湿った環境から水分を吸収し，部分的に石灰化した殻に対して拡張する傾向がある．柔軟な殻はいくぶん伸張するものの，卵の内部にある液体区画にも圧力を加える．そのような卵は，水分が増えるために質量が 2 倍や 3 倍になることがある（図 9.13）．一方で，このような卵は水分を失いやすくもあり，卵をとりまく水蒸気圧が飽和よりわずかに低い（99％未満）だけで，その損失は相当なものになる可能性がある．この卵の透過性は生態学的に非常に重要であり，たとえば干ばつなどにより微小環境が適切でなくなると，卵は致命的に脱水する可能性がある．ヘビの卵と対照的に，よりしっかりと石灰化した硬い卵は，実質的に柔軟性を欠き，水分交換に対する耐性がより高い．そのような卵は，あまり石灰化されていない卵には無理のある，より開放的な環境でも，孵卵されることが可能である．

卵の内部では，発生中の胚は卵殻内にある別の膜に覆われている．いわゆる胚体外膜（extraembryonic membrane）である．これらの膜のうちのひとつは卵黄嚢を形成するために卵黄を囲んでおり，一方でほかの 3 つは液体で満たされた空間で胚を囲み，栄養を輸

図 9.14
キングコブラ（*Ophiophagus hannah*）のメスが卵の広がる巣の上で休んでいるところ．このメスは，葉を体で巻き込んで巣を構築している．インドの西ガーツ山脈にて Gowri Shankar 氏撮影．

送し，代謝性廃棄物を隔離し，呼吸ガスを交換するように機能する．血管網は卵黄から胚に栄養を輸送するように機能する（図 9.11）．

メスのヘビは様々な場所に卵を産むが，そこでは，温度と周囲の湿気が卵の適切な発生と孵化のための必要条件を満たしていなければならない．卵は通常，湿った草地に埋められたり，機械的な危険や乾燥から守ってくれる岩の割れ目の中やほかの場所に産み落とされたりする．メスのキングコブラ（*Ophiophagus hannah*）は，実は卵のために巣を作る（図 9.14）．巣は落ち葉と植物片の山でできており，穏やかで，ときには高くなる温度に特徴づけられる微環境を提供する．また，落ち葉の山の中にある卵は，空気に暴露されず，乾燥を受けにくい．一部のウミヘビ（エラブウミヘビ属）は，海に臨む湿った洞窟の中の岩棚に卵を産む．このような場所には多数の個体が訪れる可能性がある．そしておそらく，多くのメスが毎年同じ場所に卵を産みに戻ってくる．多くの種のヘビにおいてメスは，妊娠状態を過ごしたり卵を産んだりするために，草地の状態が「ちょうどいい」場所に共同で集まる．場合によっては，非常に広い地域から来たメスが，共同の産卵場所で卵を産むか，あるいは限られた面積の場所に子ヘビの妊娠中に集まる．メスの側のこのような共同行動は，卵や妊娠状態に適した湿気や温かさがある場所の不足を反映している可能性がある．残念ながら，繁殖や産卵に関しては，多くの種でほとんど，または全く知られていない．

ヘビの卵の適切な発生と孵化は，卵が産み落とされた場所にある土壌などの媒体の温度と湿度に依存する．これらの要因は孵卵中に極めて重要であり，孵化するヘビの大きさ，形，成長速度，行動といった属性に影響をおよぼす．温度や土壌の水分条件が十分でなければ，卵の孵化成功率が低下する可能性や出生時奇形が起こる可能性がある．たとえば，乾燥した土壌は孵化幼体の大きさを減少させる可能性があり，いくつかの種では，大きさの減少で孵化幼体の生存率が下がる可能性がある．状況が孵化の正常範囲内であるときでさえ，これらの条件の微妙な変化は胚発生の道筋に変化を引き起こす可能性がある．このような感受性は，卵が発生し孵化するのに最適な条件を提供する産卵場所を認識し使用することについて，メスのヘビに強い選択圧がかかることを示唆している．これはおそらく，いくつかの場所が毎年共同の産卵場所として繰り返し使用される理由を説明する．

孵化直前に子ヘビは卵殻に収まる空間全体をほぼ占めることになり，孵化時には卵殻に開口部を作ってそこから出てくる必要がある（図 9.12, 9.15）. 前上顎骨の先端には「卵歯（egg tooth）」と呼ばれる脱落性の歯に似た突起物が存在する. 革質の卵殻を切ったり裂いたりするこの構造物の機能により, 子ヘビが現れる開口部は作られる（図 9.12, 9.15）. 卵歯は一時的なものであり, 孵化時に脱落する.

図 9.15
サバクナメラ（*Bogertophis subocularis*）の孵化. 見ての通り, 今まさに卵殻を卵歯（今はない）で突き破り（上段）, 続いて卵殻から抜け出したところ（下段）. 胚液が卵の中あり, またそれが, それぞれの孵化幼体によって中から開けられた卵の開口部から滲み出ているのが見える. 挿入写真は, 卵殻中にいる孵化直前のセイブネズミヘビ（*Pantherophis obsoletus*）. 上段と下段の写真は Elliott Jacobson 氏撮影. 挿入写真は著者撮影.

一腹子数と一腹卵数

繁殖するヘビを特徴づける, 卵の数（一腹卵数 clutch size）や生まれてくる子ヘビの数（一腹子数 litter size）についてはかなり多くの情報が公開されている. 分類群としてヘビは一般にトカゲよりも多産であり, 一度に産む卵や子ヘビの数は 1 匹（数種のボア類やナミヘビ類）から 100 匹以上（ガーターヘビやコブラ類の一部）まで様々である. 一腹卵数の多さはいくつかの種のボア類（たとえばアミメニシキヘビ）の特徴であり, 一腹子数の多さはクサリヘビ類（たとえばテルシオペロ）やユウダ類（キタミズベヘビやプレインズガーターヘビ）の特徴である. 最近, フロリダのエバーグレーズ湿原で捕獲された侵略的外来生物のビルマニシキヘビが, 5 m 弱の長さで 87 個の卵をもっていたと報告された. しかしながら, 多くのヘビで一度に産まれるのは数匹から 20 匹の範囲である（図 9.8, 9.12）.

母ヘビの体長に対する相対的な子ヘビの数は, 卵生種より胎生種で, 樹上棲種や陸棲種より水棲種や半地中棲種で大きくなる傾向がある. 別の一般的な知見として, メスの重量に対する一腹卵の合計重量の比（相対一腹卵重量 relative clutch mass；RCM と呼ばれる）が, 胎生種より卵生種で約 20% 高いというものがある. このことは, 卵生種では子の数が多いか, 子が大きいか, あるいはその両方の組み合わせであることを暗示する. RCM が一定の場合, 一度に産み落とされる卵の数（一腹卵数）は, 母ヘビから個々の子ヘビに分配されるエネルギーに関係する. 母ヘビの大きさと一腹卵数はいずれも, たとえ同じ種の中であっても, ヘビごとに異なる. 一般的には, 海棲のヘビは陸棲のヘビと比べて大きな子ヘビを産む. 海棲のヘビでは, 大型の種は大きな子ヘビを産むが, 小型の種も一腹卵や一腹子の数を減らすことで比較的大きな子ヘビを産む. 母ヘビの体の大きさで補正すると, 一腹卵数が多いほど生まれる子ヘビは一般に小さい. いくつかの卵生の種では, より大きなメスはより大きな卵を産む傾向があり, メスの大きさが一定なら, 一腹卵数が少ないときより多いときのほうが卵の長径が短い．

ヘビの胴体は管状である．そのため体積幾何学が示すのは，大きなヘビは同サイズの子ヘビを多く産むことができ，子ヘビの大きさにあまり影響を与えることなく一腹子数を増やすことができるということである．これらの要因はすべて，分析と一般化を複雑にするものの，子ヘビの大きさと数に制限があることを示唆している．子ヘビの大きさと数は，母ヘビの適応度と繁殖能力を決定するものである．適応度（fitness）という用語は，生物が遺伝子を次の世代に伝える能力を指す．これは，子ヘビが生き残って繁殖する確率によって重み付けされた子ヘビの数にほぼ等しい．

いつ，どのくらいの頻度でヘビは繁殖するのか？

これは重要な問題である．そしてこの問題には，簡単には答えることができない．なぜなら，多くの種のヘビに関する知識が十分にはないために，自信をもって一般化することができないからである．ガーターヘビなど，特定の種の個体が非常にありふれている場所では，少なくとも大半のメスが毎年繁殖しているように思われる．一方で，非常に稀産だと思われる（ただの印象や見つけにくさの問題であることもある）種では，繁殖頻度が低いと想定されるかもしれない．手元の証拠は，どちらの状況もヘビの自然個体群の中で起こるということ，そして任意のメスに利用できる環境と食料資源によって繁殖頻度は決まるということを示唆している．

まず，飼育下でのヘビの繁殖についてはよく知られている．それは，一部の動物園，個人のマニア，そして，ペット業界での重要な部門として爬虫両生類の飼育愛好趣味（herpetoculture）を促進してきた商業目的での繁殖家による，繁殖努力のたまものである（図 5.25）．多くのヘビは毎年繁殖できるが，それだけではなく，多数の卵生種と複数の胎生種が一年に複数回，一腹卵や一腹子を産むことができる．おそらく，最もよく知られた著しく多産なヘビの例はイエヘビ類（*Lamprophis* spp.）である．このヘビは，小型から中型のいくつかの種からなり，サハラ以南のアフリカが原産である．チャイロイエヘビ（*Lamprophis fulginosus*）という種は，飼育下で維持するのが容易で多産なため，一般に飼育されるヘビとなっている．よく餌を与えられれば，本種のメスは2ヶ月ごとに卵塊を産む！　各個体の交尾の動向は季節に制限されないのである．しかしながら，野外の個体群でヘビが実際に享受できている餌資源と比べて過剰な量の餌が利用可能であるという意味では，飼育下のヘビが卵や子を複数回産む例は人為的なものである．

気温は，代謝活性の決定や，メス個体にとって利用可能な獲物に効果をもつ．そのため，気温は繁殖率に影響する重要な要因となっている（第 4 章参照）．特に温帯では，多くのヘビが，餌資源と気温の両方に応じて 1 年ごとかそれ以下の頻度で繁殖する．餌資源と気温は，一般に，活動できる季節の長さに相当するものである．より寒冷な気候では，繁殖率が一般に低下する傾向がある．たとえばヨーロッパクサリヘビ（*Vipera berus*）は，南欧ではほぼ毎年繁殖するが，北フランスでは 2 年ごと，アルプスでは 3 年ごとに繁殖する．

繁殖に影響する環境シグナル

繁殖に影響を与える環境からの物理的なシグナルが，熱帯環境よりも温帯環境においてより重要になるのは，道理にかなったことのように思われる．しかし，熱帯での繁殖周期に何が影響を与えているのかについてはほとんどわかっていないため，この主張は未検証の仮説である．温帯環境におけるより道理にかなったシグナルは，日中の長さ，すなわち日長（photoperiod）と，気温である．これらはどちらも季節とともに変動する．日長は，鳥やほかの動物における繁殖に関する変化にとっては重要なシグナルだが，ヘビのような外温性の爬虫類にとっては気温がより重要である．地中では，地上での光の強さやタイミングの変化がはっきりしないため，このことは，こうした動物が冬眠中に地下で多くの時間を過ごす地域において特に当てはまる．

温帯環境に生息する多くのヘビは，春に目覚めて出現し，続いて繁殖行動を行う．地上でも地下でも気温の上昇は，このことに影響を与えるのに重要な役割を果たしていると考えられている．たとえばガラガラヘビの冬眠からの目覚めは，冬を過ごす隠れ家での気温上昇や温度勾配の逆転によって刺激される．しかし，カナダのいくつかの州に生息するガーターヘビの春の出現には，気温の上昇は不可欠ではないと思われる（図 4.7）．なぜなら，このヘビはおよそ 0.5℃の体温で出現してくるからである．ガーターヘビと同様に，ほかの多くのヘビは季節的に繁殖し，春に交尾をする前に，比較的低温で冬眠の期間を経験する．春に冬眠から目覚めた直後に繁殖が行われる場合，繁殖生理と繁殖行動の重要な変化が冬眠期間中に起こっている可能性が高い．

接近の難しさゆえに全くわかっていない，「地下」の生態と行動がヘビには（驚くべきことではないが）多く存在する．地下の非常に深いところで越冬していて，春の暖かい気温をすぐには経験しない動物にとって，代謝状態は，意識は，そして環境シグナルの影響は，何なのか？　出現タイミングを刺激するよう機能する内因性の 1 年周期や季節的周期があるのだろうか？　あまり深くない場所の隠れ家を使用することになってしまったものはどうなるのだろうか？　私がカンザス州東部に約 13 年間住んでいたとき，ある年の冬に何度か異常に暖かい期間があった．この時期，私は農村の田園地帯に住んでいた．そして私は，その暖かい期間にある種のヘビ（特にガーターヘビ）が出現して，たとえば道路を横断するなど，活動しているところを観察した．当時，それに続いて確実に起こったのは，寒冷前線によって寒さが厳しくなり，非常に短い時間（1 日以内）で，外温動物にとって致命的な水準にまで気温が下がりうるということだった．活動していたヘビには，何が起こっただろうか？　それらのヘビはやや浅い隠れ家を使用していて，短期間の暖気に反応することができたというのは明らかだ．もしかしたら，ヘビらは地下の隠れ家に逃げ帰ったかもしれないし，寒冷前線に関連した変化に「捕えられ」，早すぎた出現のために冬に殺されてしまったかもしれない．このことについて考えるのは興味深い．なぜなら，もっと深い場所にはほかヘビが位置取っていて，そのときにも残っていたに違いないからである．温度変化の地中への浸透は限られているため，そうしたヘビは，そのときの短期間の暖気に気づかなかったであろう．

暖かい気温は，ガーターヘビに求愛行動と交尾行動を誘発する．そしてそれはおそらく，性腺の活動にも重要である．内因的な季節性時計を「再設定」すると思われる，長く続く低温をヘビが初めて経験するとき，これらの行動はより強く，より多くの個体で見られることになる．ヘビを繁殖させようとする人は，飼育下のヘビを一定期間低温にさらす．これは，雌雄を同居させて交尾を促すときに，その成功の確率を高めるためである．より一般的には，ほかの有鱗目の爬虫類の場合と同様に，気温がヘビの繁殖を調整する主要な環境シグナルになっているということが，科学文献で示唆されている．

熱帯地域で研究された数少ないヘビは，一般に，季節的な繁殖をする．温帯域ほど極端な変動はないものの，赤道地域の外に分布する個体群や種にとっては，気温が環境シグナルになりうる．はっきりとした乾期がある地域では特に，降水の季節性は重要かもしれない．メスの卵黄形成，交尾，および胚形成の成功を確実にするため，若齢期の幼体による餌の入手を確実にするため，あるいはその両方のための食糧資源の入手可能性（これも周期的かもしれない）に，繁殖タイミングは関連している可能性がある．

繁殖の神経内分泌制御

神経とホルモンは，どのように繁殖周期を調節しているのか．哺乳類と鳥類についてはこのテーマに関する膨大な文献があるのに対し，ヘビについては比較的ほとんど知られていない．さらに，現在ヘビについて利用可能な知識のほとんどはコモンガーターヘビ（*Thamnophis sirtalis*）という単一の種に焦点を当てている．一般に，気温と光条件に関連する環境シグナルは，繁殖に影響を与える神経経路（神経系），内分泌物（endocrine；ホルモン hormone），および神経調節物質における変化の手がかりとなる（図 9.16）．「neuro-」という接頭辞は神経やニューロンを示す．したがって神経調節物質（neuromodulator）は，神経終末から放出され，共通の経路の一部である隣のニューロンのシグナル伝達挙動を「調節（modulate）」したり変化させたりする化学物質，ということになる．ヘビの神経内分泌機構における変動は，ほかの脊椎動物のものと同様に，繁殖様式の進化的な変動に寄与している．

環境温度は，トカゲのようなほかの外温性の脊椎動物と同様に，ヘビの繁殖調節に重要な役割を果たす．温度は脳の重要な中枢，特に視床下部（hypothalamus）と松果体（pineal gland）の特定の部分に影響する．松果体とは，前脳の最上部近くに形成される小さな器官のことである．松果体はメラトニン（melatonin）を分泌し，メラトニンは温度と光周期の環境シグナルに反応してリズミカルに合成されて放出される．

メラトニン（血中を循環する）の濃度は夜間や暗闇の中では高くなり，それゆえに明暗の日周期に関連する概日リズム（circadian rhythm）を示す．メラトニンは体内のほかの場所（たとえば網膜，脳，腸）でも産生されるが，主な供給元は松果体である．メラトニンは生理と行動の両方に影響をおよぼす．したがって，光と気温という環境シグナルと，繁殖に影響を与える体内機能との間の，重要な伝達物質である．

光を遮断した状態では，気温だけが冬眠中のガーターヘビにおけるメラトニン濃度を調節することができる．Deborah Lutterschmidt 氏と Robert Mason 氏による研究は，低温にさらされたガーターヘビではメラトニン濃度が低くなるということを示したが，低温の期間が長期にわたった後には，周期的なメラトニン放出の振幅は増大する．別の研究は，松果体の外科的な除去により，ヘビの求愛行動が変化しうるということを示している．メラトニンの正確な作用は理解されていないが，松果体によるメラトニン分泌が繁殖を調節し，繁殖を環境シグナルに同調させているということが，これらとほかの調査により立証

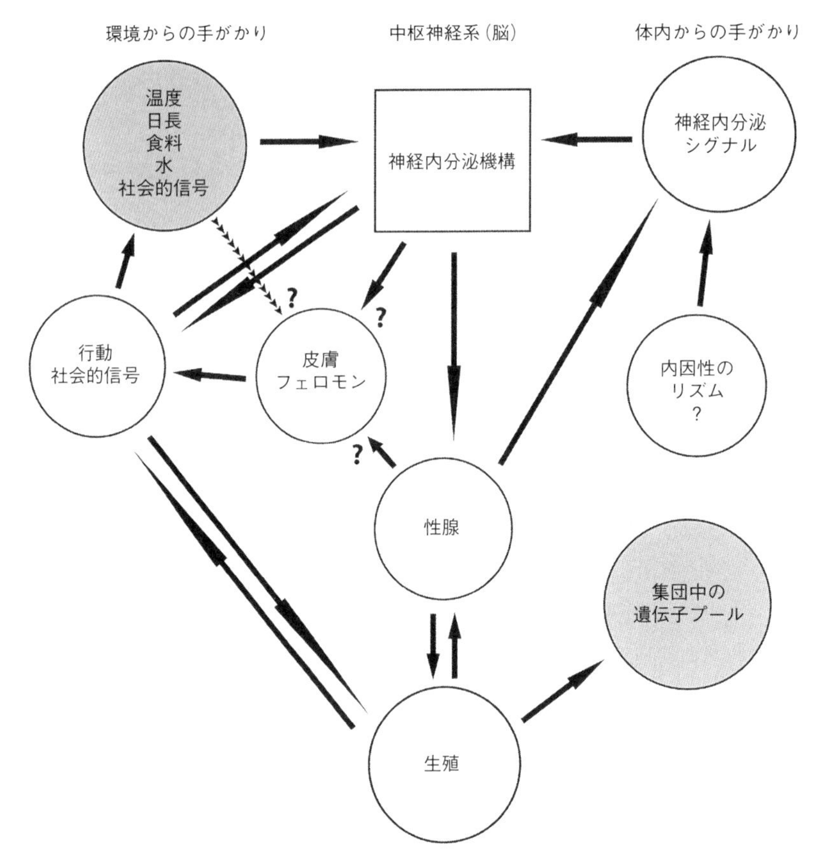

図 9.16
ヘビの繁殖を制御する要素の概念図．灰色の円は個体の外にある要因を表し，ほかの要素は個体の中で相互作用する．相互関係の枠組みは一般化されているが，詳細の多くはヘビではよく知られていない．著者作図．

されているようである．さらに，メラトニンは毎日の活動パターンと繁殖行動を同期させる役割も果たしている．

視床下部の前部および近くの脳下垂体を含む，脳の特定の部位は，繁殖に関連する体内外のシグナルを統合するのに重要な中枢である．中枢神経系のこの部位もまた，気温への反応および体温調節に関連した行動の編成にとって重要である．繁殖に関しては，性腺を刺激する性腺刺激ホルモン（黄体形成ホルモン luteinizing hormone）がこの部位（主に脳下垂体）で合成され，繁殖を同期させる体外シグナルによって血液循環の中に放出される．性腺刺激ホルモン放出ホルモン（gonadotropin-releasing hormone）と呼ばれるさらなる因子は，体外シグナルによって活性化されると，性腺刺激ホルモン（ゴナドトロピン gonadotropin とも呼ばれる）の放出を促すために仲介として働く．ここでは，多くの爬虫類を含む四足動物における性腺機能の一般的に特徴的な階層的制御を説明しているが，特にヘビに関してとなると，この系を支配する機構について非常に大ざっぱな情報しか知られていない．ここでの説明のために，性腺刺激ホルモン放出ホルモンの一時的な分泌，および視床下部からの性腺刺激ホルモンの放出は，ヘビの正常な繁殖のために必要であることを私たちは仮定する．

性腺（オスの精巣とメスの卵巣）ではステロイドが分泌され，性腺組織のみならず，血液循環を介することで遠位にあるほかの標的器官を刺激する．四足動物の主な性腺ステロイドは，プロゲステロン（progesterone），エストロゲン（estrogen），そしてテストステロン（testosterone）である．プロゲステロンは卵子と胚の発生に不可欠である．エストロゲンは，二次性徴（secondary sexual characteristics；たとえば体色の変化）と繁殖行動に加えて，卵胞の発達と成熟，卵黄形成，輸卵管の成長を含む多くの効果をもつ．テストステロンは精巣で合成され，オスの二次性徴を調節する．テストステロンは，アンドロゲン（androgen）と呼ばれる性ステロイドホルモンの部類に属する．爬虫類では，雌雄のいずれでもアンドロゲンが中枢神経系やほかの場所でエストロゲンに変換されることがある（下記参照）．脳内でのこの変換は雌雄両方の繁殖行動に影響を与えるが，ヘビにおける影響に関してはほとんどわかっていない．

ほかの様々なペプチド分子および神経調節物質は，ヘビの繁殖と繁殖行動に潜在的に影響する．上記のほかの要因と同様で，それらの化学物質について，およびそれらがヘビの繁殖システムの調節にどう作用するのかについては，ほとんどわかっていない．したがって，これらについてのさらなる説明には確かさが保証されない．

繁殖周期

ヘビの繁殖周期は種によって異なるが，いくつかの種を除き，その根底にある機構や変化さえもよくわかっていない．Robert Aldridge 氏とその共同研究者ら（ほかの研究者らに加えて）は，ヘビの周期的繁殖をいくつかの種類に分けて記述し，それらに様々な専門用語を適用した．ここでは，その記述を基礎的なパターンに簡略化することを試みる．

繁殖過程は，性腺やその付属器官がその年のある期間不活発になると一巡する．このこ

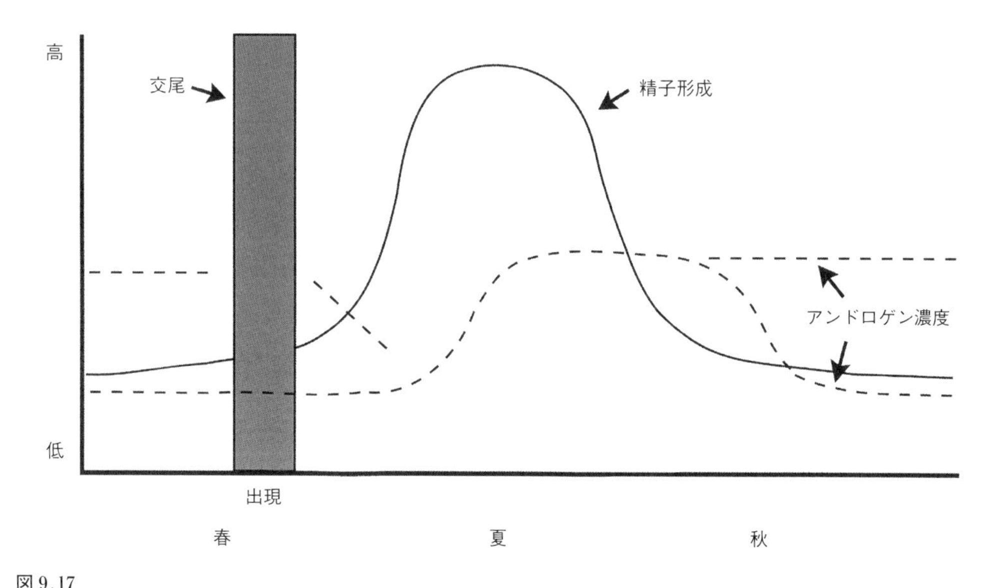

図 9.17
ワキアカガーターヘビ（*Thamnophis sirtalis parietalis*）のオスにおける季節的繁殖パターン．アンドロゲン濃度の変動（春の出現期間に高いか低いか）は，冬期の気温の厳しさにおける年変動と関連しているのではないかと考えられる．R. D. Aldridge and D. M. Sever（eds.），Reproductive Biology and Phylogeny of Snakes, vol. 9 of Reproductive Biology and Phylogeny, B. G. M. Jamieson, series editor（Enfield, NH：Science Publishers, 2011）の 293 ページにある図 8.2 を著者が改変して引用．

とは，温帯の種と熱帯の種の両方で広く共通するようである．精子形成は交尾と同時に起こる必要がなく，別のときに産生された精子は，精子の輸送に使われるオスの管や，メスの輸卵管（交尾が秋に起こる場合など）に貯えることができる．別のパターンは，性腺や付属器官がその年のある期間に活動を低下させるものの，完全に不活発な状態にはならない場合である．このような現象はヘビで起こっていると推測されているが，詳細は完全には検証されていない．最後に，性腺は活動レベルに明確な周期性がなく，多かれ少なかれ常に活動的なままということもあるかもしれない．繰り返すが，このパターンは存在すると推測されるものの，証拠は決定的なものではない．

どのパターンであっても，繁殖行動と性腺の活性周期の間の位相関係に関しては，種間に変異がある．一般に，ひとつの個体群内では繁殖は個体間で強く同調するが，種内ではかなり変動することがある．研究されている種の大部分は季節的な繁殖を示し，繁殖の同調性は熱帯から緯度が上がっていくにつれて強くなっていく．少ないものの，非季節性の繁殖をする種はすべて熱帯や赤道地域に分布する．

繁殖パターンの研究は困難であり，性腺，特に精巣の生殖状態を適切に判断するのは時として難しい．たとえばSelma Maria Almeida-Santos氏とその共同研究者らは，ブラジルガラガラヘビ（*Crotalus durissus terrificus*）のオスが年間を通して生殖管で精子を保持していることを示した．精液の量は変わらないようだが，精子の数は繁殖期の直前に最大になることが観察された．

コモンガーターヘビはいわゆる「乖離した繁殖周期」を示す．この用語は，性腺が休止状態にあるために性ステロイドホルモンの血中濃度が低くなっているときの交尾のことを指す（図9.17）．これは，性腺の活動が最大になって性ステロイドの血中濃度が上昇している期間に交尾をする大半の四足動物と異なっている．ガーターヘビでは，交尾の起こる春の間にアンドロゲン濃度が変動する．これは明らかに，性腺の活性が高まる夏秋の後に，冬眠中のヘビに影響を与える温度に依存して起こる，代謝によるホルモンの一掃に起因する（図9.17）．そのため，本種における繁殖周期の「乖離」の程度が認識されるのは一時的であり，その年の冬眠の間の温度の変動に起因するかもしれない．ガーターヘビにおけるこの繁殖様式は，ほかの多くの爬虫類と比べると珍しい．これは，調査された個体群においてヘビがさらされる，極端な冬期状況の進化的影響によるものと考えられる．「極端な」環境条件を経験するヘビを用いた研究は，繁殖一般の根底にある調節機構を解明するのに非常に有益である．

求愛と繁殖行動

ほかの脊椎動物と同じように，ヘビは，交尾やメスの受精に先立って儀式化された求愛行動に従事する．求愛は，特定の行動的な雌雄間相互作用の引き金となる視覚的，触覚的，そして化学的なシグナルに依存する．オスはまた，メスへの接近を巡ってほかのオスと互いに争う．求愛行動，交尾行動，そして攻撃行動は複雑であり，種間に変異がある．ヘビにおけるこれらの活動を表現すればかなり壮観なものになるかもしれないが，多くの種の隠蔽的な性質のため，求愛と交尾が観察されることは滅多にない．繁殖行動に関する詳細な知識は，比較的少数種のヘビについてのみ知られており，見つかりにくい種，原始的な種，地中棲の種，および熱帯産の種に関しては特に不足している．

James Gillingham 氏は，ヘビの繁殖行動を 3 つの異なる段階に分類した．すなわち，求愛前行動，求愛行動，交尾後行動である．ヘビの求愛行動に関連する豊富な自然史の観察例があるが，それらはしばしば詳細，用語，解釈に一貫性がない．野外観察と実験室での実験の両方を含む頑健な調査は，特に近年，求愛行動についての理解をかなり深めた．しかし，多くの分類群に対しては理解を欠いている．

求愛前行動

多くのヘビは一年中，特に社交的ではない．そして，同種個体間の遭遇は（人間との遭遇が稀なのと同様に）いくぶん稀であるかもしれない．しかし，種や個体群の存続は雌雄が互いを見つけることにかかっており，ヘビの世界では，私たちが想像するよりも隣人に向けられる意識は大きいのかもしれない．ヘビだったなら，仲間を知ったり見つけたりするのに依存するのは，私たちが知る限り，化学的なシグナルによる情報伝達である．ヘビの皮膚上の化学物質は，ヘビがその上を移動する基質に付着する．他個体は，それらを検出し，そのような「シグナル」から重要な情報を引き出すことができる．それらは化学的な痕跡を提供し，ある個体が別の個体を見つけることができる手段になる．ある個体が他個体を追跡して位置を特定することは，追跡行動（trailing behavior）と呼ばれる．

ヘビはどのようにして化学的な痕跡を検出するのか，そしてそれを追跡するために使われる知覚の基盤は何なのか？　人間の観察者に邪魔されることなく探索的に周りを移動しているヘビを見ていると，周囲の環境に関連する化学的な手がかりを収集するため，ヘビが頻繁に舌をフリックすることに気づくだろう．舌は化学物質の手がかりを集め，口蓋にある鋤鼻器に移す．そこで化学物質が感知されて情報が脳に伝達される（第 7 章参照）．これらの化学的な「手がかり」は個体間で伝達されるため，フェロモン（pheromone）として機能する（第 5 章参照）．このように，フェロモンはヘビの追跡行動で使われ，あるものはまた性的行動を誘発する．

求愛行動には鋤鼻系が主要な影響をおよぼし，嗅覚はより小さいかごく僅かな役割しか果たさない．鋤鼻神経が切断されるとオスのガーターヘビはメスに求愛しなくなるが，嗅神経からの入力シグナルが排除されても求愛行動は行われる．

鋤鼻系は不揮発性の化学物質に対して最も敏感であり，それはまた周囲の環境中に最もよく残存するものでもある．ヘビが生成する生殖フェロモンは皮膚に存在する．総排出腔腺からの放出物は何の役割も果たしていないか，あるいはまだ記録されていない二次的な役割を果たしているのかもしれない．ガーターヘビの「性的誘引フェロモン」はよく研究されており，爬虫類で十分に記録されている唯一のフェロモンである．これは長鎖メチルケトンからなる脂質の混合物である．このような混合物がどのように生成されるのか，また他個体との情報伝達のために皮膚からどのように引き離されるのかは，よくわかっていない．

皮膚にもとづくフェロモンは，求愛を始めるためにオスがメスを追いかける追跡行動の基礎である．オスによる追跡は複雑で，たとえば，季節的に交尾が起こるいくつかのナミヘビ科の種（ガーターヘビやムチヘビ）では，一匹のメスを追いかける複数のオスを伴うことがある．

基質の形状や複数のオスの動きによってフェロモンの跡が途絶えると，追跡しているオスは，メスの位置を特定したりメスを移動させたりするために化学的な手がかりと同じくらい視覚的な手がかりに頼る．フェロモンにもとづく追跡行動は，ヘビ下目のヘビ，ボア類・ニシキヘビ類といった種に典型的に知られており，おそらくヘビの間で広く共通している．不揮発性の皮膚脂質が，そのフェロモンの供給源となった個体の種，性別，繁殖状態，大きさ，体調，およびほかの特性に関する情報を伝達しているかもしれないということが，多くの証拠によって示唆されている．いくつかの種では，メスを追跡するオスの能力は季節的で，交尾期にしか生じない．

皮膚からばらまかれる脂質は，水中の環境における種内での情報伝達には，陸上でのものと比べておそらく効果が薄い．Richard Shine 氏は，完全に海生のカメガシラウミヘビ（*Emydocephalus annulatus*）の追跡行動には，フェロモンが何の役にも立っておらず，交尾相手になりそうな相手の位置を特定するのを視覚的な手がかりに頼っているようであることを示した．

それでは，空中を運ばれる化学的な手がかりの場合はどうなのだろうか？ Robert Aldridge 氏とその共同研究者らによる研究により，キタミズベヘビ（*Nerodia sipedon*）には交尾相手の居場所を特定するために空中の化学物質を実際に利用することができるということが示唆されている．本種のオス個体は，同種のメスが入った空中のケージの方に優先的に頭を向ける．揮発性の化学的な手がかりの利用は，特に化学的な痕跡が植生の隔絶によって分断されうる樹上の環境では，以前に想定されていたよりも重要かもしれない．

求愛行動

求愛行動は，追跡行動が誘発されるのと同様に，ヘビを性的に魅力的にするフェロモンによって誘発される．追跡によってか，もっと親密な関係（たとえば越冬した隠れ家からの同時出現）によってかにかかわらず，オスがメスの見つけると，メスの皮膚から産生される脂質によって特定の一連の行動が誘発される．その行動はガーターヘビではよく研究されており，いくつかの他種でもほとんど違いのないものとして知られている．ここには皮膚フェロモンの産生と脱皮行動の間には重要な関連がある．求愛は脱皮のタイミングと関連することがあり，脱皮したてのメスは，オスにとって特に魅力的になる（図 9.18）．皮膚フェロモンの成分はまた，メスが脱皮した殻からも見つかる．

図 9.18
春の交尾期に一緒に休んでいるペアのフロリダヌママムシ（*Agkistrodon piscivorus conanti*）．メスは脱皮を始めている（写真下方）．これは皮膚の中にある性フェロモンの魅力を最大限引き出す．フロリダ州レビー郡のシーホース・キー島にて著者撮影．

求愛の際，メスをめぐって争うオスは，コンバットダンス（combat dance）と呼ばれる儀式化された行動に従事する．これは，一匹のオスが，体の前部を持ち上げて相手を地面に叩きつけようと押すことにより，ほかのオス（通常は同種）に挑む行動

図 9.19
2 匹のオスのフロリダヌママムシ（*Agkistrodon piscivorus conanti*）による，儀式化された闘争行動．上段の写真は，2 匹のオスが闘争中に頭を持ち上げているところを示している．下段の写真は同じ 2 匹のオスで，優勢なほうがもう 1 匹の上に体を持ち上げている．下敷きになっている個体は争いに敗れ，最後には這って去っていった．フロリダ州レビー郡のシーホース・キー島にて著者撮影．

図 9.20
ノーザンカパーヘッド（*Agkistrodon contortrix mokasen*）の交尾中のペア．交接の直前で，尾を絡み合わせている（矢印）．ケンタッキー州にて Dan Dourson 氏撮影．．

である．いくつかの種では，「コンバット（闘争）」をしている二匹のオスは，どちらもほぼ垂直の姿勢をとり，前半身を振り回す（図 9.19）．前半身は，接触すると絡み合うこともある．この儀式に含まれるのは噛みつきではなく，むしろ相手を地面に押しつけ，高い位置を保持することである．コンバットの敗者は，負けると這って離れていくのが特徴である．

典型的には，大型のオスが優勢で，儀式化された闘争を伴う競演に勝利する．一部の種では，大型のオスが小型のオスと比べてメスとの交尾に成功しやすい．特徴として，オス間の闘争がその種の繁殖行動の一部である場合，オスは同種のメスよりも大きくなる傾向がある．また，オスの尾は概してメスのものよりもいくぶん長くなる（図 9.3）．このことは，求愛に総排出腔の位置を合わせるための「しっぽ相撲（tail-wrestling）」を伴う場合，交尾を成功させるのに有利に働く可能性がある（以下参照）．

メスに接近すると，オスはメスの方を向き，舌を激しくフリックすることで，求愛を始める．舌はメスの皮膚からの化学的な手がかりを収集するが，その一方で，この行動の最中には触覚と視覚の両方も使われている．ひとたびメスに接触すると，接触を続けたままオスは舌をすばやくフリックしつつ，顎をメスの背中に沿ってこすり付ける．この相互作用の段階かそれより前に，メスの体に噛みつくこともある．私は，メスを追いかけていたオスのヌママムシが，近づいたところですばやく前方に這い寄って，メスの体の後部の尾に近いところに優しく噛みついたのを見たことがある．しかしながら，噛みつきが観察されるのは普通，背側の首に近いところである．このような噛みつきは，滅多に組織を傷つけることはないが，交尾に先立ってより扱いやすい姿勢をとるようにメスを促す．求愛中

図 9.21
ニシキヘビの総排出腔にある蹴爪の写真．左の写真はボールニシキヘビ（*Python regius*）の一対の蹴爪を示している．中央と右の写真はウォーターパイソン（*Liasis fuscus*）の片方の蹴爪を示しており，それぞれ，交尾中に使われている状態と使われていない状態である．David Barker 氏撮影．

の噛みつきは，主にナミヘビ科で起こるようである．

次の段階では，オスは自分の体をメスの体に並べることを試み，頭をメスと同じ方向に向ける．オスは次に尾頭波（caudocephalic wave）を行う．これは，メスの上か横に沿うかたちで優しく接触している体を水平方向に波打たせる行動である．この波は体の後方から頭に向けて移動していき，交尾を促すと考えられている．この波の動きは，頭から尾の，反対向きにおこなわれることもある．求愛の最後の段階には，オスが自分の総排出腔をメスのものに合わせてから交尾を試みるという動きが含まれる（図 9.20）．ボアでは，メスの総排出腔が開くのを促すため，求愛するオスはヘミペニスを挿入する直前に骨盤の蹴爪を使う（図 9.21）．求愛中のヘビらは，交接直前に，急速な動きで尾を震わせたりピクピクさせたりすることがある．

求愛中の化学的な手がかりの使用は，クサリヘビ科やユウダ亜科のナミヘビ科やコブラ科を含む特定のヘビでしか文書としての記録がない．ボア類・ニシキヘビ類といったほかのヘビでは，潜在的な相手が識別された後は，主に接触と体の触れ合いに依存しているようである．ウミヘビは追跡にフェロモンを使わないが，化学的な手がかりは，交尾をする雌雄が近づいたときにはおそらく重要になる．

オスのガーターヘビには，メスの皮膚脂質からの化学的な手がかりに含まれる情報のみにもとづいてその身体状態を評価することができる，ということが Michael LeMaster 氏，Robert Mason 氏，Richard Shine 氏，およびその共同研究者らによる興味深い研究のひとつで示されている．この手がかりは明らかに，メスが長いほど，また身体状態がよいほど，メスのフェロモン中の脂質混合物に占める長鎖分子の割合がますます高まっていくという驚くべき事実に依存している．オスは，より長く，より良い身体状態にあるメスと交尾することを選好する．

オスは交尾中，片方のヘミペニスをメスの総排出腔もしくは膣の片側に挿入することにより，メスの総排出腔を噛み合わせる（図 9.4；図 2.35）．棘状になっているヘミペニスの遠位面は，二匹のヘビによる物理的な結合を維持するのに役立つ．私はかつて，この結合がどれほど強いものかという劇的な例を観察したことがある．オスのトウブキバラレーサー（*Coluber constrictor flaviventris*）が，登っていた松の木に，交尾したままメスをほぼ垂直に引き上げていたのである．登っている途中でメスがオスと平行になり，まるで一緒に登っていくための協力的な努力をしているかのようだった．しかし，この木登りの間にはメスがオスと反対の方向に頭を下げ，総排出腔の物理な接続のみによって上向きに引っ張られていた瞬間があった．このように，メスの全体重はオスのヘミペニスによって吊り下げられていたのである！　この二匹は，いったん木のかなり高いところまで登ると松葉の茂る枝の上で横になったが，交尾はおそらくそこでも続いていた．一般にヘビでは，交接の継続時間は数分から何時間まで様々である．

オスのガーターヘビは，交尾の成功に続いて，精囊液栓（seminal plug；交尾栓 copulatory plug と呼ばれることもある）をメスの総排出腔に産みつける．乾燥した精液の分泌液は，メスの膣口をふさぐことにより，メスがすぐに再び交尾することを防ぐための身体的な障壁として機能する．この栓はまた，メスの総排出腔から精液が漏れ出ることを防ぐのにも役立っているかもしれない．さらには，活発に交尾するオスから交尾時に分泌される液体は，しばらくの間，相手のメスを性的に魅力的でないものにする抑制フェロモンを含んでいるという証拠もある．

ヘビの非常に興味深い行動のひとつに，求愛中に多くの個体が集合してメイティングボール（mating ball）と呼ばれるものを形成することがある．これはガーターヘビで特に一般的である．この現象は，ウミヘビを含むほかの種では逸話的に報告されているが，その説明には疑わしいものもある．ガーターヘビの集合体では，オスは通常，数の上でメスを上回る．受け可能な一匹のメスに対して，十匹から百匹のオスが同時に求愛するのである．北方の個体群では，数多くのガーターヘビが，ほぼ同時に越冬用の隠れ家から現れる．そこでは，活動的な季節に分散する前に求愛と交尾が行われる（図 4.7）．私はこの現象に西カンザスで立ち会った．何百匹ものコモンガーターヘビ（*Thamnophis sirtalis*）が，湖のほとり近くにあった枯れ木の根元で，いわゆるメイティングボールになっているのを見たのである．私が最も驚いたのは，メスに求愛しようとするオスたちによる，舌のフリックやピクピクしながらの動きの激しさに対してである．オス間にはメスをめぐる激しい競争があり，オス個体はそれぞれ，競争相手となるほかのオスを押しのけようと働く．交尾に成功するためには，オスは，ほかのオスを物理的に押しのけて機動性で上回り，メスの総排出腔を交接でふさがなければならない．私は，何個体かを捕まえて手に持ってみた．個々のヘビは，持ち上げられていることに全く気づいていなかったようで，体と頭をリズミカルにピクピク動かし続けながら，すばやい舌のフリックを頑なに継続した．私には，そのときの雌雄の比率については確信が持てなかった．

ガーターヘビの交尾時の集合体における，もうひとつの興味深い側面は，「雌擬態雄

(she-male)」の存在である．これは，メスのフェロモンを産生するがためにメスとして求愛される，オスのことである．雌擬態雄が産生するフェロモンは，識別を混乱させるほど真のメスのものに近い．しかしながら，普通は大型のメスのほうが雌擬態雄より激しい求愛を受ける．Robert Mason 氏らによる最近の研究は，アンドロゲンが，オスのガーターヘビの皮膚の中で局所的にエストロゲンに変換されるということを示している．ほとんど，あるいはほぼすべてのオスは，皮膚がある程度「メス化」した状態で冬眠から目覚めるが，メスのフェロモンの量と質は時間とともに低下していく．雌擬態雄であることで得られると考えられる利益に関しては，いくつかの仮説が唱えられているが，今のところこの現象はあまり理解されていない．

交尾後行動

交尾の後，たいていの種の雌雄間には，おそらくほとんど，あるいは全く，社会的な行動が継続しない．しかしながら，クサリヘビ類，ナミヘビ類，コブラ類のいくつかの種で妊娠したメスが集合するということが報告されている．産卵後にメスが卵に寄り添うという報告は数多くあり，特にナミヘビ類，コブラ類，ニシキヘビ類，マムシ類で顕著である．第 4 章で記述したように，おそらくすべてのニシキヘビが卵に寄り添うか卵を温めるが，子ヘビの出生後に親による世話（parental care）があるかどうかに関してはほとんど証拠がない．

ここで，マムシ類の行動に関するいくつかの興味深い観察について述べておくべきである．何種かのマムシ類では，出生後の短い期間，子ヘビが母ヘビと一緒にとどまる．それは通常，最初の脱皮までのほんの数日から 2 週間の間である．そのあとで，子ヘビは分散する．この期間に母ヘビが子ヘビの世話を積極的にしているという証拠はほとんどないが，子ヘビは容認されており，典型的には母と密着した状態で，一斉にとぐろを巻いている．このような行動がもつ機能のひとつは，蒸発による，皮膚を通した急速な水分損失からの保護かもしれない．いくつかの種では，最初の脱皮の際に，水分損失に対するより保護的な障壁が構築される．熱帯の低地に生息するミナミガラガラヘビ（*Crotalus durissus*）は，新生仔に対して親が寄り添わない唯一のガラガラヘビとして知られている．

フロリダヌママムシ（*Agkistrodon piscivorus conanti*）の新生仔は，ガラガラヘビのいくつかの種で知られているのと同様に，最初の脱皮まで母ヘビと密接な関係を保つ．私はそれをシーホース・キー島で何度か観察した．ある時私は，ヌママムシの新生仔らが雌雄両方の成蛇に寄り添われているのを見つけた．この島における大型の成蛇の間では，年間を通してどの月でも雌雄のペアに親密な関係が見られる．そしておそらく，このことは本種のペア間におけるある程度の絆を反映している．新生仔らと関わっているのを私が見たヘビのペアは，交尾をしたペアだった可能性が高いようである．こうしたヌママムシの社会的行動は，現在，より徹底的な調査の対象になっている．

ヘビの成長と性成熟

ヘビの成長と性成熟の速度は，種の進化的な成功とその自然界での存続を決定する，生活史の重要な特徴である．メスによる子への投資は，生まれる子の数だけではなく，新生仔の大きさと胚卵黄（embryonic yolk）の量にも反映される．胚卵黄は，新生仔の代謝にエネルギーを供給するために残っているものである．胚卵黄をいくらか残している新生仔は，出生時の卵黄量に応じて様々な期間，摂餌することなく体長を伸ばすことができる．夏の終わりに生まれたヘビが，たとえ生まれたばかりの頃に餌を見つけることに関して不運であったとしても，胚卵黄の残余のおかげで摂餌することなく初めての冬を乗り越えられることもある．

やがて子ヘビは摂餌を始める．そして，達成される成長速度は，その個体の遺伝的構成，その環境での熱の水の入手可能性，そして獲物の捕獲と消化におけるそのヘビの成功に依存するようになる．成長速度と性成熟速度は，ヘビの間でかなりの変異がある．そしてそれは，遺伝的制限による「配線」に常にもとづいているわけではない．飼育個体の成長速度は，餌と水が絶えず利用可能であるために，自然条件下での同種の成長速度を上回る可能性がある．しかしながら，達成される成長速度が野生個体と飼育個体で変わらない状況がある．ヘビの成長速度は確かに柔軟であり，遺伝子で決まる部分も，個体の栄養状態がもとづく環境によって決まる部分もある．個体の成長速度は種内で変動することがあり，それは個体間で様々になりうる，生息場所の質，資源の利用可能性，天気のパターンの差異，性別，そしてほかの形態学的特質と生理学的特質に依存する．

ヘビの成長と成熟は，出生時の個体の大きさにも依存する．そして通常，大型になる種ほど子は大きい．しかしながら，成体が小型の多くの種では，大型の種よりも，子の大きさが（成体の大きさに比して）相対的に大きい．このことは，ある種のトカゲ，鳥類，哺乳類といったほかの動物の間でも当てはまることである．Thomas Madsen 氏，Richard Shine 氏，およびほかの研究者らは，獲物の恵まれた豊富さのため，生まれて最初の一年の間に比較的速く成長する子ヘビは，その後も平均より速く成長し続ける．このように，ヘビの最終的な最大サイズは，この「銀さじ」効果にある程度左右される可能性がある．

ヘビはどのくらい速く成長できるのだろうか？　私たちはまず，飼育下で育てられたヘビにおける急速な成長速度と大きなサイズに関する数多くの逸話を識別しなければならない．飼育下のニシキヘビは一般に，生後一年でほぼ 4 倍の体長に成長する．David Barker 氏は，彼が飼育しているビルマニシキヘビとアフリカニシキヘビが生後一年で 6 倍もの長さに成長したと私に知らせてくれた．飼育者によるこのような「過剰給餌」により，多くの飼育個体は肥満で，質量（体重）がとても大きくなっていることがありうる，ということに注意することもまた重要である．それにもかかわらず，ヘビの成長は自然界でも非常に急速になりうる．温暖な気候帯に生息する種は生後 1 年で 2 倍以上の体長になり，1 年から 2 年以内に性成熟する可能性がある．Richard Shine 氏によって研究された何種かのコブラ科では，メスは 1 歳で初めて交尾した．比較的早い性成熟は，ナミヘビ科のいくつかの種と同様にコブラ科の間でも普通のことのようであり，多くの種は生後 1 年から 3 年で交尾する．対照的に，寒冷な気候帯（高緯度地域や高標高地）に生息する種は，成長と性成熟がよりゆっくりである．たとえば，寒冷な気候帯に生息するナミヘビ科やクサリヘビ科の種の成長速度は，より温暖な熱帯環境に生息する種のおよそ半分である．前者の種では，性成熟に 4 年から 9 年を必要とするかもしれない．淡水棲のアラフラヤスリヘビ（*Acrochordus arafurae*）がそうであるように，分類群としてクサリヘビ類は「遅れた」性成熟を示す傾向がある．後者の種では，オスは5年，メスは7年で成熟する．環境に関係なく，ヘビの雌雄は異なる時期に性成熟するという特徴がある．メスは一般的に，オスより数ヶ月から丸1年以上遅れるのである．

ヘビの成長は若いときほど急速で，一般に最初の1,2年間が最速である．この事実は非常に重要である．なぜなら，小型のヘビは一般に，捕食や（脱水といった）ほかの要因による死亡に対してより脆弱だからである．また，ヘビが性成熟するには成長する必要がある．野生集団を対象にした調査からは，若い個体は歳をとった個体と比べ，成長がこれほど速く，生存率が低い，ということが繰り返し記録されている．ウミヘビには，たった10%から20%の子ヘビしか生後1年間を生き延びることができず，生きて繁殖に至ることのできるメスがたったの6%しかいないものもいる．

多くの哺乳類とは異なり，ヘビは成熟しても成長を続ける．しかしながら成長速度は歳をとるにつれてかなり遅くなり，最大サイズに近い大型のヘビは非常にゆっくりか無視できるほど遅く成長する．典型的には，成長速度は性成熟すると著しく低下する．これはおそらく，（成長ではなく）繁殖に関係する構造や行動へのエネルギー投資が増加した結果と考えられる．繁殖のためのエネルギー需要は，雌雄間でかなり異なりうる．ここで説明した複数の理由から，体長は年齢の指標として信頼に値しない．そして単一の測定基準で種間の成長速度を比較するのは困難である．非常に大まかな一般化として，数メートル以上の体長に成長するニシキヘビのような大型の種（第1章参照）を含め，ほとんどのヘビは，生後3年から4年で最大体長のほぼ半分に達する可能性が高い．

ヘビの寿命は，トカゲとカメの中間ぐらいである．飼育下のヘビは，10年から20年間生きる傾向があり，30年以上生きることもある．フィラデルフィア動物園のボールニシキヘビは，47年ちょっと生きた．ヘビの人口統計学的研究によると，野外での寿命は飼育下でのものと変わらないかもしれず，典型的には最大で15年から30年の範囲である．グレートバリアリーフのオリーブウミヘビは，およそ15年間生きる．

島のヘビ

島に生息するヘビの繁殖に関する研究は，その資源の特性ゆえに興味深い．そこでは，資源は制限されているか，一時的であるか，あるいは字句通り「いちかばちか（boom or bust)」である．餌資源がより豊富で，メスにおける子の産出のためのエネルギー貯蔵の状態がより良い年には，一腹子数，子ヘビの質量，あるいはその両方が，著しく大きくなる．しかし，ヘビにおいては一般に，資源変動と繁殖の関係は複雑である．そして，任意のひとつの系の中でも，生産性（reproductive output）の計量値が繁殖にかかるコストとほとんど関係しないということはありうる．資源が十分であるか「標準的」であると仮定すると，メスの生産性を減らすのに資源以外の要因が介入できるようになる．多くの種では，繁殖はメスの摂餌率の低下を伴い，妊娠したメスは食欲不振を示すことさえある．そのような食欲不振を示すメスは，飢餓とエネルギー貯蔵の枯渇により，あるいは捕食を受けやすくなることにより，出産後，容易には生き残れないかもしれない．

この現象に対する様々な解釈が，メスが摂餌しないことによるいくつかの利点を突き止めてきた．そのひとつは，メスがより容易に，そしてより注意深く，体温調節できることである．獲物が消化管内にいないため，メスはより容易に移動することができる．輸卵管内の卵による体の膨張のため，移動は，すでに物理的に制限されかねない状況である．François Brischoux 氏とその共同研究者らは，ニューカレドニアのいくつかの島でウミヘビ（エラブウミヘビ属の一種）の繁殖を調査してきた．彼らは，卵の発育が進むにつれてメスが摂餌をやめるということを報告している．おそらく，体の膨張が移動を妨げる傾向があるからであろう．したがって，摂餌を続けた場合，メスはあまり効率的に動くことができず，海洋捕食者の攻撃を受けやすくなると考えられる．摂餌率は，卵胞が大きくなるにつれて徐々に減少する．このことは，行動に「閾値」効果がないことを示している．むしろ，卵の発育によって負担の度合いが増すと，それだけ採餌がより非生産的なり，捕食者との関係でますます危険になっていく．

ヘビと未来

ヘビの未来についての結びの言葉を加えるのには，本章が適しているように思われる．実際，このトピックは人類の人口，技術，および気候変動の影響に関連しているため，世界の未来に密接に関連している．ほかの多くの脊椎動物と同様に，ヘビは減少傾向にあることが記録されており，この現象は地球規模のものと思われる．さらに不安を抱かせるのは，人類の存在が明白に原因を与えている場所だけでなく，直接的な人類の影響がほとんどあるいは全くないと思われる比較的手付かずの地域でもヘビの数が減少しているという印象が，世界のいくつかの地域にあることである．その理由は，様々な場所における，侵略的な（導入された）野生動物の間接的な影響や，大気中の汚染物質や放射線の影響，気候変動，食物網の静かな崩壊と関係しているかもしれない．当然ながら，私たちが全く気づいていない，単一あるいは複数の要因がある可能性もある．

適切な生息場所が残っている限り，ほかの野生動物が大幅に減少する中であっても，一部のヘビは生き残るだろうと私は思っている．たとえば小型の地中棲種は，郊外や都市にさえはびこり続けるかもしれない．また，水棲種は様々な景観にわたって水域に居続けるかもしれない．齧歯類にとっての食糧基盤が豊かな農場において繁栄するかもしれない種すらもいる．そして，さらなる研究が求められる，人類の影響に関する重大な問題がある．ある種のヘビがますます稀少になっていくのは，個体群内で数が減少することによるのか，あるいは，部分的に，人間との遭遇が増加した結果として行動がより隠匿的な習性に「切り替わる」ことによるのか？

確かなことと思えるのは，より大きく，より壮観な種は，人間の影響力が支配的になった場所からは消えていくであろうということである．生息場所の喪失，幹線道路や道路上での直接的な殺戮，増えゆく住民に同伴する犬や猫による捕食，化学農薬の使用，食糧基盤（たとえばカエル）の減少，そして当然ながら，人間による直接的な殺戮．これらすべてが，どの地域においても多重的にヘビの数の減少に作用している．ヘビの立ち位置と価値に関する長年の教育にもかかわらず，はるかに多くの人々がまだヘビについて誤解をもっている．不合理に恐れ，機会あるごとにヘビを殺すのである．このことは，農村部では特に当てはまるかもしれない．そこでは人々はヘビを殺そうとし，よくともせいぜい自分の土地からヘビを追い出したいと考えている．オーストラリア人はよく教育されていて，遭遇する数多くの種が有毒であるにもかかわらず，ヘビに寛容である．少なくともほかの文化圏と比較して，オーストラリア人は周りにいるヘビと一緒に暮らすことを学んできたように私には思える．私は，このことは私の個人的な経験にもとづいた強い印象であり，統計的に確かめられた主張ではないことを強調しておく．

ひとつの例として，二人の子供とともに農村環境に住んでいる，あるオーストラリア人の夫婦のことを私は思い出す．朝，家屋に設けられたポーチの上で，アカハラクロヘビ（*Pseudechis porphyriacus*）がしばしば日光を浴びていたことに対して，彼らは寛容であったばかりか，実際にはそれをかなり楽しんでいた．いくぶん定期的に現れていたオオトカゲと同じく，このヘビには名前が与えられていた．このヘビは，この家族が気にかけ，価値を認めていた自然な環境の一部だった．一方で，そのようなことをするヒガシダイヤガラガラヘビ（*Crotalus adamanteus*）に対してフロリダの多くの人々が寛容である様子は，私には想像できない．おそらく，彼らがとる最初の反応は，そのヘビを殺して土地から取り除くことだろう．この言明にはもちろん例外がある．

それでだ．本書の読者には，ヘビが何をしているか，どうやって生きているのかといった，ヘビの生物学についての興奮の一部をほかの人，特に子供達と共有していただきたい．私は，ほとんどの人は基本的にヘビに対して好奇心をもっていると信じている．ヘビを恐れるよう教え込まれていなければ特に．このことはまた，映画製作者に次のことを懇願することを私に思い起こさせる．ひとつは，ヘビの多くの魅力的な行動を人々に見せること．それから，防御姿勢にあるヘビを取り上げることが圧倒的に多いという平々凡々な風潮を止めることである．この風潮は，ヘビはいつでも人に咬みつき，人を傷つける準備が整っているという間違った印象を視聴者に与えるものである．人々が行動を変え，ヘビを殺すことをやめれば，私たちは，豊かで多様な野生生物が五感を楽しませ，想像力を呼び起こすような環境の保全と鑑賞に向けて，長い道のりを歩むことになるだろう．自分の周りの世界について学ぶこと以上に実用的で啓発的なことはないということを忘れないでいてほしい．多くの人にとって，ヘビは１種でも２種でも，その世界の重要な一部になるだろう．ヘビが生まれるたびに，私たちはともに祝福するのである．

Additional Reading　より深く学ぶために

Aldridge, R., A. Bufalino, and A. Reeves. 2005. Pheromone communication in the watersnake, *Nerodia sipedon*: A mechanistic difference between semi- aquatic and terrestrial species. *American Midland Naturalist* 154:412- 422.

Aldridge, R. D., and D. M. Sever (eds.). 2011. *Reproductive Biology and Phylogeny of Snakes*. Vol. 9 of Reproductive Biology and Phylogeny, B. G. M. Jamieson, series editor. Enfield, NH: Science Publishers.

Almeida- Santos, S. M., F. M. F. Abdalla, P. F. Silveira, N. Yamanouye, M. C. Breno, and M. G. Salomão. 2004. Reproductive cycle of the neotropical *Crotalus durissus terrificus*: I. Seasonal levels and interplay between steroid hormones and vasotocinase. *General and Comparative Endocrinology* 139: 143- 150.

Andren, C., and G. Nilson. 1983. Reproductive tactics in an island population of adders, *Vipera berus* (L.), with a fluctuating food resource. *Amphibia- Reptilia* 4:63- 79.

Blackburn, D. G. 1998. Structure, function, and evolution of the oviducts of squamate reptiles, with special reference to viviparity and placentation. *Journal of Experimental Zoology* 282:560-617.

Blackburn, D. G. 2006. Squamate reptiles as model organisms for the evolution of viviparity. *Herpetological Monographs* 20:131-146.

Blackburn, D. G., K. E. Anderson, A. R. Johnson, S. R. Knight, and G. S. Gavelis. 2009. Histology and ultrastructure of the placental membranes of the viviparous Brown snake, *Storeria dekayi* (Colubridae: Natricinae). *Journal of Morphology* 270:1137-1154.

Brischoux, F, X. Bonnet, and R. Shine. 2010. Conflicts between feeding and reproduction in amphibious snakes (sea kraits, *Laticauda spp.*). *Australian Ecology* 36: 46-52.

Burns, G., and H. Heatwole. 2000. Growth, sexual dimorphism, and population biology of the olive sea snake, *Aipysurus laevis*, on the Great Barrier Reef of Australia. *Amphibia-Reptilia* 21:289-300.

Crews, D., and W. Garstka. 1982. The ecological physiology of reproduction in the Canadian red-sided garter snake. *Scientific American* 247:159-168.

Ford, N. 1986. The role of pheromone trails in the sociobiology of snakes. In D. Duvall, D. Mueller-Schwarze, and R. Silverstein (eds.), *Chemical Signals in Vertebrates* 4. New York: Plenum Press, pp. 261-278.

Gillingham, J. 1987. Social behavior. In R. Seigel, J. Collins, and S. Novak (eds.), *Snakes: Ecology and Evolutionary Biology*. New York: McGraw-Hill, pp. 211-217.

Greene, M., and R. Mason. 2000. Courtship, mating, and male combat of the brown tree snake, *Boiga irregularis. Herpetologica* 56:166-175.

Kubie, J., A. Vagvolgyi, and M. Halpern. 1978. Roles of the vomeronasal and olfactory systems in courtship behavior of male garter snakes. *Journal of Comparative Physiology and Psychology* 92: 627-641.

LeMaster, M., and R. Mason. 2002. Variation in a female sexual attractiveness pheromone controls male mate choice in garter snakes. *Journal of Chemical Ecology* 28:1269-1285.

Lillywhite, H. B. 1985. Trailing movements and sexual behavior in *Coluber constrictor. Journal of Herpetology* 19:306-308.

Luboschek, V., M. Beger, D. Ceccarelli, Z. Richards, and M. Pratchett. 2013. Enigmatic declines of Australia's sea snakes from a biodiversity hotspot. *Biological Conservation* 166:191-202.

Lutterschmidt, D. I., and R. Mason. 2009. Endocrine mechanisms mediating temperature-induced reproductive behavior in redsided garter snakes (*Thamnophis sirtalis parietalis*). *Journal of Experimental Biology* 212:3108-3118.

Madsen, T., and R. Shine. 1993. Costs of reproduction in a population of European adders. *Oecologia* 94:488-495.

Mason, R. T., and M. R. Parker. 2010. Social behavior and pheromonal communication in reptiles. *Journal of Comparative Physiology* A196:729-749.

Mason, R., H. Fales, T. Jones, L. Pannell, J. Chinn, and D. Crews. 1989. Sex pheromones in snakes. *Science* 245:290-293.

Mason, R., T. Jones, H. Fales, L. Pannell, and D. Crews. 1990. Characterization, synthesis, and behavioral responses to sex attractiveness pheromones of red-sided garter snakes (*Thamnophis sirtalis parietalis*). *Journal of Chemical Ecology* 16:2353-2369.

Mullin, S. J., and R. A. Seigel (eds.) 2009. *Snakes: Ecology and Conservation*. Ithaca, NY: Cornell University Press.

Parker, M., and R. Mason. 2009. Low temperature dormancy affects the quantity and quality of the female sexual attractiveness pheromone in red-sided garter snakes. *Journal of Chemical Ecology* 35:

1234-1241.

Parker, W. S., and M. V. Plummer. 1987. Population ecology. In R. A. Seigel, J. R. Collins, and S. S. Novak (eds.), *Snakes, Ecology and Evolutionary Biology*. New York: Macmillan, pp. 253-301.

Reading, C. J., L. M. Luiselli, G. C. Akani, X. Bonnet, G. Amori, J. M. Ballouard, E. Filippi, G. Naulleau, D. Pearson, and L. Rugiero. 2010. Are snake populations in widespread decline? *Biology Letters* 6: 777-780.

Rigley, L. 1971. "Combat dance" of the black rat snake, *Elaphe o. obsoleta. Journal of Herpetology* 5: 65-66.

Ross, P., and D. Crews. 1977. Influence of the seminal plug on mating behaviour in the garter snake. *Nature* 267:344-345.

Schuett, G. W., S. Carlisle, A. Holycross, J. O'Leile, D.Hardy, E. Van Kirk, and W. Murdoch. 2002. Mating system of male Mojave rattlesnakes (*Crotalus scutulatus*): Seasonal timing of mating, agonistic behavior, spermatogenesis, sexual segment of the kidney, and plasma sex steroids. In G. W. Schuett, M. Hoggren, M. Douglas, and H. Greene (eds.), *Biology of the Vipers*. Eagle Mountain, UT: Eagle Mountain Publishing, pp. 515-532.

Shine, R. 1985.The evolution of viviparity in reptiles: An ecological analysis. In C. Gans and F. Billett (eds.), *Biology of the Reptilia*,vol. 15. New York: John Wiley, pp. 606-694.

Shine, R. 1988. Constraints on reproductive investment: A comparison between aquatic and terrestrial snakes. *Evolution* 42:17-27.

Shine, R. 1992. Relative clutch mass and body shape in lizards and snakes: Is reproductive investment constrained or optimized? *Evolution* 46:828-833.

Shine, R. 1994. Sexual size dimorphism in snakes revisited. *Copeia* 1994:326-346.

Shine, R. 2003. Reproductive strategies in snakes. *Proceedings Royal Society London* B270:995-1004.

Shine, R. 2005. All at sea: Aquatic life modifies mate-recognition modalities in sea snakes (*Emydocephalus annulatus*, Hydrophiidae). *Behavioral Ecology and Sociobiology* 57:591-598.

Shine, R., and X. Bonnet. 2009. Reproductive biology, population viability, and options for field management. In S. J. Mullin and R. A. Seigel (eds.), *Snakes, Ecology and Conservation*. Ithaca, NY: Cornell University Press, pp. 172-200.

Shine, R., B. Phillips, H. Wayne, M. LeMaster, and R. Mason. 2003. Chemosensory cues allow courting male garter snakes to assess body length and body condition of potential mates. *Behavioral Ecology and Sociobiology* 54:162-166.

Shine, R., J. Webb, A. Lane, and R. Mason. 2005. Mate location tactics in garter snakes: Effects of rival males, interrupted trails and non-pheromonal cues. *Ecology* 19:1017-1024.

Slip, D. J., and R. Shine. 1988.The reproductive biology and mating system of diamond pythons, *Morelia spilota* (Serpentes: Boidae). *Herpetologica* 4:396-404.

Stewart, J. R., and K. R. Brasch. 2003. Ultrastructure of the placentae of the natricine snake, *Virginia striatula* (Reptilia: Squamata). *Journal of Morphology* 255:177-201.

Sun, L.X., R. Shine, D. Zhao, and T. Zhengren. 2002. Low costs, high output: Reproduction in an insular pit-viper (*Gloydius shedaoensis*, Viperidae) from north-eastern China. *Journal of Zoology* 256: 511-521.

Tinkle, D. W., and J. W. Gibbons. 1977. The distribution and evolution of viviparity in reptiles. *Miscellaneous Publications of the Museum of Natural History, University of Michigan* 154:1-55.

用語解説

ATP：アデノシン三リン酸（Adenosine triphosphate）．あらゆる生細胞において共通のエネルギー通貨として使われる，高エネルギーのヌクレオチド．

MSH：黒色素胞刺激ホルモンを参照のこと．

neuro-：神経あるいはニューロンを意味する接頭辞．

PBT：選好体温を参照のこと．

RCM：相対一腹卵重量を参照のこと．

SDA：特異動的作用を参照のこと．

streptostyly：鱗状骨要素と可動関節を形成する頭蓋キネシスの状態のことで，下側の側頭弓を進化的に喪失したことに起因する．

α ケラチン（alpha keratin, α keratin）：ケラチンを参照のこと．

β ケラチン（beta keratin, β keratin）：ケラチンを参照のこと．

アイキャップ（eyecap）：スペクタクルを参照のこと．

あえぎ（pant, panting）：頻度の増加した呼吸のことで，空気の換気速度を高め，ひいては水分の蒸発量と，上気道，喉，口の粘膜からの放熱を増大させる．

アコーディオン運動（concertina locomotion）：ヘビの移動法のひとつ．アコーディオンのような外観で一方向に移動する際，ある固定していたもしくは単に留まっていた足場から次の足場へと体を逐次的に伸縮する運動に特徴づけられる．

アセチルコリン（acetylcholine）：様々な神経細胞に見られる重要な神経伝達物質で，心臓や血管平滑筋，神経筋接合部における筋肉の活性化に働きかける．

アダクション（adduction）：体の正中線もしくは正中面へと体の一部を近づける動き，もしくは体の一部同士がくっつく動きのこと．参照：アブダクション．

圧受容器（baroreceptor）：圧力の変化に刺激される感覚受容器．典型的には，血圧の上昇によって起こる血管壁の延伸や膨張を検出する，大血管の血管壁にある受容器を指す．

圧力（pressure）：単位面積あたりの力．

アピカルピット（apical pit）：機能のほとんどわかっていない感覚器で，一部の爬虫類，特にヘビの背面に生える鱗の後端部に通常見られる小さな凹みにある．

アブダクション（abduction）：体の正中線もしくは正中面から体の一部を遠ざける動き，もしくは体の一部同士が離れる動きのこと．参照：アダクション．

アンドロゲン（androgen）：雄性の特徴を活性化させタンパク質合成を促進する，ステロイド性の性ホルモンの一群．爬虫類のメスでは，中枢神経系において雌性ホルモン物質（エストロゲン）などのステロイドに変換される．これはオスにおいても起こる．雄性ホルモン物質．

胃腺（gastric gland）：胃壁にある分泌腺のことで，粘液，酸，およびタンパク質分解酵素を分泌する．

胃腸管（gastrointestinal tract）：動物の体を貫通し，両端で開口している中空の管状空洞のこと．この構造は，食物の摂取，消化，吸収の機能を担う．消化管ともいう．

一腹子数（litter size）：胎生の種において一度に生まれる子の総数．参照：一腹卵数．

一腹卵数（clutch size）：一匹のメスが一度に排卵し，産卵する卵の総数のこと．参照：一腹子数．

遺伝型（genotype）：個体の遺伝的な構成のことで，環境といったほかの因子とともに表現型を決定する．参照：表現型．

遺伝的浮動（genetic drift）：遺伝子頻度のランダムな変動による進化的変化のこと．選択とは独立で，小さな個体群においてその効果が顕著になる．

移動の純コスト（net cost of transport）：一定質量の動物を一定距離だけ輸送するのに使用されるエネルギーの量のこと．

隠蔽（crypsis）：カモフラージュされた状態のこと．潜伏．

ヴェノム（venom）：通常は動物によって分泌され，針，牙，あるいは咬傷によって注入される，有毒あるいは潜在的に有毒な物質のこと．

ヴェノム送出系（venom delivery system）：ヘビに関してでは，この用語は，ヴェノム，ヴェノムの産生と貯蔵のための関連した腺，およびヴェノムの送出に使用される筋肉と特殊化した歯のことを指す．

ウォッシュアウトシャント（washout shunt）：シャントを参照のこと．

右左シャント（right-to-left shunt, R-L shunt）：シャントを参照のこと．

右大動脈弓（right aortic arch）：大動脈弓を参照のこと．

内側表皮世代（inner epidermal generation）：外側表皮世代を参照のこと．

うねり（undulation）：波の運動，つまり左右への正弦波運動のことを指す．

エストロゲン（estrogen）：主に卵巣で合成されるが，一部は副腎皮質，脳，精巣でも合成される，ステロイド性の性ホルモンの一群．繁殖周期と二次性徴の発達において中心的な役割を果たす．受精のための生殖系を準備する機能をもち，また卵黄の形成と卵の発生にとって不可欠なホルモンでもある．雌性ホルモン物質．

エピネフリン（epinephrine）：カテコールアミンを参照のこと．

遠近調節（accommodation）：物体に焦点を合わせる眼球の運動または能力．

嚥下（prey transport）：獲物を飲み込むことを指し，顎と口のさまざまな能動的要素による操作を含む．

遠心性（centrifugal）：回転の中心から外側へと力が働くこと．

塩腺（salt gland）：高濃度の塩溶液を分泌する腎外腺．ヘビでは，これらは海棲種の舌下または前顎の位置にある．

凹窩細胞（lacunar cell）：有鱗目において脱皮サイクル中の表皮に存在する細胞の一種．上の角質層と下の淡明層に挟まれて位置し，液胞中に横たわるように存在する不整形核に特徴づけられる．

黄体（corpus luteum）：排卵後に決裂した卵胞の残余部分のことで，胎生の爬虫類では妊娠期間の後期まで比較的大量の卵黄ホルモンを分泌する．

オーバーハウチェン（oberhautchen）：鱗竜類の表皮を覆う，外部の微細彫刻を形成するβケラチンの最外層のこと．この用語のもとの綴りは Öberhautchen である．しかしながら，今やこの用語は英語の文献に頻繁に登場するようになっているため，ウムラウトを付けた大文字である必要はないと，1988 年に Ernest Williams 氏が指摘している．

温度受容器（thermoreceptor）：温度変化に特異的に反応する感覚神経終末のこと．

外温性（ectothermy）：体温調節を外部の熱源に依存する動物のこと．参照：内温性．

外呼吸（external respiration）：換気を参照のこと．

概日リズム（circadian rhythm）：23 時間から 25 時間（だいたい 1 日）の間隔で毎日繰り返される，行動や生理的な過程の周期性のことで，「体内時計」によるものとされるいっぽうで，外部環境の時刻に関係した因子で同期される．

解糖（glycolysis）：ブドウ糖（グルコース）をより単純な乳酸（もしくはピルビン酸）化合物へと酵素によって転化することで，酸素を必要とせずに ATP の形でエネルギーを産生することを指す．これは炭水化物の分解と酸化の主要な経路を構成する．短時間だが激しい活動時に筋肉中での ATP 産生に解糖を利用するヘビ（およびほかの爬虫類）における，活動代謝の重要な一面である．

外皮（integument）：被覆物．皮膚や，皮膚から派生した物．

下顎掻爬（mandibular raking）：特殊な摂餌メカニズムのことで，下顎の歯が生えた部分が左右同時に口の中と外に動くことにより餌を口の中にかき込む．小型で地中棲のヘビであるホソメクラヘビで見つかった．監訳者注：訳語は本著で新設した．

拡散（diffusion）：ランダムな熱運動の結果として起こる，密度の高いところから低いところへの原子，分子，あるいはイオンの移動のこと．

角質化（corneous, cornified）：表皮の角質層のようにケラチン化した上皮のさま．

角質層（stratum corneum）：ケラチン化した，表皮の最外層のこと．

角膜（cornea）：虹彩と瞳孔を覆う透明な表層のことで，目に入射する光を透過させる．

ガス交換（gas exchange）：生理学では，生物と環境との間での呼吸ガス（酸素と二酸化炭素）を交換すること．

ガス交換器（gas exchanger）：環境との間で呼吸ガスを交換できる透過性のある器官のこと．肺，えら，皮膚．

片持ち梁（cantilever）：片端のみで支えられている，飛び出た梁もしくは主要部のこと．

活動電位（action potential）：神経の「インパルス」，つまり神経周膜における増幅された生体電気の変化のこと．神経系におけるシグナルの単位とされる．

滑空（gliding）：おおむね受動的だが制御された，空気中での運動を含む空中移動の一形態．ヘビでは，高所からの離陸以降の降下角を減少させる翼（エーロフォイル）として平坦な体が使用される．

カテコールアミン（catecholamine）：神経伝達物質およびホルモンとして作用する分子群のことで，エピネフリンやノルエピネフリンを含む．これらは鼓動を速めたり心臓血管系の血管を収縮させるのに重要な働きをする．

下方制御（down-regulation）：対象となる細胞膜において受容体の密度を低下させることによって行われる生理的な活性の制御．参照：上方制御．

過冷却（supercooling）：氷晶を形成することなく体液の物理的凝固点（＝融点）以下に冷却することを指す．

管牙，管牙類（solenoglyph）：前前頭骨上の縮退した上顎骨の転回によってそれぞれ立ち上がる牙をもつヘビのこと，またはその状態．クサリヘビ科とモールバイパー科のヘビにおける特徴.

換気（ventilation）：呼吸生理学では，ガス交換器（肺または鰓）と周囲の媒体との間で空気または水を移動させる過程（＝呼吸，ときには外呼吸と呼ばれる）のこと.

間質液（interstitial fluid）：細胞を囲む（外部の）空間内に存在する液体のことで，全般的に血漿に似ているもののタンパク質の含有量が少ない点で異なる.

慣性（inertia）：外力の影響を受けない限り，物体が静止もしくは等速直線運動を続けようとする傾向のこと.

桿体細胞（rod）：網膜にある視細胞で，弱い強度の光に反応する細胞特性のために光に対して敏感である．参照：錐体細胞.

キール鱗（keeled scale）：顕著に突き出た中央線をもつ鱗のことで，接触または目視でそれと確認できる．参照：平滑鱗.

気化冷却（evaporative cooling）：水分の蒸発によって体熱を除去することで，荒く息をすることによって受動的あるいは能動的に促進される.

気管（trachea）：のどと肺の間に空気を通す，膜状の軟骨性の管のこと．気管肺，気管嚢も参照のこと.

気管嚢（tracheal air sac）：気管気道から派生した付属物で，様々なアジア産ヘビ類において防御ディスプレイや音発生で機能する膜性憩室．監訳者注：気管憩室とも呼ばれ，英語でも様々な別名（tracheal chamber, neck sac）がある.

気管肺（tracheal lung）：特定のヘビの種において心臓の前方にある，拡張された気管粘膜に沿って生じる血管性で機能性の肺.

擬態（mimicry）：生物同士が似ることによって捕食者回避の利益を得ること.

基底的系統（basal）：系統樹において最初期もしくは初期に分岐した系統を指す．末端の枝に対比する，系統樹における内側のノード.

基底膜（basilar membrane）：内耳にある，聴覚有毛細胞を支える弾性組織の繊細な連なりのこと．監訳者注：皮膚の基底膜（basement membrane）とは別の組織である.

キネシス（kinesis）：一般的には物理的な運動のことを指す．ヘビによる摂餌に関係する文脈では，通常，この用語は頭蓋骨を構成する部品間の運動（頭蓋キネシス）のことを記述する.

キネマティクス（kinematics）：動物の運動，その進路やパターンに関する学問．運動学.

気嚢（air sac）：気管嚢を参照のこと.

気嚢肺（saccular lung）：栄養血のみが供給される，ガス交換の機能をもたない薄い膜状の組織からなる肺の区画．典型的には，この区画は肺の盲端で終わる．参照：血管肺.

牙（fang）：毒を獲物に注入するのに使われる，溝もしくは管を備えた歯.

吸気（inspiration）：肺に向かう空気の積極的な動きのこと．吸入．参照：呼気.

球形嚢（sacculus）：内耳の液系における2つの嚢状区画のうち，小さくてより腹側にある方のことで，前庭器の一部.

吸入（inhalation）：吸気を参照のこと.

境界層（boundary layer）：物理的な境界もしくは表面に接する流体（空気もしくは水）の層のことで，そこでは流体の動きが境界から影響を受け，境界から離れる向きの自由流速よりも平均して遅い速度になる．この領域は，動いている物体の摩擦抵抗の原因となる．

強直（ankylosis）：2つの部位の硬直した結合のことで，硬い石灰化組織による歯と骨の接着を指すことが多い．

強膜（sclera）：眼球の丈夫で繊維質の外被のこと．

共鳴（resonance）：振動現象を増幅する物理的な過程のこと．

筋性隆起（muscular ridge）：ワニ類を除く爬虫類における，心室にある筋肉質の中隔のことで，肺動脈腔を動脈腔と静脈腔から仕切ることにより，心室を不完全ながら分割する．

筋電図記録（electromyography）：筋肉における電気的活動の記録，およびそれに関する研究のこと．

筋膜（fascia）：筋肉や血管の周囲に鞘を形成する結合組織の帯．

屈折（refraction）：光線が密度の異なる媒質の間（たとえば空気から水）を通過するときに曲がること．

クレード（clade）：単系統をなす生物群のこと．単一種とその末裔で構成され，系統樹においてほかと区別される枝を表す．

警告形質，警告色（aposematism）：その生物が危険あるいは不快であることを潜在的な天敵に向けて広告する形質，特に色彩のこと．

形質（character），**形質状態**（character state）：ある生物における，観察可能な表現型の特性もしくは形状のことを指す．ほかの生物では違ったふうに表現される可能性のある特徴の，特定の状態もしくは表現を表す．

憩室（diverticulum）：外接する袋もしくは嚢のこと．

系統（phylogeny），**系統樹**（phylogenetic tree）：ある生物群の関係を進化的な歴史に従って描いた図形のこと．樹の形をした図は，分類群同士を結びつける歴史的で祖先依存的な関係性の，系統仮説におけるつながりと連続性を表す．

血液毒（hemotoxin）：血管およびリンパ管を破壊する，ヘビ毒の特性のひとつ．

血管拡張（vasodilation）：血管，通常は小さな動脈における平滑筋の弛緩のことで，対象となる血管の拡張をもたらす．

血管周囲リンパ（perivascular lymphatic）：血管を同心円状に取り囲むリンパ管のこと．このような構造はヘビでは一般的である．

血管収縮（vasoconstriction）：血管，通常は小さな動脈における平滑筋の収縮のこと．

血管肺（vascular lung）：スポンジ状の外観と豊富な血液供給を特徴とする，肺の機能区画．参照：気嚢肺．

蹴爪（spur）：初期に分岐した系統の一部のヘビ類に見られる，総排出腔の左右に突出している角質の棘状突起．

ケラチン（keratin）：表皮によって製造され，最も外側の角質層を形成する，硬いまたは丈夫な繊維質の不溶性タンパク質．αケラチンは，螺旋状の，毛のような分子で構成されるが，いっぽうでβケラチンは，ひだのあるシート状で，羽毛のような分子で構成される．後者は前者より硬く，一般的により頑丈である．

ケラチン生成細胞（keratinocyte）：ケラチン合成能をもつ表皮細胞のこと．

腱（tendon）：筋線維と連続し，筋肉を硬骨や軟骨に付着させる線維性結合組織の帯または紐のこと．

原始的（primitive）：系統樹の基部，つまり祖先的な進化的起源における形質または特徴のこと．反意語：派生的．

孔（foramen）：組織の壁を通過できるようにする穴または開口部のこと．

後牙（opisthoglyph）：牙として機能するよう各上顎の後方にある一対の歯が大型化しているか溝が形成されているという，一部の毒ヘビの特徴．

虹彩（iris）：眼の水晶体の前に位置し，収縮性の穴をもつ筋肉の円盤．調節可能な開口部として機能する．

口唇ピット（labial pit）：口唇窩．ピット器官を参照のこと．

構造色（structural color）：動物の体表に見られる色のうち，色素の存在によるものではなく，様々な方法で光を選択的に反射する物理的あるいは構造的な属性に起因するもの．

構造的体色変化（morphological color change）：数日，数週間，あるいはそれより長い期間をかけて色が変化すること．色素胞のパターンにおける，成長や個体発生に伴う変化，あるいは季節的な変化によって生じる．参照：生理的体色変化．

喉頭（larynx）：気管の咽頭開口部にある軟骨と繊維と筋肉の複合体で，開口部を守り，また一部の爬虫類では発声を可能にするという機能をもつ．

行動性体温調節（behavioral thermoregulation）：外部環境の熱源との相互作用を制御する，動物の行動に起因する体温の調節．体温調節を参照のこと．

交尾栓（copulatory plug）：精液栓を参照のこと．

肛門（vent）：総排出腔から外部に向かう，総排出腔の開口部のこと．

抗力（drag）：流体中を運動する物体が受ける抵抗のこと．媒体の粘度と密度に応じて増大し，またその物体の形および表面の面積と特性によって変わる．抗力は，流体の相対的な動きとは平行に，いっぽうで物体の動きとは逆向きに作用する．

呼気（exhalation）：呼息を参照のこと．

呼吸（respiration）：厳密には，酸素分子による有機基質の細胞内酸化のことで，ATP エネルギーと，副産物として二酸化炭素および水を生成する．

黒色素胞（melanophore）：メラニンを含む色素胞で，一般に黒褐色から黒色をしている．メラノポア．

黒色素胞刺激ホルモン（melanophore stimulating hormone）：脳下垂体で生成され分泌されるホルモンで，メラニン細胞に作用し，その細胞内でのメラニン色素粒の拡散を引き起こすことで皮膚を黒化させる．MSH.

呼息（expiration）：肺から外部環境への能動的もしくは受動的な空気の移動のこと．呼気．参照：吸息．

個体発生（ontogeny）：受精卵から成体に至るまでの，ある 1 個体の生物における発生の完成のこと．

黒化（melanism）：皮膚やほかの組織における極端な色素沈着または黒変のことで，通常は遺伝的に生じる．

コンバットダンス（combat dance）：通常は同種同士の，2 匹のオスのヘビの間で行われる闘争行動のひとつ．立ち上がったり，もつれ合ったり，相手を地面に押し付けようとしたりする．典型的には繁殖期に見られる．

細静脈（venule）：毛細血管床と静脈をつなぐ小さな血管のこと．

左大動脈弓（left aortic arch）：大動脈弓を参照のこと．

左右シャント（left-to-right shunt, L-R shunt）：シャントを参照のこと．

産卵（oviposition, oviposit）：卵を環境中へ産み落とすこと．参照：排卵．

色彩多型（color polymorphism）：多型を参照のこと．

色素胞（chromatophore）：色素を含み，皮膚に色を与える細胞のことを指す，一般化された用語．

色素（pigment）：生物学においては，細胞や組織に存在する色を付与する分子実体に対して用いる．

識別形質（diagnostic character）：ある種もしくはクレードの生物をほかから明確に区別することのできる特異的な形質状態のこと．

子宮（uterus）：卵管における腺のある部分のこと（ヘビでは卵管の中央部）で，爬虫類においては卵殻の線維性成分とカルシウム成分の産生を担っている．

持久力（endurance）：生物が長時間にわたって自身を行使し，移動したり，活動を続けたりする能力のこと．

軸上筋（epaxial muscle）：脊柱もしくは体軸に対して，背側にある，もしくは背側から伸びる体幹の筋肉のこと．

刺激物（stimulus）：受容器を刺激する，環境の特質のこと．

自己受容器（proprioceptor）：主に筋肉，腱，または関節に位置する感覚受容器で，緊張を感知して身体部位の位置と相対的な運動に関する情報を提供する．

仕事率（power）：仕事をおこなう速度のこと．単位時間あたりの仕事に等しい．

視床下部（hypothalamus）：中脳脳室（第三脳室）の底を構成する脳の部位のこと．

耳小柱（columella）：中耳腔を横切るように配置された，音もしくは振動刺激を（ヘビの場合は）頭部の周囲組織から卵円窓および内耳の液体へと伝達する（硬骨性もしくは軟骨性の）耳小骨．

耳小柱底（footplate）：耳小柱の広がった基部のこと．内耳の卵円窓と接している．

室間管（interventricular canal）：ワニ類を除く爬虫類における，心室の中にある空間のことで，動脈腔と静脈腔の間の伝達（血流）を可能にする．

姉妹群（sister taxon）：同じ直近の共通祖先をもつ２つの分類群のこと．これらは，単一の分岐点から生じる系統群，つまり枝の束として系統樹上に現れる．

シャトリング（shuttling）：体温調節行動のことで，対照的な暖かい環境と冷たい環境の間を能動的に移動することを伴う．

シャント（shunt）：代替経路のこと．（心臓内部における）心内シャントに関しては，右から左へのシャント（右左シャント）は部分的または完全な肺バイパス（通常は肺動脈用の血液が全身血管に入る）をもたらし，左から右へのシャント（左右シャント）は部分的または完全な全身バイパスをもたらす（通常は全身血管を対象とした血液が肺動脈に入る）．これらの回路のどちらかにおける内部の圧力が（能動的か受動的かを問わず）上昇すると，シャントが発生する可能性がある．こうした機構のことをプレッシャーシャントと呼ぶ．あるいは，異なる拍動の位相で肺循環と体循環の両方に共通する心室の空間に置かれた血液が，その後，「正しい」方向に流入または流出する血液によって「誤った」循環に「洗い流される」とき，シャントも起こす受動的な機構が生じる．こうした機構のことをウォッシュアウトシャントと呼ぶ．

順応（acclimation, acclimatization）：環境の長期間にわたる変化に対する，形態，行動，もしくは生理の双方向的な可変性．特に実験環境におけるものを acclimation，自然環境におけるものを acclimatization と呼んで区別する．

柔組織（parenchyma）：器官において不可欠で特徴的な機能性の組織のこと．

絨毛（villus）：腸において吸収構造として機能する組織にある，多数の小さい，指のような突起のひとつひとつのこと．

収斂（convergence），**収斂形質**（convergent character）：ホモプラシー，あるいは類縁のない系統間における似た形質状態の平行進化．ひとつもしくはいくつかの点で共通する環境の類似性に関連した，類似の選択圧によって生じることが多い．

樹形（topology）：系統樹の分岐順序のこと．

受精嚢（seminal receptacle）：一般には，精子を貯蔵するための腔または構造物．ヘビの場合，卵管の内腔にある分岐した腺嚢のこと．

受容器（receptor）：刺激を受けて伝達する神経細胞または修飾された感覚細胞のこと．

循環（血液循環，心臓血管系，および輸送系の循環）（circulation）：心臓および血管のことで，全体をもって体じゅうに血液を運ぶ．肺循環は，血液に酸素が付与される肺との間で血液をやりとりする．体循環は，ほかのすべての組織との間で血液をやりとりする．

消化管（alimentary canal）：胃腸管を参照のこと．

消化管（digestive tract）：胃腸管を参照のこと．

消化管（gut）：胃腸管を参照のこと．

松果体（pineal gland）：前脳の頂部にある器官．光を感知し，メラトニンを産生し，さらに別の内分泌器からのホルモン産生を制御する．

消化物（digesta）：糜粥を参照のこと．

条件的内温性（facultative endothermy）：絶対的にではなく，状況に依存して生じたり生じなかったりする内温性の熱産生のこと．

小腸（small intestine）：腸の前方の区画で，消化の主要部位のこと．胃と大腸の間に延びている．

小動脈（arteriole）：直後に毛細血管へと続く小さな動脈．

漿尿膜（chorioallantois, chorioallantoic membrane）：漿膜と尿膜の結合体でできた胚体外膜の一種．胚体外膜を参照のこと．

上鼻嚢（supranasal sac）：上鼻板の下に皮膚が陥入して形成された凹みのことで，上鼻板と鼻板の間に目立たないスリット状の開口部をもつ．この構造はクサリヘビ亜科および近縁なナイトアダー亜科の多くのヘビに存在する．神経支配されており，マムシ類の頬ピットと同様に，おそらく熱検出器として機能する．

上方制御（up-regulation）：標的細胞膜における受容体密度の増加によって生理学的活性が制御されること．参照：下方制御．

漿膜（chorion）：胚体外膜を参照のこと．

静脈腔（cavum venosum）：ワニ類を除く爬虫類における，単一心室にある3つの内腔のうちのひとつで，垂直中隔の右側に位置し，大動脈弓に血液を送る．

静脈洞（sinus venosus）：体静脈から血液を受け取り，それを心房に送る最初の心腔．

静脈（vein）：組織の毛細血管床から心臓に向けて血液を戻す血管のこと．参照：動脈．

食後代謝応答（postprandial metabolic response），**食後熱産生**（postprandial thermogenesis）：特異動的作用を参照のこと．

食道（esophagus）：口と胃の間に位置する消化管の部位のことで，摂取した食べ物を消化のための部位に送る機能をもつ．

食物含有水（dietary water）：食べ物にもともと含まれている水分のこと．

鋤鼻器（vomeronasal organ）：ヘビ類（およびほかの爬虫類）において口蓋の上に主要な感覚器を形成する，特殊な化学感覚受容室のこと．舌に載せて口の中に運び込まれる匂い物質の粒子を検出する感覚上皮が並んでいる．ヤコブソン器官とも呼ばれる．

しわ（ruga）：うね，もしくは折りたたみ．

神経（nerve）：ニューロンの束，あるいは結合組織に包まれたニューロンの突起のこと．参照：ニューロン．

神経調節物質（neuromodulator）：ニューロンの機能や作用を変える伝達物質のこと．

神経伝達物質（neurotransmitter）：情報を伝達する化学物質で，神経終末から分泌され，他の神経や神経終末が作用する細胞に影響する．神経終末から放出され，その神経終末が作用するほかの神経または細胞に影響を与える情報伝達物質．

神経毒性（neurotoxic）：神経筋接合部を含む神経系を害するヘビ毒の特性．

心弛緩（diastole）：収縮する前に，心房から送られてきた血液に満たされている間，心室の筋肉が弛緩すること．参照：心収縮．

心室（ventricle）：2つの心房から血液を受け取り，それを流出路を通して全身の組織へと送り出す，心臓にある筋肉でできた小部屋のこと．

心収縮（systole）：動脈系に血液を送り出すために心室が収縮すること．参照：心拡張．

心性（cardiac）：心臓を参照のこと．

心臓（heart）：心臓血管系の中心をなす筋肉でできたポンプのこと．ヘビでは2つの心房とひとつの心室からなる．

心臓血管系（cardiovascular system）：循環系を参照のこと．

振動筋（shaker muscle）：ガラガラヘビの尾にある特殊な筋肉のことで，ラトルを震わせるのに使われる．この筋肉は，多数のミトコンドリア，血管の潤沢な供給，および急速な収縮周期をもたらす生化学的特性によって特徴づけられる．

心内シャント（intracardiac shunt）：シャントを参照のこと．

心拍出量（cardiac output）：心臓からの血液流出量のことで，単位時間あたりに心室から出る血液の量で表す．心室をひとつだけもつヘビでは，全身に行く分，肺に行く分，あるいは総量のいずれであるかを明記するのが適切である．

心拍数（heart rate）：循環系に血液を動かす力を提供する心臓収縮の起こる頻度のこと．心拍数は通常，単位時間あたりの拍動数（つまり収縮回数）で測定される．

真皮（dermis）：表皮の下にある，皮膚の内層のこと．繊維性結合組織，血管，神経，色素体を含む．

心房（atrium）：心臓にある血液を受け取る小部屋のひとつで，静脈から戻ってきた血液を溜めて心房へと注ぐ．

水晶体（lens）：目にある光を集める主な構造物．

推進力（propulsive force）：環境に対して発せられることにより，大きさが等しく向きが反対の反力を発生させる力．反力は，推力と大きさが等しく，推進力を発する物体または動物による前方への動きを可能にする．

錐体細胞（cone）：網膜にある視細胞．明るい光のもとで機能し，異なる波長の光に対して異なった感度をもつ（これにより色覚が与えられる）．参照：桿体細胞．

垂直中隔（vertical septum）：ワニ類を除く爬虫類における，心室にある不完全な中隔のことで，動脈腔と静脈腔を部分的に分離している．

推力（thrust）：前方への動きを生み出す，前向きの力．参照：推進力．

砂泳ぎ（sand swimming）：砂上棲のヘビによる急速な埋没と穴掘り運動を指す．

スネークボット（snakebot）：ヘビを模して作られたロボットのこと．．

スペクタクル（spectacle）：ヘビの目にある，固定された透明な被覆物のことで，目の強膜と癒合した表皮で構成されている．ブリレ，アイキャップともいう．

滑り押し運動（slipping undulation, slide-pushing）：ヘビが低摩擦の基質上で採用している移動様式で，後方に動く身体の波（うねり）が急速に伝播され，ヘビを前方に推進する反力を生み出すのに十分な滑り摩擦を生み出す．体動の交互波は横方向のうねりの波と似ているが，基質上の固定点を使用せずに前方反力が発生する．

滑り摩擦（sliding friction）：摩擦を参照のこと．

精液栓（seminal plug）：交尾栓．メスの生殖管や生殖器をふさぐ，乾燥した精液のこと．

精細管（seminiferous tubules）：精子の発達を支える，精巣内の長く曲がりくねった構造物のこと．

精子形成（spermatogenesis）：精巣における成熟精子の発達のこと．

静止摩擦（static friction）：摩擦を参照のこと．

静止摩擦（static friction）：摩擦を参照のこと．

生殖巣（gonad）：卵もしくは精子を生産する生殖器（それぞれ卵巣もしくは精巣）のこと．卵巣や精巣は第一次性徴である．

静水圧（gravitational pressure）：流体中で働く圧力の一部で，重力によって生じるもの．流体静水圧ともいう．

性腺刺激ホルモン（gonadotropin, gonadotropic hormone）：性腺の活動に影響するホルモンのことで，特に脳下垂体前葉から分泌されるもの（濾胞刺激ホルモンや黄体形成ホルモン）．ゴナドトロピン．

性腺刺激ホルモン放出ホルモン（gonadotropin-releasing hormone）：視床下部から分泌されるホルモンで，脳下垂体からの性腺刺激ホルモンの分泌を引き起こす．

精巣（testis）：精子が製造される雄性の性腺．

精巣上体（epididymis）：精巣輸出管を尿道に向けてそそぐ，著しく曲がりくねった細管（曲細管）のこと．この構造物は精巣の表面にあり，外部へ放出されるまで精子を保管する機能をもつ．

声門（glottis）：咽頭（のど）から気管もしくは喉頭にかけての開口部のこと．

生理的体色変化（physiological color change）：神経系，ホルモン系，あるいはその他の局所的な制御機構によって迅速に生じる体色変化のこと．参照：構造的体色変化．

脊柱（vertebral column）：頭蓋骨から尾の先端まで伸びる，一連の関節式椎骨からなる背骨の骨格のこと．

脊椎関節突起（zygapophysis）：隣接する椎骨の反対側の部材と関節接合する，神経弓の境界上にある4つの突起のそれぞれのこと．関節運動にさらなる強度を与え，捻挫を防止する．前部の脊椎関節突起（前関節突起）は上方やや内側に向いているが，後部の脊椎関節突起（後関節突起）は下方やや外側に向いている．

赤血球容積率（hematocrit）：血液中で赤血球が占める容積の割合のこと．通常は採血した全血から測定される．ヘマトクリット．

接触帯（contact zone）：抵抗点を参照のこと．

前牙（proteroglyph）：比較的長い上顎骨の前端に，ヴェノムを通す単一で中空の牙をもつという，一部の毒ヘビの特徴．牙は固定されており，その後ろ側には毒を通さない歯が並ぶ．コブラ科のヘビにおける特徴．

前関節突起（prezygapophysis）：関節突起を参照のこと．

選好温度（thermal preferendum）：選好体温を参照のこと．

選好体温（preferred body temperature）：熱環境の勾配またはモザイクの中において，外温性の動物によって維持される平均選択温度．PBT．

前庭系（vestibular system）：内耳にある平衡器の集まりのこと．

側頭弓（temporal arch）：開窓の結果として頭骨の一部が形成する，上側または下側のアーチ状または棒状の骨のこと．

蠕動（peristalsis）：消化管などの管状組織における狭窄（および，それに続く弛緩）の進行波のことで，環状筋の収縮によって生じる．消化管においては，この運動が内腔を通して対象物を動かす働きをする．

前頭骨（frontal）：頭蓋骨の頭蓋冠の背側にある，眼窩に挟まれた大きくて顕著な骨のこと．頭部または頭蓋骨の前方部分そのものか，またはその前方に付着している．

窓（fenestra）：大きな開口部．通常は骨にあるものを指す．

双弓類（diapsids）：側頭骨に2つもしくは後眼窩骨にひとつの開口部をもつ爬虫類のこと．双弓亜綱（Diapsida）．

相対成長（allometry）：アロメトリー．体全体が大型化するにつれて生じる，全身あるいは体のほかの部位の成長速度に対する，ある体の部位の相対的な割合の変化．正の場合と負の場合の両方がある．

相対一腹卵重量（relative clutch mass）：メスの体重に対する，一腹卵の合計重量のこと．小数またはパーセントで表示される．RCM．

総動脈幹（truncus arteriosus）：字句通りの動脈幹のことで，3つの流出路（左右2つの動脈弓，および肺動脈）のことを指す．それらは心臓の心室にあるそれぞれの起点近くにおいて線維性筋膜の共通要素で束ねられている．

総排出腔（cloaca）：生殖，排尿，排泄のための輸送管がそれぞれの内容物を放出する共通の体腔および通路のこと．この体腔は大腸から糞便を受け取り，肛門つまり総排出腔の開口部を通して外部へと排泄する．

総排出腔ポッピング（cloacal pop, cloacal popping）：一部の北米産ヘビに見られる，急速な総排出腔の伸び縮み運動のことで，肛門からの急速な空気の放出を引き起こす．防御行動として尾を高く挙げながら，この行動によりはっきりと聞こえる破裂音を発生させる．

層板顆粒（lamellar granule）：遊離脂質に富む分泌顆粒で，表皮に存在し，自身が表皮性透過障壁の一部となる細胞外空間へと脂質を放出する．

疎水性（hydrophobia）：水を弾き，濡れることがないこと．

外側表皮世代（outer epidermal generation）：表皮世代を参照のこと．

体温調節（thermoregulation）：体温を調節すること．行動性体温調節を参照のこと．

代謝水（metabolic water）：有酸素細胞内代謝の際に生成される水のこと．

体循環（systemic circulation）：循環を参照のこと．

胎生（viviparity）：発生が完了するまで卵管内に胚を保持することで，産卵するのではなく発達した仔を出産する．参照：卵生．

大腸（large intestine）：排泄腔へと続く腸の後端側部分のことで，大径の比較的まっすぐな管であることが多い．

大動脈（aorta）：背部大動脈を参照のこと．

大動脈弓（aortic arches）：心室から全身へと血液を運び出す左右二本の血管で，背部大動脈の一部を形成する．

大動脈間孔（interaortic foramen）：左右の大動脈弓の間にある小さな開口部のことで，心室に近いそれらの基部にある．

胎盤（placenta）：胎仔組織と母体組織をつなぐ，血管を介した栄養性の結合部のことで，それを通して発生中の胚は栄養分，呼吸ガス，および代謝老廃物を交換する．有胎盤爬虫類では，子宮壁が母体側の結合部位として一般的である．

体壁（body wall）：動物の体の一部で，内部にある体腔を包むもの．

対立遺伝子（allele）：対立遺伝子型（アリル型）の略式表記で，任意の遺伝子座に存在しうるいくつもの代替可能な遺伝子型のうちのひとつをあらわす．アリル．

対流（convection）：運動する流体（気体もしくは液体）内におけるバルク輸送のために生じる，熱もしくは物体の物質移動のこと．

多型（polymorphism）：単一種における，不連続で遺伝的に決定された２つ以上の異なる形態（たとえば体色模様）が持続的に存在すること．これは通常，同じ交配集団における２つ以上の遺伝的に異なる型を表す．

蛇行運動（lateral undulation, horizontal undulatory progression）：ヘビにおいて最も普通に使用されている陸上移動の様式で，水平方向のくねりを伴う．水平方向のくねりは，体軸の側面を交互に伝わり，その個体の物理的な環境中（通常は凸凹した基質表面）の固定点に反力を発生させる．

脱皮（ecdysis, shedding, skin shedding）：上皮の角質層を脱ぎ去ること．これにより皮膚の外被が定期的に更新される．

探索型捕食者（active forager）：積極的に獲物を探索して動き回る動物のこと．

単為生殖（parthenogenesis）：精子による受精なしに卵が胚発生する繁殖様式のこと．

単系統（monophyly, monophyletic lineage）：ある種群がすべて単一の共通祖先に由来する状態を指す．

断続平衡（punctuated equilibrium）：長期にわたる停滞の後に，比較的急激な進化が起こること．

淡明層（clear layer）：有鱗目において脱皮中に造られる，外側表皮世代で最も内部にある生細胞群を指す用語．

中隔（septum）：区分する壁や仕切りのこと．

直線運動（rectilinear locomotion）：左右に動くことなく直線的に前進するというヘビの移動様式．筋肉が，肋骨に対して前方に皮膚を引っ張るよう両側に作用し，その後，腹側の鱗が身体を基質に固定する．それからほかの筋肉が，静止した腹側の皮膚に対して前方に肋骨と脊柱を引っ張る．

追跡行動（trailing behavior）：ヘビが動く際に基質に付着する皮膚フェロモンの化学的痕跡を利用し，ある個体が別の（普通は同種）個体の後を追うことを指す．監訳者注：原著では，毒ヘビが獲物に毒を注入した後に一時解放してその後を追う行動に対しても trailing behavior という用語が用いられている．

抵抗（resistance）：一般的には，回路または流路において何かの動きや流れを妨害する特性のひとつひとつ，あるいは全体としての特性のこと．移動に関する意味では，前方への動きに抵抗する力のこと．

抵抗点（resistance site, site of resistance）：ヘビの移動に関する意味では，身体が位置を「固定」するため，つまりは前方に動くことを可能にするために力を加えるのことのできる，外部環境中の物理的な点のこと．接触帯，反応帯，プッシュポイントとも呼ばれる．

適応度（fitness）：ある生物が次世代に遺伝子を残す能力．大まかには，次世代に残した子の数を繁殖に至るまでの生存率で重み付けしたもので表される．

テストステロン（testosterone）：アンドロゲンに属するステロイドホルモン．精巣で合成され，雄性の二次性徴の出現と維持の原因となる．

頭蓋キネシス（cranial kinesis）：頭蓋骨の部品間の運動のことで，ヘビの摂餌行動に関係した文脈で言及されることが多い．

透過障壁（permeability barrier）：本書では，表皮の角質層にあり，水が皮膚を透過するのを防ぐ，特殊な脂質の層のことを指す．

瞳孔（pupil）：光が眼球に入る，虹彩の中央にある開口部のこと．

頭頂骨（parietal）：頭蓋冠における脳函の主要な部分（前頭骨と後頭骨の間）を形成している，一対ある皮骨のそれぞれのこと．一般的には，頭部の背側部分を指す用語．

頭頂ピット（parietal pit）：ヘッドピットを参照のこと．

登攀性（scansorial）：よじ登る性質のある，あるいはよじ登るのに適応している様子．

動脈（artery）：酸素を一般的には豊富に含んだ血液を心臓から組織へと運ぶ血管．肺動脈は比較的脱酸素化された血液を肺へと運ぶ．参照：静脈．

動脈腔（cavum arteriosum）：ワニ類を除く爬虫類における，単一心室にある3つの内腔のうちのひとつで，酸素を豊富に含む血液を左心房から受け取るものの，直結された流出路はもたない．

動脈円錐（conus arteriosus）：両生類の心臓における，心室と，心臓表面を走行する体循環および肺循環の血管との間にある肥厚した部分．この構造物は爬虫類には見られない．

特異動的作用（specific dynamic action）：摂餌後に起こる代謝速度の増加．SDA．

内温性（endothermy）：比較的高い速度のエネルギー代謝によって産生される内部の熱に大きく依存して体温を調節する，鳥類や哺乳類といった動物のこと．参照：外温性．

内耳（inner ear）：耳のうちで体内にある部分のことで，聴覚と平衡感覚の両方を司る感覚器から構成される．

内分泌物（endocrine）：血液循環に分泌される物質（化学的な伝達物）．ホルモンを参照のこと．

ナノスケール（nanoscale）：10億分の1メートル（10^{-9} nm）レベルの計測スケールのこと．

玉虫色（iridescent color）：色素ではなく表面の構造的特性による反射光のために生じる，まばゆく，変化する色彩のこと．

二次性徴（secondary sexual characteristics）：生殖器を除く，表現型の性差のこと．

日長（photoperiod）：24時間中における明るい時間の長さのこと．

乳酸塩（lactate），**乳酸**（lactic acid）：酸素欠乏状態において，解糖系を介して起こる炭水化物の不完全な酸化による産生物のひとつ．乳酸塩は乳酸の塩で，典型的には非常に激しい活動の最中に筋肉中で産生される．

ニューロン（neuron）：個々の神経細胞のことで，神経系の基本単位．参照：神経．

尿酸塩（urate），**尿酸**（uric acid）：窒素代謝の結晶性廃棄物．尿酸塩は尿酸の塩である．尿酸は水に難溶で，水分の損失を最小限に抑えながら沈殿形態で排出することができる．

尿膜（allantois）：胚体外膜を参照のこと．

熱慣性（thermal intertia）：動物の質量による熱容量熱への寄与により，熱の増減が遅くなる傾向のこと．大きな物体（または動物）は，小さなものよりも加熱と冷却がゆっくりになる．このとき，大きな物体が大きな熱完成を示すと言う．

粘度（viscosity）：流体の隣接する層が互いを越えて移動する傾向を妨げる，流体の物理的性質．流動抵抗を引き起こす流体の内部摩擦．

ノード（node）：系統樹における枝の分岐点のこと．

ノルアドレナリン（norepinephrine catechol）：カテコールアミンを参照のこと．

倍音（harmonic）：生物音響学では，周波数が基本周波数の整数倍である音のこと．

胚芽層（stratum germinativum）：表皮における生細胞の基底層もしくは最内層のこと．細胞分裂によって，その上にある表皮の細胞層を生み出す．

肺循環（pulmonary circulation）：循環を参照のこと．

胚体外膜（extraembryonic membranes）：老廃物を排除したり（尿膜），栄養（卵黄）や酸素を供給したり，胚を防護したりする（羊膜と漿膜），胚の周囲に形成される構造物の総称．

肺動脈腔（cavum pulmonale）：ワニ類を除く爬虫類における，単一心室にある3つの内腔のうちのひとつで，垂直中隔の左側に位置し，肺流出路に血液を送る．

背部大動脈（dorsal aorta）：心臓より先の全身の組織へと血液を運ぶ，主要な全身血管．

右と左の大動脈弓の組み合わせで形成される．

肺胞（faveolus）：爬虫類の肺組織の機能単位で，蜂の巣状に並んで隣接するユニットに囲まれた個々の膜区画で構成されている．

排卵（ovulation）：卵子または卵を卵巣から放出すること．参照：産卵．

派生形質（derived character）：ある系統において，祖先的な状態から移り変わった後世の形質もしくは特徴のことを指す．反意語は原始的形質．

パフォーマンス（performance）：摂餌，消化，移動，成長といった，生存や繁殖に重要な作業や機能における相対的な尺度．

パフォーマンス帯（performance breadth）：パフォーマンスがその生物にとって何らかの主観的な価値をもつ体温範囲のことを指す．

半規管（semicircular canal）：内耳にある平衡器のひとつで，重力場に対する頭部の加速度を感知するように機能する．前庭系を参照のこと．

反応基準（reaction norm）：その種の生息場所ではありふれた自然条件下，または標準的な実験条件下において，一定の遺伝型によって示される表現型形質の変動性のこと．表現型可塑性も参照のこと．

反応帯（reaction zone）：抵抗点を参照のこと．

反力（reaction force）：推力および推進力を参照のこと．

鼻孔（naris, nostril）：鼻の開口部のこと．通常は一対ある．

微細血管（microcasculature）：組織内で血液を分配する小さな末梢血管のこと．細動脈，毛細血管，細静脈を含む．

微細構造（microstructure）：鱗の形態に関する意味では，微細彫刻を参照のこと．

微細彫刻（microsculpture, microsculpturing）：有鱗目爬虫類の鱗の表面にある，顕微鏡レベルの微細な形態的特徴のこと．微細構築物（microarchitecture），微細皮膚紋理（microdermatoglyphics），微細修飾物（microornamentation）とも呼ばれる．

微絨毛（microvillus）：腸などの吸収組織の上皮細胞の表面積を増加させる，細胞膜の微細な円筒状の突起のこと．

糜粥（びじゅく）（chyme）：腸に到達した後の，液塊の形状をとる部分的に消化された食べ物（いわゆる消化物 digesta）．

ピット器官（pit organ）：特殊な赤外線受容器で，ボア科において数回，ナミヘビ上科において1回（マムシ亜科）独立に進化した．ボア科のピット器官は上唇板と下唇板（または吻端板，もしくは両方）にあり，口唇ピットと呼ばれる．マムシ亜科のピット器官は目と鼻孔の間に左右一対あり，頬ピットと呼ばれる．ピット器官は，薄い，神経支配された膜で構成されている．その膜は，マムシ亜科では腔の開口部に張られており，赤外線の変化を迅速にかつ高感度で検出することができる．ボア科の口唇ピットもそれと似ているが，膜が凹みの底に張られている点が異なる．

尾頭波（caudocephalic wave）：求愛するオスのヘビがメスのヘビの横または上で水平方向に波状に体をくねらせる運動のことで，メスのヘビとの間に穏やかな身体接触を生じさせる．くねる運動は体の後方から前方に向けて進行するのが特徴で，交尾行動を刺激すると考えられている．

表現型（phenotype）：ある生物が示す身体的特徴のことで，その個体における遺伝要素の表出と関係しており，環境によって変化することもある．参照：遺伝型．

表現型可塑性（phenotypic plasticity）：環境の影響に起因する表現型の変異のことで，その特定の表現型に関わる遺伝要素の表出が環境の影響を受けることによって引き起こされる．反応基準も参照のこと．

表皮（epidermis）：脊椎動物の皮膚のうち，真皮を包む外側の層のこと．角質層と，ケラチン形成能をもつ生細胞から構成される．

表皮世代（epidermis generation）：脱皮の際に脱ぎ捨てられる，鱗竜亜綱における表皮の構成ユニット．脱皮直前に表面に位置する，完全で成熟した表皮世代のことを外側表皮世代と呼ぶ．脱皮サイクル中に表皮が更新される際に新たに外側表皮世代の下に形成され，脱皮に際して脱ぎ捨てられる予定の構成ユニットのことを内側表皮世代と呼ぶ．

ヒンジ（hinge）：蝶番．爬虫類，特に有鱗目の重なり合う鱗の間にある，まわりより柔らかくてしなやかな皮膚の部分．

フェロモン（pheromone）：個々の生物によって生成され，同種他個体からの社会的反応を知らせる目的で環境中に放出される化学物質のこと．

腹板（scute）：ヘビの腹側にある鱗のこと．

腹膜（peritoneum）：体腔を覆い，内臓を包む膜のこと．

プッシュポイント（push point）：抵抗点を参照のこと．

浮力（buoyancy）：水中や空気中といった流体内の環境において浮沈する傾向のこと．

ブリレ（brille）：スペクタクルを参照のこと．

プレッシャーシャント（pressure shunting）：シャントを参照のこと．．

プレボタン（prebutton）：ガラガラヘビの尾の末端に最初にある小さな節のこと．出生時に存在し，最初の脱皮で消失する．参照：ボタン．

プロキネシス（prokinesis）：眼窩より前方の，鼻の構成要素と前頭骨要素の間に動線がある頭蓋キネシスのこと．

プロゲステロン（progesterone）：卵巣と黄体から分泌されるステロイドホルモンで，卵の保持と胎生の種における妊娠に不可欠である．卵や胚の発育を支える多くの効果をもつ．

分子時計（molecular clock）：ある生物種のゲノム全体にわたって平均したときに塩基置換速度が一定であることを指す．分子時計を想定して構築された系統樹では，末端の分類群が根から等距離に配置される．

平滑鱗（smooth scale）：有鱗目爬虫類の鱗で，顕著なキールや中央の隆起をもたないもののこと．目視や触手でそれとわかる．参照：キール鱗．

平均選択温度（mean selected temperature）：選好体温を参照のこと．

ヘッドピット（head pit）：アピカルピットに似た構造物で，ヘビの頭の鱗にあり，外見や分布は様々である．

ヘミペニス（hemipenis）：有鱗目爬虫類において尾の付け根にある体腔に位置する，一対ある交接器のいずれかのこと．

ヘム（heme）：ヘモグロビンの環状分子部分のこと．輸送タンパク質を取り囲む構造物の中で酸素と結合するのに必要な鉄を含む．

ヘモグロビン（hemoglobin）：酸素分子への可逆的な脱着とその運搬を担う，赤血球細胞に含まれる色素のこと．

ヘルツ（hertz）：一秒間あたりの周期の数（周波数から導かれる単位）．Hz．

変換器（transducer）：それに衝突するエネルギーの形態，あるいは入力シグナルであるエネルギーの形態を変える装置．

便通時間（passage time）：消化管において，摂餌から排出までにかかる時間のこと．

防衛性咬みつき行動（defensive strike）：潜在的な捕食者を妨害するための防御行動としてヘビが行う咬みつき行動のこと．参照：捕食性咬みつき行動

房室弁（atrioventricular valve）：心臓の心房から心室へと流れる血液を分離，制御する弁．

紡錘形（fusiform）：両端に向かって細くなっていく形状のこと．

捕食性咬みつき行動（predatory strike）：獲物を捕まえることを意図して行われる，ヘビによる咬みつき行動．参照：防衛性咬みつき行動．

ボタン（button）：生涯残るもののうち最初にできるもので，ガラガラヘビのラトルで末端になる節のこと．プレボタンは最初の脱皮で脱落する．

頬ピット（facial pit, loreal pit）：頬窩．ピット器官を参照のこと．

ホモプラシー（homoplasy）：共通祖先からの遺伝には直接的には起因しない，収斂もしくは平行進化によって生じた形質状態もしくは機能の類似性のことを指す．

ホモロジー（homology）：共通祖先に由来する，形質の類似性のこと．

ホルモン（hormone）：血液循環もしくは細胞間に分泌され，標的組織に影響をおよぼす伝令物質のこと．参照：内分泌物．

摩擦（friction）：接触している2つの固体表面間で発生する相対運動に対する力学的な抵抗のこと．静止摩擦は，静止している物体を接触面に沿って動かすために必要な力のこと．滑り摩擦は，2つの接触している物体のうちのひとつを一定の速度で動かし続けるために必要な力のこと．

摩擦係数（coefficient of friction）：無次元の値で，2つの物体間に生じる摩擦力とそれらの押し合う力の比率のこと．この値は実験により決定された経験的な計測値である．

待ち伏せ型捕食者（ambush forager）：多く場合，戦略的に選ばれた場所にしばらくの時間じっと留まり，捕獲可能な距離にまで獲物が近づくのを待つ動物のこと．

末梢抵抗（peripheral resistance）：細い末梢血管に起因する，血流に対する抵抗のこと．

無呼吸（apnea）：呼吸が停止すること．

無毒牙（aglyph）：歯に溝や管を欠くため，毒を効率よく移送することのできないという，無毒なヘビの特徴．

メイティングボール（mating ball）：いくつかの種のヘビ，特にガーターヘビの交尾において見られる現象．繁殖に集まった集団中ではメスよりオスの方が多く，10匹から100匹，ときにはそれ以上のオスが1匹の交尾可能なメスを取り囲み，同時に求愛する．

メソ層（mesos layer）：角質層にある分化した細胞の層で，多くの種では，層状脂質の間に交互に挟まれているαケラチン化した細胞からなる．この層は，水が皮膚を透過するのを防ぐ透過障壁を構成している．

メラトニン（melatonin）：松果体に関連する支配的なホルモンだが，外温性脊椎動物の脳

と眼でも見られる．メラトニンの合成は光に大きく影響され，その濃度は昼夜のサイクルに合わせて周期的に変動する．メラトニンは，光と気温の環境シグナル間における重要な伝達者であり，ヘビでは繁殖を含む生理と行動の両方に影響する．

メラニン（melanin）：チロシンおよびジヒドロキシフェノール化合物の酸化物に由来する暗色の色素のこと．皮膚や体内の腹膜の中に存在する．

メラニン欠乏性部分的白化（a melanistic partial albinism）：ほかの色素が部分的には色を与えるもののメラニンを欠く皮膚色の状態のこと．

面生歯（pleurodont）：歯根をもたない歯が顎骨の内側に接着し，棚状の内側（舌側）の壁にはめこまれているという，歯の固定状態のこと．これは，トカゲとヘビに共通する強直の様式である．

毛細血管（capillary）：顕微鏡でしか見えない，最小の血管．透水性の高い内皮によって裏打ちされており，通っている組織とガスおよび化学物質を交換する．

網膜（retina）：眼球の最深部にある，光感受性の多層膜で，光を視覚情報に変換する感覚細胞を含んでいる．

モダリティ（modality）：刺激または感覚の状態や質のこと（光，音など）．

ヤコブソン器官（Jacobson's organ）：鋤鼻器を参照のこと．

有毛細胞（hair cell）：音や振動の刺激によって曲げられる微細な毛のような構造をもつ機械感覚性の上皮細胞のことで，微細な毛のような構造によって機械刺激を感じ取る上皮細胞のこと．膜の性質を変化させ，聴覚神経に伝達される生体電気の「シグナル」を作り出す．これらの細胞は内耳の基底膜に沿って並んでいる．

幽門（pylorus）：胃の遠位側にある開口部のことで，小腸に開口する．

輸卵管（oviduct）：卵巣から子宮へ，または総排出腔を介して体外へと卵を運ぶ管のこと．卵管．

羊膜（amnion）：胚体外膜を参照のこと．

横這い運動（sidewinding locomotion）：砂漠の砂のような，低摩擦あるいは動いてしまう基質の上を動くときのヘビの移動様式．この運動は，部位ごとに体を交互に持ち上げることを特徴する．各部位はまず前方に動かされ，それから基質の上へと「転がり出る」ように置かれる．これにより，ひとつひとつが進行方向に向けて一定の角度をとる，ひと続きの不連続で平行な痕跡が作られる．これらの動きの間，ヘビは二点で地面と静的な接触をしている．

ライノキネシス（rhinokinesis）：ユウダ亜科のヘビにおいて，獲物を飲み込む運動の際に，吻端の特殊な転回運動を可能にする鼻の構成要素（4 つの鼻骨）の動作における，頭蓋キネシスのふるまいのひとつ．

ラジオテレメトリー（radio telemetry）：無線信号を伴う遠隔探知および送信機器を使用した，動物の位置，移動，行動，あるいは生理機能の研究方法．

卵円窓（oval window）：内耳の側面または腹側の壁にある膜状の領域のこと．耳小柱の耳小柱底と接する．

卵黄形成（vitellogenesis）：卵巣の産生，または卵巣内における卵の「卵黄化」のこと．

卵殻（eggshell）：卵の殻もしくは外被のことで，繊維と，量の多寡はあれ炭酸カルシウムの結晶でできている．

卵形嚢（utriculus）：内耳の液系における2つの嚢状区画のうち大きい方のことで，平衡感覚に関わる．前庭系を参照のこと．

卵生（oviparity, oviparous）：メスが発生途中の卵を産むことで殖える繁殖様式のこと．発生中の胚は卵殻に覆われた膜に包まれており，孵化する前に体外の環境中へ産み落とされる．参照：胎生．

卵巣（ovary）：卵子または卵を製造する雌性生殖器（性腺）のこと．

卵胞（ovarian follicle）：卵巣内卵胞．卵巣内にある構造物で，発生中の卵を含む．

流体静水圧（hydrostatic pressure）：静水圧を参照のこと．

流体静水圧不変点（hydrostatic indifferent point）：収容された容器（たとえばチューブ）が真横に傾けられても圧力が変わらない，液体の水平面における特定の点のこと．

流動（flow）：液体の動き，または動く液体の量のことで，通常は時間当たりの容積で表される．

両眼視（binocular vision）：2つの眼により視野が重複すること．これにより，2つの網膜が同時に焦点を捉えて像を結ぶことになるため，深度と距離の知覚が向上する．

臨界最高温度（critical thermal maximum）：徐々に加温されていくときに，それ以上では長期的に生存することができなくなるほど，その種の動物が無力化する温度のこと．CTMax.

臨界最低温度（critical thermal minimum）：徐々に冷却されていくときに，それ以下では長期的に生存することができなくなるほど，その種の動物が無力化する温度のこと．CTMin.

リンパ液（lymph, lymphatic fluid）：リンパ管の中を運ばれる，血漿に似た透明な液体のこと．

鱗竜類（lepidosaurs）：ヘビ，トカゲ，ミミズトカゲ，ムカシトカゲを含む単系統の爬虫類．鱗竜亜綱（Lepidosauria）.

肋皮筋（costocutaneous muscle）：ヘビにおいて肋骨と皮膚の間に張られる筋肉．

あとがき

ヘビの生理学を専門とする研究者は少ないとハーベイ氏は言う．私もそう思う．というか，そんな専門分野があるのか，というのが本書を手にとったときの率直な感想であった．いかにも，監訳者たる私の専門はヘビの生理学ではない．もっと言うと，生理学ではないし，ヘビでもない．言葉の並びを揃えて言うなら，カタツムリの進化生態学が専門分野である．本書との唯一の接点は，カタツムリ食のヘビも研究対象にしているということだ（名誉なことに，私の研究内容は本書の第2章で触れられているので参照していただきたい）．とはいえ，それではせいぜいが潜在的な読者止まりであったことだろう．

翻訳するに至ったのは，ひとつには真面目にヘビのことを学ぼうと思ったからである．研究を進めていくにあたり，これまでは必要に応じて論文等に目を通してきたものの，ヘビの生物学を幅広く学んできてはいないという後ろ暗さが私にはあった．しかし事実，少なくとも日本ではヘビを専門とする研究者は少なく，また和書には専門書と呼べるものがほとんどない．爬虫類学という枠組みであれば疋田努（2002）「爬虫類の進化」があるものの，字数制限のためにヘビ類の詳細に立ち入った記述は抑えられ気味である．類書がないのであれば，自分のためにも，また後進のためにも，一冊ぐらいヘビの生物学に特化した日本語書籍があってもいいのではないか．私はそう考えていた．

そんな折，出版社から本書の翻訳のお誘いを受けた．私が京都大学で特定助教をしていた2014年のことである．専門ではないしと逡巡していたところ，翌年に転機が訪れた．当時受け持っていた講義に，履修もしていないのに聴講しにきた熱心な学部一回生がいた．訳者のひとりである，児玉知理君である．聞けば，爬虫類が好きで，研究を手伝わせてほしいと言う．それならと，後で集まってきた彼の友人らも交え，ヘビの飼育や行動実験の手伝いをしてもらうことになった（飼育の手伝いはバイトとしてである）．そこで，本書の翻訳を輪読会という形で進めると効率がいいのではないかと思いつき，彼らが下訳をして私が精訳するという分担で翻訳を進めていくことにした．これが，翻訳するに至ったふたつ目の理由である．なお，本書では公平を期すために著者順をアルファベット順とした．

輪読会は，その後3年間の長きにわたって断続的に開かれたものの，完訳を前に私の東京大学への転出で途絶えてしまう．そのため一部の内容については口頭で理解を共有することができなかったが，ともあれすべての下訳原稿が2018年の初冬に揃った．さて，訳語を統一しつつ読みやすいように直していこうと読み始めたところ，かなり大掛かりな修正が必要だということがわかった．結果として，もともとの出来が優れていた第8章の一部を除き，ほかはほぼすべて全面的に書き改めることになった．この間，児島庸介さんには緊急に時間を割いてもらい，手の足りない部分を手助けしてもらった．まだまだ誤訳や誤解が潜んでいる可能性は否定できないが，それらの責任はすべて訳者らではなく私にあることを記しておきたい．また，原著の出版元との契約期限が迫るなか，無理に無理を重ねて原稿を待ってもらった編集者の田志口さんには大変なご迷惑をおかけした．こうして出版にこぎつけられたのが信じられない思いである．

類書がないということは，専門用語の訳出にあたって参照できるものが簡単には見つからないということである．そこで獣医学，形態学等を専門とする以下の方々から有益な助言をいただいた：東山大毅博士，小藪大輔博士，栗山武夫博士，九郎丸正道博士，田向健一博士（アルファベット順）．この場をお借りしてお礼申し上げる．ただし，本書全体にわたって確認していただいたわけではないため，私が筆の勢いで作ってしまった造語や新称，既存の適切な訳語の漏れがあっていたとしても，それらは当然のことながら私の責任であることを申し添えておきたい．なお，分類体系は概ね原著に従った．ひとつを修正すると連鎖的に修正が必要となり，究極的には，原著で参照されていると思しき論文を見つけ出し，そこにある種名から現行のものにアップデートしていくといった，膨大な作業が発生するからである．ニシキヘビ類をボア科に含める扱いなど，本書には奇異に思われる箇所が多々あることと思うが，ご容赦いただきたい．

本書を隅々まで読んで思ったことは，ヘビの生物学は思いのほか広く，深いということだ．たとえば，一部のヘビで排泄間隔が長いのは，実は溜め込んだ糞便が咬みつく際の重しとして有用だからなど，仮説とはいえ想像もしていなかった．しかし驚くべきことに，本書をもってすら，ヘビ学のすべてを網羅できていないのは明らかである．生物地理，発生，生物間相互作用といった，取り上げられていない重要な分野や現象を含めた，より総合的な教科書がいつかきっと日本語で出版されることだろう．本書による知識の普及が，その一助となることを願っている．

2019 年 3 月 11 日

細　将貴

和名索引

ア

カ

サ

タ

ナ

学名索引

著者紹介

ハーベイ・B・リリーホワイト
フロリダ大学 教授，シーホースキー研究所 所長

訳者紹介

細　将貴（ほそ　まさき）　（東京大学大学院理学系研究科）
監訳
担当章：精訳，用語解説（分担），あとがき

福山伊吹（ふくやま　いぶき）　（京都大学農学部）　担当章：第2章（分担），第9章
福山亮部（ふくやま　りょうぶ）（京都大学農学部）　担当章：第5章
児玉知理（こだま　とものり）　（京都大学理学部）　担当章：第2章（分担），第4章，第7章
児島庸介（こじま　ようすけ）　（東邦大学大学院理学研究科）
担当章：第3章（全訳は電子版に収録），用語解説（分担）
義村弘仁（よしむら　ひろと）　（京都大学理学部）　担当章：第1章，第2章（分担），第8章

装丁　中野達彦

ヘビという生き方（いきかた）

2019年3月31日　第1版第1刷発行
著　者　ハーベイ・B・リリーホワイト
監訳者　細　将貴
発行者　浅野清彦
発行所　東海大学出版部
〒259-1292 神奈川県平塚市北金目 4-1-1
TEL 0463-58-7811　FAX 0463-58-7833
URL http://www.press.tokai.ac.jp/
印刷所　株式会社 真興社
製本所　誠製本株式会社

ISBN978-4-486-02102-5